파이널 특강 시리즈 No.3

## 2026년 대비 전면 개정판
# 전기산업기사
**필기** 파이널 특강

공학박사 김상훈 **편저** / 한빛전기수험연구회 **감수**

편저 **김상훈**

건국대학교 전기공학과 졸업(공학박사)

現 엔지니어랩 전기분야 대표강사

現 ㈜일렉킴에듀 대표

現 대한전기학회 이사(정회원)

前 인하공업전문대학 교수

前 NCS 전기분야 집필진

前 J, E사 전기기사 대표강사

前 김상훈전기기술학원 원장

前 EBS 전기(산업)기사/전기공사(산업)기사 교수

前 한국조명설비학회 이사(정회원)

저서 : 『2026 회로이론』 외 기본서 시리즈 7종
　　　『2026 전기기사 필기』 외 3종
　　　『2026 전기기사 실기』 외 3종
　　　『파이널 특강 – 전기기사 필기』 외 5종
　　　『2026 전기기사 필기 7개년 기출문제집』 외 1종
　　　『2026 9급 공무원 전기직 전기이론』 외 5종
　　　『2026 고등학교 교과서 전기설비』
　　　공기업 전기직 파이널 특강

감수 **한빛전기수험연구회**

동영상 강좌 수강

엔지니어랩 https://www.engineerlab.co.kr

## 2026 전기산업기사 필기 파이널 특강
### (최신 출제경향 분석한 핵심 이론 & 필수 문제 680선)

**초판 발행** 2020년 1월 15일
**26년판 발행** 2025년 11월 15일

**편저자** 김상훈
**펴낸이** 배용석
**펴낸곳** 도서출판 윤조
**전화** 050-5369-8829 / **팩스** 02-6716-1989
**등록** 2019년 4월 17일
**ISBN** 979-11-94702-20-7 13560
**정가** 23,000원

이 책에 대한 의견이나 오탈자 및 잘못된 내용에 대한 수정 정보는 아래 홈페이지와 이메일로 알려주시기 바랍니다.
**홈페이지** www.yoonjo.co.kr / **이메일** customer@yoonjo.co.kr

이 책의 저작권은 김상훈과 도서출판 윤조에게 있습니다.
저작권법에 의해 보호를 받는 저작물이므로 무단 복제 및 무단 전재를 금합니다.

# 이 책의 학습 방법

 **STEP 1** 기출문제와 CBT 문제를 기초로 분석한 핵심이론을 학습합니다.

### 1 진공 중의 정전계

1. 쿨롱의 법칙

$$F = \frac{Q_1 Q_2}{4\pi\epsilon_0 r^2} = 9 \times 10^9 \times \frac{Q_1 Q_2}{r^2} \, [\text{N}]$$

$\epsilon_0$(진공의 유전율) $= 8.855 \times 10^{-12}\,[\text{F/m}]$

2. 전계의 세기

① 구도체(점전하)
- 도체 표면 : $E = \dfrac{Q}{4\pi\epsilon_0 r^2}\,[\text{V/m}]$
- 내부 : $E = 0$

② 축 대칭(선전하 밀도 $\lambda\,[\text{c/m}]$, 원통도체)
- 도체 표면 : $E = \dfrac{\lambda}{2\pi\epsilon_0 r}\,[\text{V/m}]$
- 내부 : $E = 0$

> 별색 부분은 꼭 암기하세요!

 **STEP 2** 내용 별로 분류된 빈출+CBT 문제를 풀어보며 확실하게 익힙니다.

#### 주요 문제

**01** 정전계에 관한 설명으로 맞지 않는 것은?
① 정전계는 전계에너지가 최소인 계이다.
② 도체 내부의 전계의 세기는 0이다.
③ 정전계에서 선적분은 적분경로에 따라 다르다.
④ 전기력선과 등전위면은 서로 직교한다.

**Explanation**
정전계 : 전계에너지가 최소로 되는 전하분포의 전계를 의미

【답】③

**02** 전기력선의 설명 중 틀린 것은?
① 전기력선은 부전하에서 시작하여 정전하에서 끝난다.
② 단위 전하에서는 $1/\epsilon_0$개의 전기력선이 출입한다.
③ 전기력선은 전위가 높은 점에서 낮은 점으로 향한다.
④ 전기력선의 방향은 그 점의 전계의 방향과 일치하며 밀도는 그 점에서의 전계의 크기와 같다.

**Explanation**
전기력선의 성질
- 전기력선의 밀도는 전계의 세기이다(전기력선의 총수 $N = \int_s E\,ds = \dfrac{Q}{\epsilon}$).
- 전기력선의 접선 방향은 전계의 방향이다.
- 전기력선은 등전위면과 수직이다.
- 전기력선은 정전하에서 시작하여 부전하로 도착한다.
- 전기력선(전계)은 전위가 높은 점에서 낮은 점으로 향한다.

【답】①

**STEP 3** 마지막 정리는 최근 8개년 기출문제집을 풀어보세요.

# 유료 강의 수강 안내

| 엔지니어랩에서 유료 강의 수강하기 |

**❶ 엔지니어랩 사이트 접속**

인터넷 주소표시줄에 [https://www.engineerlab.co.kr]을 입력하여 홈페이지에 접속합니다.

※ 인터넷 검색창에 '엔지니어랩'을 검색하거나 하단 QR코드로 홈페이지에 접속할 수 있습니다.

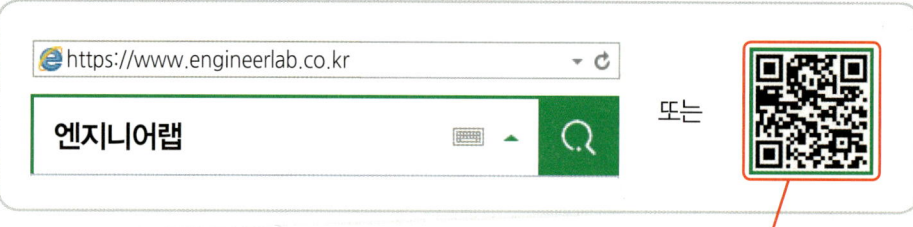

**❷ 회원가입 (로그인)**

화면 우측 상단에 있는 「회원가입」을 클릭하여 가입 후 「로그인」합니다.

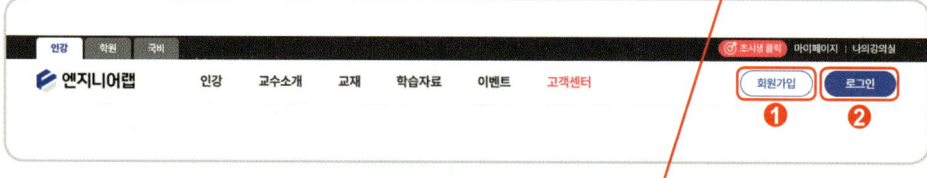

❸ 메인페이지 상단 수강신청을 클릭합니다.

❹ 좌측 네비게이션 메뉴에서 각 종목별 [파이널 특강] 메뉴를 클릭하고 [수강신청]이나 [장바구니]를 클릭하여 수강신청을 하시면 강좌를 보실 수 있습니다.

# 국내 유일 실시간 강의
# 유튜브 김상훈 TV

**이제는 합격이다 Ⅲ**

**전기기사, 공무원(전기직), 공기업(전기직)**
**전기는 김상훈이 답이다**

- 목표는 오직 좀 더 많은 수험생들의 합격!
- 국내 유일의 유튜브 실시간 Live 강의(유튜브 김상훈 TV 검색)
- 합격 설명회, 실기, 필기, 공무원 등 다양한 콘텐츠 무료 시청

※ 자세한 강의 시간표는 다음 일렉킴 카페(https://cafe.daum.net/eleckimedu) 〉 유튜브 방송 시간표 참고

# 회차별 학습 체크 리스트

**이제는 합격이다**

| | |
|---|---|
| 이 책의 학습방법 | 3 |
| 유료 강의 수강 안내 | 4 |
| 유튜브 김상훈 TV 안내 | 6 |
| 회차별 학습 체크 리스트 | 7 |
| 편저자/감수자의 말 | 8 |

## 핵심 이론과 빈출문제 & CBT 기출문제

학습

| | | |
|---|---|---|
| 01_전기자기학 | 10 | ☐☐☐ |
| 02_전력공학 | 61 | ☐☐☐ |
| 03_전기기기 | 124 | ☐☐☐ |
| 04_회로이론 | 177 | ☐☐☐ |
| 05_전기설비기술기준 | 233 | ☐☐☐ |

# 편저자의 말

1970년대 중반부터 시행된 전기 분야 국가기술자격시험은 일부 개정을 거쳐 현재에 이르고 있으며, 시험 합격을 위해서는 그에 맞는 전략과 노력이 필요합니다.

최근 5년 동안의 시험 경향을 보면 확실히 예전보다는 조금 어려워졌습니다. 예전처럼 그냥 외우는 방법으로는 어렵고, 이론을 이해해야 풀 수 있는 문제들이 많아지고 있기 때문입니다. 특히 필기시험은 출제 경향이 크게 다르지 않은데, 실기시험은 회차별로 난이도 차이가 크게 나고 예전보다 문제수도 늘어나 좀 더 세분화되었다고 볼 수 있습니다.

그러므로 합격의 전략은 새로운 경향을 찾는 것보다는 많이 출제되었던 기출문제를 공부하되 이론을 같이 공부하는 것이 빠른 합격에 유리할 수 있습니다.

또 전기기사 출제 경향을 합격자 수로 이야기하는 경우가 많지만, 작년에 합격자 수가 많았다고 해서 올해 꼭 적게 나오는 것은 아닙니다. 약간씩 출제 경향의 변화가 있지만 난이도는 거의 대동소이하며, 수급 조절은 3~5년으로 보기 때문에 수험생 스스로 섣부른 판단은 하지 않도록 해야 합니다.

필자는 10여 년 전부터 현재까지 오프라인 학원, 수많은 온라인 교육 및 EBS 강의를 진행하면서 많은 수험생을 접하며 그들이 가지고 있는 고충과 애로사항을 청취한 결과, 국가기술자격시험 합격을 위한 보다 쉽고 확실한 해법을 주기 위하여 이 교재를 집필하게 되었습니다.

본 수험서의 특징은 그간 어렵게 생각했던 문제를 쉽게 해설하여 수험생들이 혼자 공부할 수 있게 하고, 매년 출제 빈도를 반영하여 문제마다 별 표시를 해 중요 부분을 확인할 수 있게 함으로써 시험 대비 시 공부의 효율을 높이도록 한 점입니다.

아무쪼록 본 수험서로 공부하는 모든 분이 합격하시기를 기원하며, 마지막으로 본 수험서가 출간되기까지 큰 노력을 기울여주신 한빛전기수험연구회 여러분들과 도서출판 윤조 배용석 대표님께 감사의 말씀을 전합니다.

편저자 김상훈

# 감수자의 말

현대 사회에서 전기의 중요성은 날로 커지고 있으며, 일정한 자격을 갖춘 전문가들에 의해 여러 가지 기술의 개발과 발전이 이루어지고 있습니다. 이러한 전기 분야의 전문가를 국가기술자격시험을 통해 선발하기 때문에 이 시험의 비중이 날로 증가하고 있는 추세입니다.

우리 연구회 일동은 전기 분야 교육의 전문가이신 김상훈 박사가 책 출간 후 5년간의 노하우와 새로운 경향을 반영하는 개정 작업의 감수에 참여하게 되어 기쁜 마음으로 더욱더 좋은 책, 수험생들이 쉽게 이해할 수 있는 책이 되도록 노력하였습니다.

아무쪼록 본 수험서로 공부하는 수험생 모두가 합격하여 우리나라 전기 분야에 이바지하는 전문가들로 성장하기를 기원합니다.

한빛전기수험연구회 일동

# 핵심 이론과 엄선된 필수
# 기출문제 680선

1. 전기자기학
2. 전력공학
3. 전기기기
4. 회로이론
5. 전기설비기술기준

과년도 기출문제와 최신 CBT 문제를 분석한 핵심 이론과 그에 따른 빈출문제와 신규 CBT 문제를 엄선하여 수록하였습니다.

# 01 전기자기학

## 1 벡터의 해석

### 1. 내적 및 외적
① 내적(dot) : $A \cdot B = |A||B|\cos\theta$ (두 벡터의 사잇각)
$$(i \cdot i = j \cdot j = k \cdot k = 1, \ i \cdot j = j \cdot k = k \cdot i = 0)$$
② 외적(cross) : $A \times B = |A||B|\sin\theta$
$$(i \times i = j \times j = k \times k = 0, \ i \times j = k, \ j \times k = i, \ k \times i = j)$$

### 2. 벡터의 발산
벡터의 발산 : $div \ A = \nabla \cdot A$
$$\nabla \cdot E = \left(\frac{\partial}{\partial x}i + \frac{\partial}{\partial y}j + \frac{\partial}{\partial z}k\right) \cdot (E_x i + E_y j + E_z k) = \frac{\partial E_x}{\partial x} + \frac{\partial E_y}{\partial y} + \frac{\partial E_z}{\partial z}$$

---

**01** $A = i + 4j + 3k$, $B = 4i + 2j - 4k$의 두 벡터는 서로 어떤 관계에 있는가?
① 평행
② 면적
③ 접근
④ 수직

**Explanation**
두 벡터의 사잇각은 벡터의 내적으로 구하며
$A \cdot B = |A||B|\cos\theta$
$\cos\theta = \dfrac{A \cdot B}{|A||B|} = \dfrac{(i+4j+3k) \cdot (4i+2j-4k)}{\sqrt{1^2+4^2+3^2} \cdot \sqrt{4^2+2^2+(-4)^2}} = \dfrac{0}{6\sqrt{26}} = 0$
따라서 $\theta = 90°$ 가 되어 벡터 $A$와 $B$는 수직관계이다.

【답】④

**02** 전계 $E = i3x^2 + j2xy^2 + kx^2yz$의 $divE$는 얼마인가?
① $-i6x + jxy + kx^2y$
② $i6x + j6xy + kx^2y$
③ $-(6x + 6xy + x^2y)$
④ $6x + 4xy + x^2y$

**Explanation**
$\nabla \cdot E = \left(\dfrac{\partial}{\partial x}i + \dfrac{\partial}{\partial y}j + \dfrac{\partial}{\partial z}k\right) \cdot (E_x i + E_y j + E_z k)$
$= \dfrac{\partial E_x}{\partial x} + \dfrac{\partial E_y}{\partial y} + \dfrac{\partial E_z}{\partial z}$
$= \dfrac{\partial}{\partial x}(3x^2) + \dfrac{\partial}{\partial y}(2xy^2) + \dfrac{\partial}{\partial z}(x^2yz)$
$= 6x + 4xy + x^2y$

【답】④

## 2 진공 중의 정전계

정전계 : 전계 에너지가 최소로 되는 전하분포의 전계

### 1. 쿨롱의 법칙

$$F = \frac{Q_1 Q_2}{4\pi\epsilon_0 r^2} = 9 \times 10^9 \times \frac{Q_1 Q_2}{r^2} \text{[N]}$$

$\epsilon_0$(진공의 유전율) $= 8.855 \times 10^{-12}$[F/m]

### 2. 전계의 세기

① 구도체(점전하)
- 도체 표면 : $E = \dfrac{Q}{4\pi\epsilon_0 r^2}$ [V/m]
- 내부 : $E = 0$

② 축 대칭(선전하 밀도 $\lambda$[c/m], 원통도체)
- 도체 표면 : $E = \dfrac{\lambda}{2\pi\epsilon_0 r}$ [V/m]
- 내부 : $E = 0$

③ 표면 전하 밀도($\sigma$[c/m²], 거리에 무관)
- 도체 표면 : $E = \dfrac{\sigma}{\epsilon_0}$ [V/m]
- 무한 평면 : $E = \dfrac{\sigma}{2\epsilon_0}$ [V/m]

### 3. 전기력선의 성질

① 전기력선 수 : $N = \dfrac{Q}{\epsilon_0}$

② 전기력선의 성질
- 전기력선의 (접선)방향 = 전계의 방향
- 전계의 세기 = 전기력선의 밀도
- 등전위면에 수직(도체 표면에 수직)
- (+)에서 (-)로
- 전위가 높은 곳에서 낮은 곳으로
- 자신만으로 폐곡선을 만들 수 없다.
- 전하가 없는 곳에서는 발생이나 소멸이 없다(연속).

## 4. 전위(전기적인 위치 에너지)

$$V = \frac{Q}{4\pi\epsilon_0 r} \text{ [V]}$$

※ 대전도체 : 등전위체적(내부전위=표면전위)

※ 폐회로 일주 시의 일 : 0(전위차가 없다)

## 5. 가우스의 법칙(전계의 세기)

$$\int E \, ds = \frac{Q}{\epsilon_0}$$

미분형 : $div E = \frac{\rho}{\epsilon_0}$, $div D = \rho$

## 6. 프아송의 방정식

$\nabla^2 V = -\frac{\rho}{\epsilon_0}$ ($\rho$ : 체적 전하 밀도[C/m³])

## 7. 라플라스 방정식 : $\nabla^2 V = 0$

## 8. 전기쌍극자

① 쌍극자모멘트 $M = Q\delta [\text{c} \cdot \text{m}]$

② 전기쌍극자의 전위 : $V = \frac{M}{4\pi\epsilon_0 r^2} \cos\theta$ ($\theta = 0°$(최대), $90°$(최소))

③ 전기쌍극자의 전계의 세기 : $E = \frac{M}{4\pi\epsilon_0 r^3} \sqrt{1 + 3\cos^2\theta}$ ($\theta = 0°$(최대), $90°$(최소))

## 주요 문제

**01** 정전계에 대한 설명으로 가장 적합한 것은?
① 전계 에너지가 최소로 되는 전하분포의 전계이다.
② 전계 에너지가 최대로 되는 전하분포의 전계이다.
③ 전계 에너지가 항상 0인 전기장을 말한다.
④ 전계 에너지가 항상 ∞인 전기장을 말한다.

**Explanation**

정전계 : 전계에너지가 최소인 계(field)  【답】①

**02** 두 개의 점전하가 진공 중에서 1[m] 떨어져 있을 때 작용하는 힘이 $9 \times 10^9$[N]이면 이 점전하의 전기량[C]은?
① 1
② $3 \times 10^4$
③ $9 \times 10^{-3}$
④ $9 \times 10^6$

**Explanation**

쿨롱의 법칙
$F = 9 \times 10^9 \times \dfrac{Q_1 Q_2}{r^2} = 9 \times 10^9 \times \dfrac{Q^2}{r^2}$ [N]에서
$Q^2 = \dfrac{F \times r^2}{9 \times 10^9} = \dfrac{9 \times 10^9 \times 1^2}{9 \times 10^9} = 1$ 이므로  $Q = 1$[C]  【답】①

**03** 그림과 같이 진공 내의 A, B, C 각 점에 $Q_A = 4 \times 10^{-6}$[C], $Q_B = 3 \times 10^{-6}$[C], $Q_C = 5 \times 10^{-6}$[C]의 점전하가 일직선 상에 놓여 있을 때 B점에 작용하는 힘은 몇 [N]인가?
① $0.8 \times 10^{-2}$
② $1.2 \times 10^{-2}$
③ $1.8 \times 10^{-2}$
④ $2.4 \times 10^{-2}$

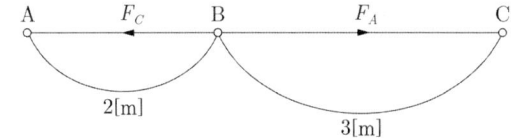

**Explanation**

그림에서 B구에 작용하는 힘 $F_B = F_C - F_A$ 이므로
$F_B = F_C - F_A = \dfrac{Q_B Q_A}{4\pi\epsilon_o r_A^2} - \dfrac{Q_B Q_C}{4\pi\epsilon_o r_B^2} = \dfrac{Q_B}{4\pi\epsilon_o}\left(\dfrac{Q_A}{r_A^2} - \dfrac{Q_C}{r_B^2}\right)$
$= 9 \times 10^9 \times 3 \times 10^{-6} \left(\dfrac{4 \times 10^{-6}}{2^2} - \dfrac{5 \times 10^{-6}}{3^2}\right) = 12 \times 10^{-3} = 1.2 \times 10^{-2}$ [N]  【답】②

**04** 전기력선의 기본성질에 관한 설명으로 틀린 것은?
① 전기력선은 그 자신만으로 폐곡선이 된다.
② 도체 내부에는 전기력선이 없다.
③ 전기력선은 전위가 높은 점에서 낮은 점으로 향한다.
④ 전기력선은 양전하(+)에서 시작하여 음전하(-)에서 끝난다.

**Explanation**

### 주요 문제

전기력선의 성질
- 전기력선의 밀도는 전계의 세기이다(전기력선의 총수 $N=\int_S E\,ds = \frac{Q}{\epsilon}$).
- 전기력선의 접선 방향은 전계의 방향이다.
- 전기력선은 등전위면과 수직이다.
- 전기력선은 정전하에서 시작하여 부전하로 도착한다.
- 전기력선(전계)은 전위가 높은 점에서 낮은 점으로 향한다.
- **전기력선은 그 자신만으로 폐곡선이 되지 않는다.**
- 전기력선은 교차하지 않는다.
- 도체 내부에는 전기력선이 없다.(전계도 없다.)
- 전하가 없는 곳에서는 전기력선의 발생, 소멸이 없고 연속적이다.

【답】①

**05** 그림과 같이 도체구 내부 공동의 중심에 점전하 $Q$[C]가 있을 때 이 도체구의 외부로 발산되어 나오는 전기력선의 수는 몇 개인가? 단, 도체 내외의 공간은 진공이라 한다.

① $4\pi$
② $\frac{Q}{\epsilon_o}$
③ $Q$
④ $\epsilon_o Q$

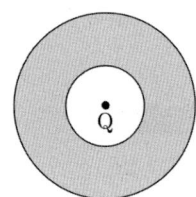

**Explanation**

전기력선의 총수 $N=\int_s E\,ds = \frac{Q}{\epsilon_0}$ (가우스의 법칙)

【답】②

**06** 무한장 직선 도체에 선전하밀도 $\lambda$[C/m]의 전하가 분포되어 있는 경우, 이 직선 도체를 축으로 하는 반지름 $r$[m]의 원통면상의 전계 [V/m]는?

① $\frac{\lambda}{2\pi\epsilon_o r^2}$
② $\frac{\lambda}{2\pi\epsilon_o r}$
③ $\frac{\lambda}{4\pi\epsilon_o r^2}$
④ $\frac{\lambda}{4\pi\epsilon_o r}$

**Explanation**

축 대칭(선전하 밀도 : $\lambda$[C/m], 원통도체)
- **표면**($r > a$) : $E = \frac{\lambda}{2\pi\epsilon_0 r}$
- **내부**($r < a$) : $E = 0$

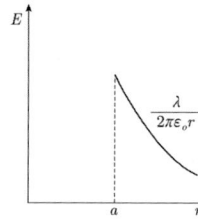

【답】②

**07** 그림과 같이 진공 중에 서로 평행인 무한 길이 두 직선도선 $A$, $B$가 $d$[m] 떨어져 있다. $A$, $B$의 선전하 밀도를 각각 $\lambda_1$[C/m], $\lambda_2$[C/m]라 할 때, $A$로부터 $\frac{d}{3}$[m]인 점의 전계의 세기가 0이었다면 $\lambda_1$과 $\lambda_2$의 관계는?

① $\lambda_2 = \frac{1}{2}\lambda_1$
② $\lambda_2 = 2\lambda_1$
③ $\lambda_2 = 3\lambda_1$
④ $\lambda_2 = 9\lambda_1$

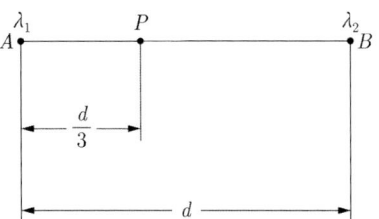

**Explanation**

전계의 세기가 0인 경우 $E_1 = E_2$

$$\frac{\lambda_1}{2\pi\epsilon_o\left(\frac{d}{3}\right)} = \frac{\lambda_2}{2\pi\epsilon_o\left(\frac{2d}{3}\right)}$$

$\therefore \lambda_2 = 2\lambda_1$

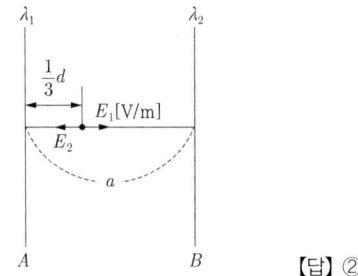

【답】②

**08** 거리 $r$에 반비례하는 전계의 세기를 주는 대전체는?
① 구전하에 의한 전계
② 점전하에 의한 전계
③ 선전하에 의한 전계
④ 전기쌍극자에 의한 전계

**Explanation**

- 점전하(구전하)에 의한 전계 $E = \dfrac{Q}{4\pi\epsilon_0 r^2}$ [V/m]
- 전기 쌍극자에 의한 전계 $E = \dfrac{M}{4\pi\epsilon_0 r^3}\sqrt{1+3\cos^2\theta}$ [V/m]
- 선전하에 의한 전계 $E = \dfrac{\lambda}{2\pi\epsilon_0 r}$ [V/m]

【답】③

**09** 한 변의 길이가 $a$[m]인 정육각형의 각 정점에 각각 $Q$[C]의 전하를 놓았을 때 정육각형의 중심에서 전계의 세기는 몇 [V/m]인가?

① 0
② $\dfrac{Q}{2\pi\epsilon_0 a}$
③ $\dfrac{Q}{4\pi\epsilon_0 a}$
④ $\dfrac{Q}{8\pi\epsilon_0 a}$

**Explanation**

2개의 점전하가 3쌍으로 맞서 있고, 각 쌍의 중심 전계의 세기는 크기가 같고 방향이 정반대이므로 0이 되어 합성 전계의 세기도 0이 된다.

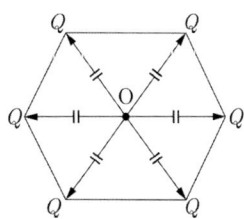

【답】①

### 주요 문제

**10** 진공 중에서 도체구의 표면전하밀도가 $\sigma$[C/m²]일 때 표면 전계의 세기[V/m]는?

① $E = \dfrac{\sigma}{\epsilon_0}$      ② $E = \dfrac{\sigma}{2\epsilon_0}$

③ $E = \dfrac{\sigma}{2\pi\epsilon_0}$      ④ $E = \dfrac{\sigma}{4\pi\epsilon_0}$

**Explanation**

- 도체 표면에서의 전계 $E = \dfrac{\sigma}{\epsilon_0}$ [V/m]
- 무한 평면에서의 전계 $E = \dfrac{\sigma}{2\epsilon_0}$ [V/m]

【답】①

**11** 지표면에 대지로 향하는 300[V/m]의 전계가 있다면 지표면의 전하 밀도의 크기는 몇 [C/m²]인가?

① $1.33 \times 10^{-9}$      ② $2.66 \times 10^{-9}$

③ $1.33 \times 10^{-7}$      ④ $2.66 \times 10^{-7}$

**Explanation**

전기력선은 (+)전하에서 (-)전하로 진행하므로 지구 표면의 전하 밀도의 극성은 (-)전하이고 크기 $D = \epsilon E$이다.
따라서 $D = -8.855 \times 10^{-12} \times 300 = -2.66 \times 10^{-9}$[C/m²]이다.

【답】②

**12** 반지름 $a$[m]되는 도체구의 표면전하밀도가 $\sigma$[C/m²]일 때, 도체표면의 전위와 전계의 관계식은?
(단, $V$는 전위이며 전계 $E = \dfrac{\sigma}{\epsilon_o}$ [V/m]이다)

① $V = E a$      ② $V = E a^2$

③ $V = \dfrac{E}{a}$      ④ $V = \dfrac{E}{a^2}$

**Explanation**

구도체
- 전계 $E = \dfrac{Q}{4\pi\epsilon_o a^2}$ [V/m]
- 전위 $V = \dfrac{Q}{4\pi\epsilon_o a}$ [V]

따라서 $V = E a$ [V]

【답】①

**13** 지름이 5[cm], 10[cm]인 두 개의 도체구에 동일한 전기량을 준 경우, 작은 구의 도체 표면 전위($V_{5cm}$)와 큰 구의 도체 표면 전위($V_{10cm}$) 사이의 관계는?

① $V_{5cm} = \dfrac{1}{4} V_{10cm}$      ② $V_{5cm} = 4 V_{10cm}$

③ $V_{5cm} = \dfrac{1}{2} V_{10cm}$      ④ $V_{5cm} = 2 V_{10cm}$

**Explanation**

$$V_{5cm} = \frac{Q}{4\pi\epsilon_o r} = 9\times10^9 \times \frac{Q}{5}$$

$$V_{10cm} = \frac{Q}{4\pi\epsilon_o r} = 9\times10^9 \times \frac{Q}{10}$$

따라서 $V_{5cm} = 2V_{10cm}$

【답】④

**14** 공간적 전하분포를 갖는 유전체 중의 전계 $E$에 있어서 전하밀도 $\rho$와 전하 분포 중의 한 점에 대한 전위 $V$와의 관계 중 전위를 생각하는 고찰점에 $\rho$의 전하분포가 없다면 $\nabla^2 V = 0$으로 된다는 것은?

① 스토크스 정리
② 톰슨 정리
③ 라플라스 방정식
④ 포아송 방정식

**Explanation**

- 프와송의 방정식 : $\nabla^2 V = -\dfrac{\rho}{\epsilon_0}$
- 라플라스의 방정식 : $\nabla^2 V = 0$

【답】③

**15** 전기 쌍극자 모멘트 $M$[C·m]인 전기 쌍극자에 의한 임의의 점의 전위는 몇 [V]인가? 단, 전기 쌍극자 간의 중심점에서 임의의 점까지의 거리는 $R$[m]이고, 이들간에 이루어진 각은 $\theta$이다.

① $9\times10^9 \times \dfrac{M\cos\theta}{R}$
② $9\times10^9 \times \dfrac{M\cos\theta}{R^2}$
③ $9\times10^9 \times \dfrac{M\sin\theta}{R}$
④ $9\times10^9 \times \dfrac{M\sin\theta}{R^2}$

**Explanation**

- 전기쌍극자 전위 : $V = \dfrac{M\cos\theta}{4\pi\epsilon_0 r^2} = 9\times10^9 \times \dfrac{M\cos\theta}{R^2}$ [V]
- 전기쌍극자 전계의 세기 : $E = \dfrac{M\sqrt{1+3\cos^2\theta}}{4\pi\epsilon_0 r^3}$ [V/m]

【답】②

## 3 도체계와 정전용량

※ 도체계 : 중첩의 원리(전하가 $n$배 되면 전위도 $n$배가 된다)
※ 대지접지 이유 : 지구는 정전용량이 크기 때문

1. 전위계수

$P_{rr}, P_{ss} > 0, P_{rs} = P_{sr} \geq 0, P_{rr} \geq P_{rs}$

2. 용량계수와 유도계수
① 용량계수 $q_{11}, q_{22} > 0$
② 유도계수 : $q_{12}, q_{21} \leq 0$

3. 정전용량 계산
① 구도체 : $C = 4\pi\epsilon_0 a$ [F]

② 동심구 : $C = \dfrac{4\pi\epsilon_0 ab}{b-a}$ [F]

③ 동축케이블(원통도체) : $C = \dfrac{2\pi\epsilon_0}{\ln\dfrac{b}{a}}$ [F/m]

④ 평행왕복도선 : $C = \dfrac{\pi\epsilon_0}{\ln\dfrac{d}{a}}$ [F/m]

⑤ 평행판 콘덴서 : $C = \dfrac{\epsilon_0 S}{d}$ [F]

4. 콘덴서의 정전 에너지

$W = \dfrac{1}{2}QV = \dfrac{1}{2}CV^2 = \dfrac{Q^2}{2C}$ [J]

5. 콘덴서 연결
① 직렬 연결 : $C_0 = \dfrac{C_1 C_2}{C_1 + C_2}$

 * 직렬 연결 시 문제점 : 내압이 작은 콘덴서부터 파괴(내압과 정전용량이 다르면 전하량이 적은 콘덴서부터 파괴)

② 병렬 연결 : $C_0 = C_1 + C_2$

 * 공통전위 : 합성정전용량($C_T$) → 전체전하량($Q_T$) → 공통전위($V_T$)

③ 같은 정전용량의 콘덴서를 $n$개 연결 : 직렬 $\dfrac{C}{n}$, 병렬 $nC$

### 주요 문제

**01** 모든 전기 장치를 접지시키는 근본적 이유는?
① 영상전하를 이용하기 때문에
② 지구는 전류가 잘 통하기 때문에
③ 편의상 지면의 전위를 무한대로 보기 때문에
④ 지구의 용량이 커서 전위가 거의 일정하기 때문에

**Explanation**

지구는 정전용량이 커서 많은 전하가 축적되어도 지구의 전위는 일정하므로 모든 전기 장치를 접지시킨다. 【답】 ④

**02** 여러 개의 도체가 한 공간 내에서 하나의 도체계를 형성하고 있을 때, 각 도체의 전하를 $n$배 할 경우 각 도체의 전위는 어떻게 되는가?

① $n^2$배가 된다.
② $\frac{1}{2}n$배가 된다.
③ $n$배가 된다.
④ $2n$배가 된다.

**Explanation**

전위 : 스칼라 함수이므로 중첩의 원리가 성립 → 전하를 $n$배하면 전위도 $n$배가 된다.
$V_n = \frac{1}{4\pi\epsilon_0} \sum_{n=1}^{n} \frac{Q_n}{r_n}$ 【답】 ③

**03** 전위계수의 성질 중 잘못된 것은?

① $P_{11} > 2P_{21}$
② $P_{11} > 0$
③ $P_{21} \geq 0$
④ $P_{12} = P_{21}$

**Explanation**

전위 계수의 성질
- $P_{rr}, P_{ss} > 0$
- $P_{rr} \geq P_{rs}$
- $P_{rs} = P_{sr} \geq 0$

【답】 ①

**04** 2개의 도체를 $Q$[C]과 $-Q$[C]라 할 때, 두 개의 도체 간의 전위차를 전위계수로 표시하면?

① $P_{11}Q - P_{12}Q$
② $(P_{11} - 2P_{12} + P_{22})Q$
③ $(P_{11} + 2P_{12} + P_{22})Q$
④ $P_{12}Q - P_{22}Q$

**Explanation**

전위 $V_1 = P_{11}Q_1 + P_{12}Q_2$, $V_2 = P_{21}Q_1 + P_{22}Q_2$에서
$Q_1 = Q$, $Q_2 = -Q$를 대입하면
전위차 $V = V_1 - V_2 = P_{11}Q - P_{12}Q - P_{12}Q + P_{22}Q$
$= (P_{11} - 2P_{12} + P_{22})Q$ 【답】 ②

## 주요 문제

**05** 그림과 같이 도체 1을 도체 2로 포위하여 도체 2를 일정 전위로 유지하고 도체 1과 도체 2의 외측에 도체 3이 있을 때 용량계수 및 유도계수의 성질로 옳은 것은?

① $q_{23} = q_{11}$
② $q_{13} = -q_{11}$
③ $q_{31} = q_{11}$
④ $q_{21} = -q_{11}$

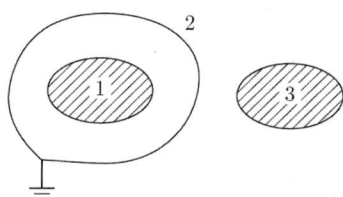

**Explanation**

정전차폐 : 1번 도체는 3번 도체의 영향을 받지 않는다.
$q_{13} = q_{31} = 0$, $q_{21} = -q_{11}$

【답】 ④

**06** 고립 도체구의 정전용량이 50[pF]일 때 이 도체구의 반지름은 약 몇 [cm]인가?

① 5
② 25
③ 45
④ 85

**Explanation**

구도체의 정전용량 $C = 4\pi\epsilon_0 a$에서
$50 \times 10^{-12} = 4\pi\epsilon_0 a$이므로
$a = \dfrac{50 \times 10^{-12}}{4\pi\epsilon_0} = 0.45[\text{m}] ≒ 45[\text{cm}]$

【답】 ③

**07** 내구의 반지름 $a$[m], 외구의 반지름 $b$[m]인 동심구 콘덴서의 외구를 접지한 경우 정전용량을 구하면?

① $\dfrac{4\pi\epsilon_0 ab}{b-a}$
② $\dfrac{2\pi\epsilon_0 ab}{b-a}$
③ $\dfrac{4\pi\epsilon_0}{b-a}$
④ $\dfrac{2\pi\epsilon_0}{b-a}$

**Explanation**

동심구의 정전용량

정전용량 $C = \dfrac{Q}{V} = \dfrac{Q}{\dfrac{Q}{4\pi\epsilon_0}\left(\dfrac{1}{a}-\dfrac{1}{b}\right)} = \dfrac{4\pi\epsilon_0}{\dfrac{1}{a}-\dfrac{1}{b}} = \dfrac{4\pi\epsilon_0 ab}{b-a}$ [F]

【답】 ①

**08** 동심구형 콘덴서의 내외 반지름을 각각 2배로 하면 정전용량은 몇 배로 되는가?

① 1
② 2
③ 4
④ 8

**Explanation**

동심구의 정전용량
$C' = \dfrac{4\pi\epsilon_0 ab}{b-a} = \dfrac{4\pi\epsilon_0 \cdot (2a \times 2b)}{2b-2a} = \dfrac{2 \cdot 4\pi\epsilon_0 ab}{b-a} = 2C$

【답】 ②

## 주요 문제

**09** 그림과 같이 내외 도체의 반지름이 $a$, $b$인 동축선(케이블)의 도체 사이에 유전율이 $\epsilon$인 유전체가 채워져 있는 경우 동축선의 단위 길이 당 정전용량에 대한 설명으로 옳은 것은?

① $\dfrac{1}{\epsilon}\log_{10}\dfrac{b}{a}$ 에 비례한다.
② $\dfrac{\epsilon b}{a}$ 에 비례한다.
③ $\dfrac{\epsilon}{\ln\dfrac{b}{a}}$ 에 비례한다.
④ $\epsilon \ln\dfrac{b}{a}$ 에 비례한다.

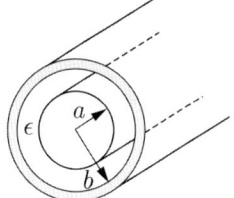

**Explanation**

동축 케이블의 단위 길이당 정전용량 $C = \dfrac{2\pi\epsilon}{\ln\dfrac{b}{a}}$ [F/m]

따라서 정전용량 $C \propto \dfrac{\epsilon}{\ln\dfrac{b}{a}}$

【답】③

**10** 반지름 $a$[m]인 두 개의 무한장 도선이 $d$[m]의 간격으로 평행하게 놓여 있을 때 $a \ll d$인 경우, 단위 길이당 정전용량[F/m]은?

① $\dfrac{2\pi\epsilon_o}{\ln\dfrac{d}{a}}$
② $\dfrac{\pi\epsilon_o}{\ln\dfrac{d}{a}}$
③ $\dfrac{4\pi\epsilon_o}{\dfrac{1}{a}-\dfrac{1}{d}}$
④ $\dfrac{2\pi\epsilon_o}{\dfrac{1}{a}-\dfrac{1}{d}}$

**Explanation**

두 평형 도선 간 정전용량 $C = \dfrac{\pi\epsilon_o}{\ln\dfrac{d}{a}}$ [F/m]

【답】②

**11** 면적이 $S$[m²], 극판 사이의 거리가 $d$[m], 유전체의 비유전율이 $\epsilon_s$인 평행 평판콘덴서의 정전용량 [F]은?

① $\dfrac{\epsilon_0\epsilon_s S}{d}$
② $\dfrac{\epsilon_0\epsilon_s d}{S}$
③ $\dfrac{\epsilon_0 S}{d}$
④ $\dfrac{\epsilon_0 d}{S}$

**Explanation**

평행판 콘덴서의 정전용량 $C = \dfrac{\epsilon_0\epsilon_s S}{d}$ [F]

【답】①

### 주요 문제

**12** 양극판의 면적이 $S[m^2]$, 극판 간의 간격이 $d[m]$, 정전용량이 $C_1[F]$인 평행판 콘덴서가 있다. 양극판 면적을 각각 $3S[m^2]$로 늘이고 극판 간격을 $\frac{1}{3}d[m]$로 줄였을 때의 정전용량 $C_2[F]$는?

① $C_2 = C_1$
② $C_2 = 3C_1$
③ $C_2 = 6C_1$
④ $C_2 = 9C_1$

**Explanation**

평행판 콘덴서의 정전용량 $C = \frac{\epsilon S}{d}[F]$에서

양극판 면적을 3배로 하고 간격을 1/3배로 하면 $C' = \frac{\epsilon 3S}{\frac{d}{3}} = 9\frac{\epsilon S}{d} = 9C[F]$

【답】 ④

**13** 정전용량 및 내압이 $3[\mu F]/1,000[V]$, $5[\mu F]/500[V]$, $12[\mu F]/250[V]$인 3개의 콘덴서를 직렬로 연결하고 양단에 가한 전압을 서서히 증가시킬 경우 가장 먼저 파괴되는 콘덴서는?

① $3[\mu F]$
② $5[\mu F]$
③ $12[\mu F]$
④ 3개 동시에 파괴

**Explanation**

콘덴서 직렬연결 시 파괴되는 콘덴서는 $Q = CV$에서 $Q$값이 작은 콘덴서가 먼저 파괴된다.
$Q_1 = C_1 V_1 = 3 \times 1,000 = 3,000[C]$
$Q_2 = C_2 V_2 = 5 \times 500 = 2,500[C]$  $Q_3 = C_3 V_3 = 12 \times 250 = 3,000[C]$
따라서 전하량이 가장 적은 $500[V]$-$5[\mu F]$의 콘덴서가 가장 먼저 파괴된다.

【답】 ②

**14** 극판의 면적 $S = 10[cm^2]$, 간격 $d = 1[mm]$의 평행판 콘덴서에 비유전율 $\epsilon_s = 3$인 유전체를 채웠을 때 전압 $100[V]$를 인가하면 축적되는 에너지는 약 몇 [J]인가?

① $0.3 \times 10^{-7}$
② $0.6 \times 10^{-7}$
③ $1.3 \times 10^{-7}$
④ $2.1 \times 10^{-7}$

**Explanation**

평행판 콘덴서의 정전용량
$C = \frac{\epsilon_0 \epsilon_s S}{d} = \frac{8.855 \times 10^{-12} \times 3 \times 10 \times 10^{-4}}{10^{-3}} = 26.56 \times 10^{-12}[F]$

콘덴서에 축적되는 에너지 $W = \frac{1}{2}CV^2 = \frac{1}{2} \times 26.56 \times 10^{-12} \times 100^2 = 1.32 \times 10^{-7}[J]$

【답】 ③

**15** 유전율 $\epsilon[F/m]$인 유전체 중에서 전하가 $Q[C]$, 전위가 $V[V]$, 반지름 $a[m]$인 도체구가 갖는 에너지는 몇 [J]인가?

① $\frac{1}{2}\pi\epsilon a V^2$
② $\pi\epsilon a V^2$
③ $2\pi\epsilon a V^2$
④ $4\pi\epsilon a V^2$

**Explanation**

구도체의 정전용량은 $C = 4\pi\epsilon a[F]$
에너지 $W = \frac{1}{2}CV^2 = \frac{1}{2}(4\pi\epsilon a)V^2 = 2\pi\epsilon a V^2[J]$

【답】 ③

**16** 그림에서 2[μF]에 100[μC]의 전하가 충전되어 있었다면 3[μF]의 양단의 전위차는 몇 [V]인가?

① 50
② 100
③ 200
④ 260

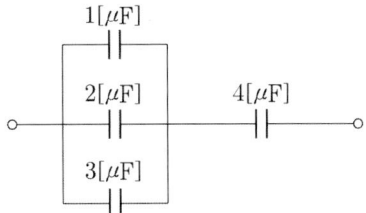

**Explanation**

2[μF]의 양단에 걸리는 전압 $V_2 = \dfrac{Q_2}{C_2} = \dfrac{100 \times 10^{-6}}{2 \times 10^{-6}} = 50[V]$

병렬 연결 시 각 콘덴서에 걸리는 전압은 같으므로 3[μF] 양단에 걸리는 전압은 2[μF]의 양단에 걸리는 전압과 같다.
∴ $V_3 = V_2 = 50[V]$이다.

【답】①

**17** 동일 용량 C[μF]의 커패시터 $n$개를 병렬로 연결하였다면 합성 정전용량은 얼마인가?

① $n^2 C$
② $nC$
③ $\dfrac{C}{n}$
④ $C$

**Explanation**

동일 용량의 콘덴서 연결
- 직렬연결 : $\dfrac{C}{n}$
- 병렬연결 : $nC$

【답】②

**18** 반지름이 9[cm]인 도체구 A에 8[C]의 전하가 균일하게 분포되어 있다. 이 도체구에 반지름 3[cm]인 도체구 B를 접촉시켰을 때 도체구 B로 이동한 전하는 약 몇 [C]인가?

① 1
② 2
③ 3
④ 4

**Explanation**

두 개의 도체 구를 접속하면 중화 현상으로 인해 전체 전기량 $Q = 8$ [C]이 되며,
전하는 도체구의 크기에 비례하므로
반지름 3 [cm]의 도체 구에 남는 전기량 $Q_1 = \dfrac{3}{9+3} \times 8 = 2$ [C]

【답】②

## 4 유전체

### 1. 전속밀도
$D = \epsilon_0 \epsilon_s E \, [\text{c/m}^2]$

### 2. 분극의 세기(체적당 모멘트)
$P = D - \epsilon_o E = \epsilon_0(\epsilon_s - 1)E = \left(1 - \dfrac{1}{\epsilon_s}\right)D \, [\text{c/m}^2]$,

분극률 : $\chi = \epsilon_o(\epsilon_s - 1)$

### 3. 비유전율($\varepsilon_s$)과의 관계 (비유전율 $\epsilon_s = \dfrac{C}{C_0} \geq 1$)

① 힘 : $F = \dfrac{1}{\epsilon_s} F_0$

② 전계 : $E = \dfrac{1}{\epsilon_s} E_0$ (전하량일정)

③ 전위 : $V = \dfrac{1}{\epsilon_s} V_0$

④ 전기력선수 : $N = \dfrac{1}{\epsilon_s} N_0$, 전하량이 일정하면 전기력선수는 감소하지만 전속은 불변

⑤ 정전용량 : $C = \epsilon_s C_0$

⑥ 전속밀도 : $D = \epsilon_s D_0$ (전위일정)

### 4. 경계조건

① 전계의 접선성분이 연속 : $E_1 \sin\theta_1 = E_2 \sin\theta_2$

② 전속밀도의 법선성분이 연속 : $D_1 \cos\theta_1 = D_2 \cos\theta_2$, $\epsilon_1 E_1 \cos\theta_1 = \epsilon_2 E_2 \cos\theta_2$

③ $\dfrac{\tan\theta_1}{\tan\theta_2} = \dfrac{\epsilon_1}{\epsilon_2}$

④ $\epsilon_1 > \epsilon_2$ 일 경우 $\theta_1 > \theta_2$, $E_1 < E_2$, $D_1 > D_2$

경계면에서 힘은 유전율이 큰 쪽에서 작은 쪽으로 작용(Maxwell 응력)

⑤ 전계가 경계면에 수직으로 입사 ($\theta_1 = 0°$)

$E = 0$ (전계는 불연속)

$D = D_1 = D_2$

전계, 전속은 굴절하지 않는다.

### 5. 유전체 연결

① 직렬연결 $C = \dfrac{\epsilon_1 \epsilon_2 S}{\epsilon_1 d_2 + \epsilon_2 d_1} = \dfrac{S}{\dfrac{d_1}{\epsilon_1} + \dfrac{d_2}{\epsilon_2}}$

② 병렬연결 $C = \dfrac{1}{d}(\epsilon_1 S_1 + \epsilon_2 S_2 + \epsilon_3 S_3)$

③ 간격의 $\dfrac{1}{2}$에 물질을 삽입 $C = \dfrac{2C_0}{1 + \dfrac{1}{\epsilon_s}}$ ($C_o \sim 2C_o$ 사이 값)

## 6. 체적당 에너지, 정전응력(면적 당 힘)

$f = \dfrac{\sigma^2}{2\epsilon_0} = \dfrac{1}{2}\epsilon_0 E^2 = \dfrac{D^2}{2\epsilon_0}$ [J/m³], [N/m²]

### 주요 문제

**01** 어떤 콘덴서에 비유전율 $\epsilon_s$인 유전체로 채워져 있을 때의 정전용량 $C$와 공기로 채워져 있을 때의 정전용량 $C_0$의 비 $\left(\dfrac{C}{C_0}\right)$는?

① $\epsilon_s$
② $\dfrac{1}{\epsilon_s}$
③ $\sqrt{\epsilon_s}$
④ $\dfrac{1}{\sqrt{\epsilon_s}}$

**Explanation**

비유전율 $\epsilon_s = \dfrac{C}{C_0}$

【답】①

**02** 다음 물질 중에서 비유전율($\epsilon_s$)이 가장 큰 것은?

① 물(증류수)
② 변압기 기름(절연유)
③ 유리
④ 종이

**Explanation**

비유전율 $\epsilon_s = \dfrac{C}{C_0}$

여기서, 비유전율은 공기나 진공에서 1이고, 비유전율의 $\epsilon_s$는 물질의 종류에 따라 다르며 항상 1보다 크다.
- 고무 : 3
- 유리 : 5.4~9.9
- 운모 : 5.5~6.6
- 물(증류수) : 80.7

【답】①

**03** 유전체에 가한 전계 $E$[V/m]와 분극의 세기 $P$[C/m²]와의 관계로 옳은 식은?

① $P = \epsilon_0(\epsilon_s + 1)E$
② $P = \epsilon_0(\epsilon_s - 1)E$
③ $P = \epsilon_s(\epsilon_0 + 1)E$
④ $P = \epsilon_s(\epsilon_0 - 1)E$

**Explanation**

분극의 세기 : 체적당 모멘트 $P = D - \epsilon_0 E = D - \epsilon_0\left(\dfrac{D}{\epsilon}\right) = D\left(1 - \dfrac{1}{\epsilon_r}\right) = \epsilon_0(\epsilon_s - 1)E$ [C/m²]

【답】②

**04** 비유전율이 2.8인 유전체에서의 전속밀도가 $D = 3.0 \times 10^{-7}$[C/m²]일 때 분극의 세기 $P$는 약 몇 [C/m²]인가?

① $1.93 \times 10^{-7}$
② $2.93 \times 10^{-7}$
③ $3.50 \times 10^{-7}$
④ $4.07 \times 10^{-7}$

**Explanation**

분극의 세기
$$P = D - \epsilon_0 E = D - \epsilon_0\left(\dfrac{D}{\epsilon}\right) = \left(1 - \dfrac{1}{\epsilon_s}\right)D = \epsilon_0(\epsilon_s - 1)E$$
$$= \left(1 - \dfrac{1}{2.8}\right) \times 3 \times 10^{-7} = 1.93 \times 10^{-7} [C/m²]$$

【답】①

## 주요 문제

**05** 평행판 콘덴서의 판 사이에 비유전율 $\epsilon_s$의 유전체를 삽입하였을 때의 정전용량은 진공일 때보다 어떻게 되는가?

① $\epsilon_s$배로 증가
② $\pi\epsilon_s$배로 증가
③ $\dfrac{1}{\epsilon_s}$로 감소
④ $(\epsilon_s + 1)$배로 증가

**Explanation**

$C = \epsilon_s C_0$이므로 유전체를 삽입하면 정전용량은 $\epsilon_s$배 증가한다.

【답】①

**06** 평행판 공기콘덴서의 두 전극판 사이에 전위차계를 접속하고 전지에 의하여 충전하였다. 충전한 상태에서 비유전율 $\epsilon_r$의 유전체를 콘덴서에 채우면 전위차계의 지시는 어떻게 되는가?

① 불변이다.
② 0이 된다.
③ 감소한다.
④ 증가한다.

**Explanation**

충전 후 전원을 제거한 경우이므로 $Q$가 일정한 경우이다.
$Q = CV$에서 유전체를 채우면 용량 $C$가 증가하므로
$Q$가 일정한 상태에서는 전위 $V$는 감소한다.

【답】③

**07** 두 유전체의 경계면에서 정전계가 만족하는 것은?

① 전계의 법선성분이 같다.
② 전계의 접선성분이 같다.
③ 전속밀도의 접선성분이 같다.
④ 분극 세기의 접선성분이 같다.

**Explanation**

경계조건
- 전계의 접선성분이 연속 : $E_1 \sin\theta_1 = E_2 \sin\theta_2$
- 전속밀도의 법선성분이 연속 : $D_1 \cos\theta_1 = D_2 \cos\theta_2$, $\epsilon_1 E_1 \cos\theta_1 = \epsilon_2 E_2 \cos\theta_2$
- 경계조건 : $\dfrac{\tan\theta_1}{\tan\theta_2} = \dfrac{\epsilon_1}{\epsilon_2}$
- 전속은 유전율이 큰 쪽에 모인다.

【답】②

**08** 두 유전체가 접해 있는 경계면에서 전속선의 방향이 그림과 같을 때 다음 중 틀린 것은?(단, 유전율 $\epsilon_1$, $\epsilon_2$인 유전체에서의 전계와 전속밀도는 각각 $E_1$, $D_1$과 $E_2$, $D_2$이고 입사각과 굴절각은 $\theta_1$, $\theta_2$이다)

① $\epsilon_1 D_1 = \epsilon_2 D_2$
② $E_1 \sin\theta_1 = E_2 \sin\theta_2$
③ $\dfrac{\tan\theta_1}{\tan\theta_2} = \dfrac{\epsilon_1}{\epsilon_2}$
④ $\epsilon_1 > \epsilon_2$일 때, $\theta_1 > \theta_2$

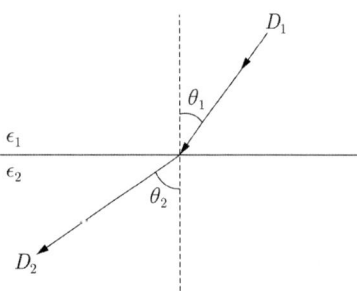

**Explanation**

### 주요 문제

**경계 조건**
- 전계의 접선 성분 연속 : $E_1\sin\theta_1 = E_2\sin\theta_2$
- 전속 밀도의 법선 성분 연속 : $D_1\cos\theta_1 = D_2\cos\theta_2$
$$\epsilon_1 E_1\cos\theta_1 = \epsilon_2 E_2\cos\theta_2$$
- 경계 조건 : $\dfrac{\tan\theta_1}{\tan\theta_2} = \dfrac{\epsilon_1}{\epsilon_2}$
- $\epsilon_1 > \epsilon_2$이면, $\theta_1 > \theta_2$, $E_1 < E_2$, $D_1 > D_2$

【답】①

**09** 두 종류의 유전체 경계면에서 전속과 전기력선이 경계면에 수직으로 도달할 때에 대한 설명으로 틀린 것은?

① 전속밀도는 변하지 않는다.
② 전속과 전기력선은 굴절하지 않는다.
③ 전계의 세기는 불연속적으로 변한다.
④ 전속선은 유전율이 작은 유전체 쪽으로 모이려는 성질이 있다.

**Explanation**

경계면에 수직($\theta_1 = 0°$)
- 전계는 불연속
- 전속밀도는 불변이므로 $D_1\cos\theta = D_2\cos\theta$에서 $D_1 = D_2$이고 $\epsilon_1 E_1 = \epsilon_2 E_2$ 따라서 $\dfrac{E_2}{E_1} = \dfrac{\epsilon_1}{\epsilon_2}$ 이 된다.
- 전속과 전기력선은 굴절하지 않는다.

【답】④

**10** 패러데이 관에 대한 설명으로 틀린 것은?

① 패러데이 관내의 전속수는 일정하다.
② 패러데이 관의 밀도는 전속 밀도와 같다.
③ 패러데이 관 진전하가 있는 점에서 연속이다.
④ 패러데이 관 양단에 양(+), 음(-)의 단위전하가 있다.

**Explanation**

패러데이관의 양단에는 양 또는 음의 단위 진전하가 존재
- 패러데이관의 밀도 = 전속밀도
- 진전하가 없는 곳에서는 연속

【답】③

**11** 유전체 중의 전계의 세기를 $E$[V/m], 유전율을 $\varepsilon$[F/m]이라 하면 전기변위[C/m²]는?

① $\varepsilon E$
② $\varepsilon E^2$
③ $\dfrac{\varepsilon}{E}$
④ $\dfrac{E}{\varepsilon}$

**Explanation**

전기변위는 전속밀도와 같으므로 $D = \epsilon E$[C/m²]

【답】①

**12** 비유전율이 2.4인 유전체 내의 전계의 세기가 100[mV/m]이다. 유전체에 축적되는 단위 체적당 정전에너지는 몇 [J/m³]인가?

① $1.06 \times 10^{-13}$
② $1.77 \times 10^{-13}$
③ $2.32 \times 10^{-13}$
④ $2.32 \times 10^{-11}$

### Explanation

유전체 내의 체적당 에너지
$w = \frac{1}{2}\epsilon E^2 = \frac{D^2}{2\epsilon} = \frac{1}{2}ED[\text{J/m}^3]$에서
$= \frac{1}{2} \times 8.855 \times 10^{-12} \times 2.4 \times (100 \times 10^{-3})^2$
$= 1.06 \times 10^{-13}[\text{J/m}^3]$

【답】①

**13** 그림과 같은 정전용량이 $C_o[\text{F}]$ 되는 평행판 공기 콘덴서의 판면적의 $\frac{2}{3}$ 되는 공간에 비유전율 $\epsilon_s$ 인 유전체를 채우면 공기 콘덴서의 정전용량은 몇 [F]인가?

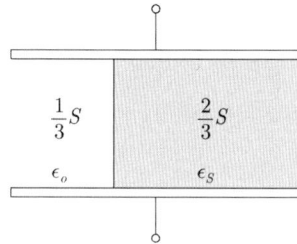

① $\frac{2\epsilon_s}{3}C_o$

② $\frac{3}{1+2\epsilon_s}C_o$

③ $\frac{1+\epsilon_s}{3}C_o$

④ $\frac{1+2\epsilon_s}{3}C_o$

### Explanation

면적의 변화 : 병렬 연결
$C = C_1 + C_2 = \frac{1}{3}C_0 + \frac{2}{3}C_0\epsilon_s = \frac{1}{3}C_0(1+2\epsilon_s)$

【답】④

## 5 전기영상법

1. 영상전하

   ① 전하 + Q의 영상전하 : −Q[C]

   ② 영상전하와의 힘 : $F = -\dfrac{Q^2}{16\pi\epsilon_0 a^2}$ [N]

   ③ 일 : $W = \dfrac{Q^2}{16\pi\epsilon_0 a}$ [J]

2. 선전하와 무한평면

   $f = -\lambda E = -\dfrac{\lambda^2}{4\pi\epsilon_o h} \propto \dfrac{1}{h}$ [N/m] : 높이에 반비례

3. 접지도체구

   ① 영상전하 : $Q' = -\dfrac{a}{d}Q$

   ② 영상전하 위치 : $\left(\dfrac{d^2}{d}, 0, 0\right)$

   ③ 힘 : 항상 흡인력

## 주요 문제

**01** 점전하 $Q$[C]와 무한평면도체에 대한 영상전하는?

① $Q$[C]와 같다.  ② $-Q$[C]와 같다.
③ $Q$[C]보다 크다.  ④ $Q$[C]보다 작다.

**Explanation**

영상법을 이용하여 아래 그림과 같은 형태로 바꾸어 생각하면

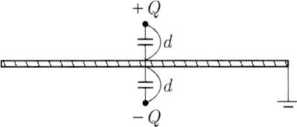

무한 평면 도체에서 점전하 $Q$[C]에 의한 영상전하는 크기는 같고 부호는 반대인 전하($-Q$)이다.  【답】②

**02** 평면 도체 표면에서 $d$의 거리에 점전하 $Q$가 있을 때 이 전하를 무한 원점까지 운반하는 데 요하는 일을 구하면 몇 [J]인가?

① $\dfrac{Q^2}{4\pi\epsilon_0 d}$   ② $\dfrac{Q^2}{8\pi\epsilon_0 d}$

③ $\dfrac{Q^2}{16\pi\epsilon_0 d}$   ④ $\dfrac{Q^2}{32\pi\epsilon_0 d}$

**Explanation**

전기 영상법을 이용하면

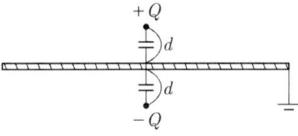

영상력 $F = \dfrac{-Q^2}{4\pi\epsilon_0 (2d)^2} = \dfrac{-Q^2}{16\pi\epsilon_0 d^2}$ [N]

일 $W = \int F dl = F \cdot l = \dfrac{Q^2}{16\pi\epsilon_0 d^2} \times d = \dfrac{Q^2}{16\pi\epsilon_0 d}$ [J]  【답】③

**03** 반지름 $a$[m]인 접지 구도체의 중심으로부터 $d$[m]인 곳에 점전하 $Q$[C]가 있다면 구도체에 유기되는 전하량[C]은?(단, $d > a$이다)

① $-\dfrac{a}{d}Q$   ② $+\dfrac{a}{d^2}Q$   ③ $-\dfrac{d}{a}Q$   ④ $+\dfrac{d^2}{a}Q$

**Explanation**

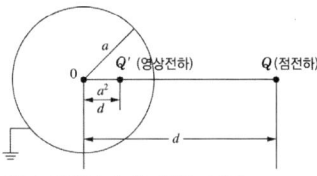

접지 도체구에 유기되는 전하

- 위치 : $x = +\dfrac{a^2}{d}$
- 크기 : $Q' = -\dfrac{a}{d}Q$

【답】①

### 주요 문제

**04** 접지 구도체와 점전하 사이에 작용하는 힘은?
① 항상 반발력이다.  ② 항상 흡인력이다.
③ 조건적 반발력이다.  ④ 조건적 흡인력이다.

**Explanation**

접지 도체구

- 유도전하 : $Q' = -\dfrac{a}{d}Q$
- 위치 : $x = \dfrac{a^2}{d}$

점전하와 반대 극성의 전하가 유도되므로 항상 흡인력이 작용한다.  【답】②

**05** 반경 $a$인 비접지 구도체의 중심에서 $d(>a)$만큼 떨어진 위치에 점전하 $Q$가 존재할 때 공간에서의 전계를 구하고자 한다. 이 문제를 영상전하법으로 풀 때 필요한 영상전하의 개수 및 영상 전하의 전하량의 총합은?

① 1개, $-\dfrac{a}{d}Q$  ② 2개, 0

③ 2개, $-\dfrac{a}{2d}Q$  ④ 3개, $\dfrac{a}{d}Q$

**Explanation**

비접지 도체구

영상전하 : $Q' = -\dfrac{a}{d}Q$이므로 도체 내에도 반대전하인 $Q'' = +\dfrac{a}{d}Q$가 유도된다.
따라서 전하의 총합은 0이다.  【답】②

## 6 전류

### 1. 전류

① 전류 $I = \dfrac{Q}{t} = \dfrac{ne}{t}$

여기서, $n$은 전자의 개수, $e$는 전자 1개의 전하량으로 $e = -1.602 \times 10^{-19}[C]$

② 전류의 연속성 : $div\ i = 0$

③ 옴의 법칙의 미분형 : $i = \dfrac{1}{\rho}E = kE$ (전류는 도전율에 비례)

### 2. 접지저항과 누설전류

① 접지저항 $R = \dfrac{\rho \epsilon}{C}[\Omega]$

② 누설전류 : $I = \dfrac{V}{R} = \dfrac{V}{\dfrac{\rho\epsilon}{C}} = \dfrac{CV}{\rho\epsilon}[A]$

### 3. 저항

$R = \rho \dfrac{\ell}{S}[\Omega]$ : 길이에 비례하고 단면적에 반비례

### 4. 저항온도계수

- 도체 : 온도가 상승하면 저항이 증가, 저항온도계수가 (+)
- 반도체 : 온도가 상승하면 저항이 감소, 저항온도계수가 (-)

### 5. 열전현상

① 제벡 효과(Seebeck Effect) :
  두 종류의 금속을 접합하여 폐회로를 만들고 두 접합점 사이에 온도차가 발생되면 열기전력이 생겨서 전류가 흐르는 현상, 열전대(열전온도계)의 원리

② 펠티에 효과(Peltier Effect) :
  두 종류의 금속을 접합하여 폐회로를 만들고 두 접합점 사이에 전류를 흘리면 접합점에서 열의 흡수 또는 발생되는 현상, 전자냉동의 원리

③ 톰슨 효과(Thomson Effect) :
  동일 금속을 접합하여 폐회로를 만들고 두 접합점 사이에 전류를 흘리면 접합점에서 열의 흡수 또는 발생되는 현상

## 주요 문제

**01** 저항 및 저항률에 관한 설명 중 틀린 것은?
① 저항의 역수는 컨덕턴스이다.
② 저항률의 역수는 도전율이다.
③ 저항률의 단위는 $[\Omega \cdot m^2]$이다.
④ 도체의 저항은 온도가 올라가면 그 값이 증가한다.

**Explanation**

- 컨덕턴스 $G = \dfrac{1}{R}$ : 저항의 역수
- 도전율 $k = \dfrac{1}{\rho}$ : 저항률의 역수
- 저항온도계수 : 도체는 온도가 올라가면 저항이 증가한다.
- **저항률 단위** : $[\Omega \cdot m]$
  저항 $R = \rho \dfrac{l}{A}$ 에서 저항률 $\rho = R\dfrac{A}{l} = \dfrac{RA}{l}[\Omega \cdot m]$

【답】③

**02** 다음 중 도체의 고유저항과 관계없는 것은?
① 길이
② 단면적
③ 온도
④ 단면적의 모양

**Explanation**

저항 $R = \rho \dfrac{l}{S}$

고유저항 $\rho = \dfrac{RS}{l}[\Omega \cdot m]$,  $\rho = \dfrac{1}{k}$   여기서, $k$는 도전율

따라서 고유저항은 도전율에 반비례하고 저항과 면적에 비례하며, 길이에 반비례한다.

【답】④

**03** 다음 중 전류의 연속방정식을 나타낸 식은?
① $J = 0$
② $\nabla \cdot J = 0$
③ $J = -\dfrac{\partial \rho_v}{\partial t}$
④ $\nabla \cdot J = -\dfrac{\partial \rho_v}{\partial t}$

**Explanation**

전류의 연속성(키르히호프의 전류 법칙)
$\text{div} \cdot i = 0$ : 도체 내에 흐르는 전류는 연속

【답】②

**04** 반지름 $a[m]$의 반구형 도체를 반구면이 고유저항 $\rho[\Omega \cdot m]$의 대지에 묻었을 때 접지저항$[\Omega]$은?
① $\dfrac{a}{2\pi\rho}$
② $\dfrac{1}{2\pi\rho a}$
③ $2\pi\rho a$
④ $\dfrac{\rho}{2\pi a}$

**Explanation**

반구의 정전용량 $C = \dfrac{4\pi\epsilon_o a}{2} = 2\pi\epsilon_o a[F]$

$RC = \rho\epsilon$에서

접지저항 $R = \dfrac{\rho\epsilon}{C} = \dfrac{\rho\epsilon}{2\pi\epsilon a} = \dfrac{\rho}{2\pi a}$

【답】④

## 주요 문제

**05** 액체 유전체를 포함한 콘덴서 용량이 $C$[F]인 것에 $V$[V]의 전압을 가했을 경우에 흐르는 누설전류[A]는?(단, 유전체의 유전율은 $\epsilon$, 고유저항은 $\rho$라 한다)

① $\dfrac{\rho\epsilon}{C}V$  ② $\dfrac{C}{\rho\epsilon}V$  ③ $\dfrac{C}{\rho\epsilon}V^2$  ④ $\dfrac{\rho\epsilon}{CV}$

**Explanation**

$RC = \rho\epsilon$ 에서 $R = \dfrac{\rho\epsilon}{C}$

누설전류 $I = \dfrac{V}{R} = \dfrac{V}{\dfrac{\rho\epsilon}{C}} = \dfrac{CV}{\rho\epsilon}$ [A]

【답】②

**06** 두 종류의 금속을 접속하여 폐회로를 만들고 두 접합 부분을 다른 온도로 유지하여 열기전력을 일으켜 열전류가 흐르는 효과는?

① 홀 효과  ② 제백 효과
③ 톰슨 효과  ④ 펠티에 효과

**Explanation**

열전현상
- 제벡 효과 : 두 종류 금속 접속면에 온도차가 발생하면 열기전력이 발생, 이에 의해서 전류가 흐르는 현상
- 펠티에 효과 : 서로 다른 두 종류의 금속선으로 폐회로를 만들고 전류를 흘리면 금속선의 접속점에서의 열이 흡수 또는 발생
- 톰슨 효과 : 동일한 금속 도선의 두 접점 간에 전류를 흘리면 도선 속에서 열이 발생되거나 흡수

【답】②

**07** 제벡(Seebeck) 효과를 이용한 것은?

① 광전지  ② 열전대
③ 전자냉동  ④ 수정 발진기

**Explanation**

제벡 효과 : 두 종류 금속(열전대) 접속면에 온도차가 있으면 기전력이 발생, 열전온도계의 원리

【답】②

**08** 두 종류의 금속으로 된 폐회로에 전류를 흘리면 양 접속점에서 한쪽은 온도가 올라가고 다른 쪽은 온도가 내려가는 현상을 무엇이라 하는가?

① 볼타(Volta) 효과  ② 지벡(Seebeck) 효과
③ 펠티에(Peltier) 효과  ④ 톰슨(Thomson) 효과

**Explanation**

펠티에 효과 : 서로 다른 두 종류의 금속선으로 폐회로를 만들고 전류를 흘리면 금속선의 접속점에서의 열이 흡수 또는 발생

【답】③

**09** 하나의 금속에서 전류의 흐름으로 인한 온도 구배부분의 줄열 이외의 발열 또는 흡열에 관한 현상은?

① 펠티에 효과(Peltier effect)  ② 볼타 법칙(Volta law)
③ 제벡 효과(Seebeck effect)  ④ 톰슨 효과(Thomson effect)

**Explanation**

톰슨 효과 : 동일한 금속 도선의 두 점 간에 온도차를 주고 고온 쪽에서 저온 쪽으로 전류를 흘리면 도선에서 열의 흡수 또는 발생하는 현상

【답】④

# 7 진공 중의 정자계

## 1. 정전계와 정자계의 비교

| 정전계 | 정자계 |
|---|---|
| 전하 $Q$ | 자극 $m$ |
| 유전율 $\epsilon_0$ | 투자율 $\mu_0$ |
| 전계의 세기 $E = \dfrac{Q}{4\pi\epsilon_0 r^2}$   $F = QE$ | 자계의 세기 $H = \dfrac{m}{4\pi\mu_0 r^2}$   $F = mH$ |
| 전위 $V = \dfrac{Q}{4\pi\epsilon_0 r}$ | 자위 $U = \dfrac{m}{4\pi\mu_0 r}$ |
| 전속 $\psi = Q[C]$ | 자속 $\phi = m[Wb]$ |
| 전속밀도 $D = \epsilon_0 \epsilon_s E$ | 자속밀도 $B = \mu_0 \mu_s H$ |
| 전기력선 수 $N = \dfrac{Q}{\epsilon_o}$ | 자기력선 수 $S = \dfrac{m}{\mu_o}$ |
| 분극의 세기 $P = \epsilon_o(\epsilon_s - 1)E$ | 자화의 세기 $J = \mu_o(\mu_s - 1)H$ |
| 전기쌍극자 전위 $V = \dfrac{M}{4\pi\epsilon_0 r^2}\cos\theta$ | 자기쌍극자 자위 $U = \dfrac{M}{4\pi\mu_0 r^2}\cos\theta$ |
| 전기쌍극자 전계의 세기 $E = \dfrac{M}{4\pi\epsilon_0 r^3}\sqrt{1+3\cos^2\theta}$ | 자기쌍극자 자계의 세기 $H = \dfrac{M}{4\pi\mu_0 r^3}\sqrt{1+3\cos^2\theta}$ |
| 경계 조건<br>① 전계의 접선성분이 연속<br>　$E_1\sin\theta_1 = E_2\sin\theta_2$<br>② 전속밀도의 법선성분이 연속<br>　$D_1\cos\theta_1 = D_2\cos\theta_2$<br>③ $\dfrac{\tan\theta_1}{\tan\theta_2} = \dfrac{\epsilon_1}{\epsilon_2}$<br>④ $\epsilon_1 > \epsilon_2$ 일 경우 $E_1 < E_2$, $D_1 > D_2$, $\theta_1 > \theta_2$ | 경계 조건<br>① 자계의 접선성분이 연속<br>　$H_1\sin\theta_1 = H_2\sin\theta_2$<br>② 자속밀도의 법선성분이 연속<br>　$B_1\cos\theta_1 = B_2\cos\theta_2$<br>③ $\dfrac{\tan\theta_1}{\tan\theta_2} = \dfrac{\mu_1}{\mu_2}$<br>④ $\mu_1 > \mu_2$ 일 경우 $H_1 < H_2$, $B_1 > B_2$, $\theta_1 > \theta_2$ |

## 2. 자계의 세기(전류에 의한 자장)

※ 암페어의 오른나사(오른손) 법칙 : 전류에 의한 자계의 방향

① 원형코일의 중심(원형코일에 전류가 흐를 때)

- $H = \dfrac{I}{2a}$ [A/m]

② 무한장 직선(원통, 직선도체에 전류가 흐를 때)

- 중심에서 $r$ 만큼 떨어진 지점 $H = \dfrac{I}{2\pi r}$ [A/m], 자속밀도 $B = \mu H = \dfrac{\mu I}{2\pi r}$

③ 유한장 직선도체

- 정삼각형 중심의 자계의 세기 : $H = \dfrac{9I}{2\pi l}$ [A/m]

- 정사각형 중심의 자계의 세기 : $H = \dfrac{2\sqrt{2}\,I}{\pi l}$ [A/m]

④ 환상솔레노이드 : $H = \dfrac{NI}{2\pi r}$ [AT/m] (여기서, $N$ : 권수)

　　　　　　　　내부 : 평등자장, 외부 : $H = 0$

⑤ 무한장 솔레노이드 : $H = n_0 I$ [AT/m] (여기서, $n_0$ : 단위 길이당 권수)

　　　　　　　　내부 : 평등자장, 외부 : $H = 0$

### 3. 플레밍의 왼손 법칙

① 자장 내에 전류가 흐르고 있는 도체가 받는 힘(전동기)

② $F = (I \times B)l = IB\ell \sin\theta$ [N]

### 4. 플레밍의 오른손 법칙

① 자장 내의 회전하는 도체가 만드는 유기기전력(발전기)

② $e = (v \times B)l = vB\ell \sin\theta$ [V]

### 5. 회전력(토크)

① 자성체에 의한 토크 $T = M \cdot H = MH\sin\theta = mlH\sin\theta$ [N·m]

② 도체에 의한 토크 $T = NIBS\cos\theta = NIB\ell_1\ell_2\cos\theta$ [N·m]

### 6. 평행도선(무한장 평행도선) 사이의 힘

$$F = \dfrac{2I_1 I_2}{r} \times 10^{-7} \text{[N/m]}$$

① 전류가 같은 방향(평행 도선) : 흡인력 발생

② 전류가 반대 방향(왕복 도선) : 반발력 발생

### 7. 로렌츠의 힘(전하(전자)가 전계와 자계가 있는 공간에 진입 : 전자(전하)는 원운동)

$F = F_e + F_m = eE + e(v \times B) = e[E + (v \times B)]$

① 원운동의 반경 : $r = \dfrac{mv}{eB} \propto v$ (전자의 처음 진행속도에 비례)

② 원운동의 주기 : $T = \dfrac{1}{f} = \dfrac{2\pi m}{eB}$

### 8. 전류에 의한 자기현상

① 홀 효과 : 도체나 반도체에 전류를 흘리고 이것과 직각방향으로 자계를 가하면 그 양자와 직각방향으로 기전력이 생기는 현상

② 스트레치 효과(Stretch Effect) : 자유로이 구부릴 수 있는 도선에 대전류를 통하면 도선 상호간의 반발력에 의하여 도선이 원을 형성하게 되는 현상

### 주요 문제

**01** 1,000[AT/m]의 자계 중에 어떤 자극을 놓았을 때 $3\times10^2$[N]의 힘을 받았다고 한다. 자극의 세기 [Wb]는?

① 0.03
② 0.3
③ 3
④ 30

**Explanation**

자계에서의 힘 $F=mH$에서

자극 $m = \dfrac{F}{H} = \dfrac{3\times10^2}{1,000} = 0.3$[Wb]

【답】 ②

**02** 다음은 전기 및 자기 쌍극자에 의한 전계와 자계의 세기에 대한 설명이다. (  )안에 들어갈 내용으로 옳은 것은?

> 전기 쌍극자에 의해 발생하는 전위의 크기는 전기 쌍극자 중심으로부터 거리의 ( ㉮ )에 반비례하고, 자기 쌍극자에 의해 발생하는 자계의 크기는 자기 쌍극자 중심으로부터 거리의 ( ㉯ )에 반비례한다.

① ㉮ 제곱,   ㉯ 제곱
② ㉮ 제곱,   ㉯ 세제곱
③ ㉮ 세제곱, ㉯ 제곱
④ ㉮ 세제곱, ㉯ 세제곱

**Explanation**

- 전기 쌍극자 : 전위 $V = \dfrac{M\cos\theta}{4\pi\epsilon_0 r^2}$, 전계 $E = \dfrac{M\sqrt{1+3\cos^2\theta}}{4\pi\epsilon_0 r^3}$
- 자기 쌍극자 : 전위 $U = \dfrac{M\cos\theta}{4\pi\mu_0 r^2}$, 자계 $H = \dfrac{M\sqrt{1+3\cos^2\theta}}{4\pi\mu_0 r^3}$

【답】 ②

**03** 전류에 의한 자계의 방향을 결정하는 법칙은?

① 렌츠의 법칙
② 플레밍의 오른손 법칙
③ 플레밍의 왼손 법칙
④ 암페어의 오른손 법칙

**Explanation**

암페어의 오른나사(오른손) 법칙 : 전류에 의한 자계의 방향

【답】 ④

**04** 반지름 1[m]의 원형 코일에 1[A]의 전류가 흐를 때 중심점의 자계의 세기[AT/m]는?

① $\dfrac{1}{4}$
② $\dfrac{1}{2}$
③ 1
④ 2

**Explanation**

원형 코일 중심의 자계의 세기

$H_0 = \dfrac{I}{2a} = \dfrac{1}{2\times1} = \dfrac{1}{2}$[AT/m]

【답】 ②

**05** 그림과 같이 반지름 $r$[m]인 원의 원주상 임의의 2점 a, b 사이에 전류 $I$[A]가 흐른다. 원의 중심에서 자계의 세기는 몇 [AT/m]인가?

① $\dfrac{I\theta}{4\pi r^2}$   ② $\dfrac{I\theta}{2\pi r}$

③ $\dfrac{I\theta}{2\pi r^2}$   ④ $\dfrac{I\theta}{4\pi r}$

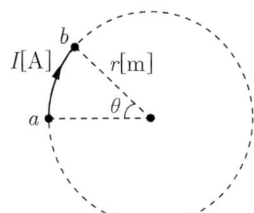

**Explanation**

원형 코일에 전류가 흐를 때 중심점의 자계의 세기
$H=\dfrac{I}{2a}$ 에서 $H=\dfrac{I}{2r}=\dfrac{I}{2r}\times\dfrac{\theta}{2\pi}=\dfrac{I\theta}{4\pi r}$ [AT/m]

【답】④

**06** 무한 직선 전류에 의한 P점에서의 자계의 세기[AT/m]는?(단, $I$[A]는 전류이고, $a$[m]는 직선 전류가 흐르는 도체로부터 P점까지의 거리이다)

① $H=\dfrac{1}{2a}$   ② $H=\dfrac{1}{2\pi a}$   ③ $H=\dfrac{I}{2a}$   ④ $H=\dfrac{I}{2\pi a}$

**Explanation**

무한장 직선도체의 자계의 세기 $H=\dfrac{I}{2\pi r}=\dfrac{I}{2\pi a}$ [AT/m]

【답】④

**07** 공기 중에 있는 무한 직선 도체에 전류 $I$[A]가 흐르고 있을 때 도체에서 $r$[m] 떨어진 점에서의 자속밀도는 몇 [Wb/m²]인가?

① $\dfrac{I}{2\pi r}$   ② $\dfrac{2\mu_0 I}{\pi r}$   ③ $\dfrac{\mu_0 I}{r}$   ④ $\dfrac{\mu_0 I}{2\pi r}$

**Explanation**

무한장 직선의 자계의 세기 $H=\dfrac{I}{2\pi r}$

자속밀도 $B=\mu H=\dfrac{\mu_0 I}{2\pi r}$ [Wb/m²]

【답】④

**08** 그림과 같이 평행한 두 개의 무한 직선 도선에 전류가 $I$, $2I$ 인 전류가 흐른다. 두 도선 사이의 점 $P$에서 자계의 세기가 0이다. 이 때 $\dfrac{a}{b}$ 는?

① 4   ② 2

③ $\dfrac{1}{2}$   ④ $\dfrac{1}{4}$

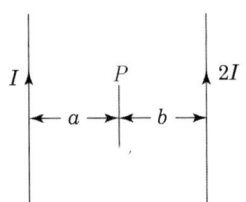

**Explanation**

## 주요 문제

무한장 직선의 자계의 세기 $H = \dfrac{I}{2\pi r}$

오른나사 법칙에서 자계의 방향이 서로 반대 방향이므로 $H_T = H_2 - H_1 = 0$

따라서 $H_1 = H_2$에서 $\dfrac{I}{2\pi a} = \dfrac{2I}{2\pi b}$

$\therefore \dfrac{a}{b} = \dfrac{1}{2}$

【답】 ③

**09** 한 변의 길이가 2[cm]인 정삼각형 100[mA]의 전류를 흘릴 때, 삼각형의 중심점의 자계의 세기는 약 몇 [AT/m]인가?

① 2.72
② 5.44
③ 3.63
④ 7.16

**Explanation**

정삼각형 중심에서의 자계의 세기 $H = \dfrac{9I}{2\pi l} = \dfrac{9 \times 100 \times 10^{-3}}{2 \times \pi \times 2 \times 10^{-2}} = 7.16 [\text{AT/m}]$

【답】 ④

**10** 평균 반지름 50[cm], 권수 100회인 환상 솔레노이드 내부의 자계가 200[AT/m]가 되려면 코일에 흐르는 전류는 약 몇 [A]가 되어야 하는가?

① 15.8
② 18.6
③ 6.28
④ 12.15

**Explanation**

환상(무단)솔레노이드의 자계의 세기 $H = \dfrac{NI}{2\pi r} [\text{AT/m}]$

권수 $I = \dfrac{2\pi r H}{N} = \dfrac{2\pi \times 50 \times 10^{-2} \times 200}{100} = 6.28 [\text{A}]$

【답】 ③

**11** 그림과 같이 균일한 자계의 세기 $H$[AT/m] 내에 자극의 세기가 $\pm m$[Wb], 길이 $l$[m]인 막대자석을 그 중심 주위에 회전할 수 있도록 놓는다. 이때 자석과 자계의 방향이 이룬 각을 $\theta$라 하면 자석이 받는 회전력 [N·m]은?

① $mHl\cos\theta$
② $mHl\sin\theta$
③ $2mHl\sin\theta$
④ $2mHl\tan\theta$

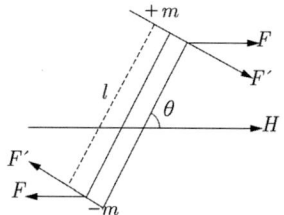

**Explanation**

자성체에 의한 토크
$T = M \times H = MH\sin\theta = mlH\sin\theta$
여기서, $M = ml$[Wb·m] : 자기모멘트

【답】 ②

## 주요 문제

**12** 자극의 세기가 $8 \times 10^{-6}$[Wb]이고, 길이가 30[cm]인 막대자석을 120[AT/m] 평등자계 내에 자력선과 30°의 각도로 놓았다면 자석이 받는 회전력은 몇 [N·m]인가?

① $1.44 \times 10^{-4}$  
② $1.44 \times 10^{-5}$  
③ $2.88 \times 10^{-4}$  
④ $2.88 \times 10^{-5}$

**Explanation**

토크  
자성체에 의한 토크 : $T = M \times H = MH\sin\theta$  
$T = MH\sin\theta = ml\,H\sin\theta = 8 \times 10^{-6} \times 0.3 \times 120 \times \sin 30°$  
$= 1.44 \times 10^{-4}$[N·m]

【답】①

**13** 플레밍의 왼손법칙에서 왼손의 엄지, 검지, 중지의 방향에 해당되지 않는 것은?

① 자속밀도  
② 전압  
③ 힘  
④ 전류

**Explanation**

플레밍의 왼손법칙 : 평등자장 내에 전류가 흐르고 있는 도체가 받는 힘 $F = (I \times B)l = IBl\sin\theta$
- 엄지 : 힘의 방향, 검지 : 자속의 방향, 중지 : 전류의 방향

【답】②

**14** 자속밀도 $B = 0.4a_x$[Wb/m²] 안에서 길이 5[m]인 30[A]의 선전류가 $z$축의 (-)방향으로 흐를 때 선전류에 작용하는 전자력 $F$는 몇 [N]인가?

① 0  
② $-60$  
③ $-60a_x$  
④ $-60a_y$

**Explanation**

플레밍의 왼손법칙
- 평등자장 내에 전류가 흐르고 있는 도체가 받는 힘(전자력)
- $F = (I \times B)l = IBl\sin\theta = 30 \times 0.4 \times 5 \times \sin 90° = 60$[N]

여기서, 자속밀도는 x방향 전류는 -z 방향이므로 힘은 (-)y 방향이며  
따라서 전자력은 $F = -60a_y$[N]

【답】④

**15** 0.2[Wb/m²]의 평등자계 속에 자계와 직각방향으로 놓인 길이 30[cm]의 도선을 자계와 30°의 방향으로 30[m/s]의 속도로 이동시킬 때 도체 양단에 유기되는 기전력은 몇 [V]인가?

① 0.45  
② 0.9  
③ 1.8  
④ 90

**Explanation**

플레밍의 오른손 법칙(유기기전력) $e = (v \times B)l = vBl\sin\theta = 30 \times 0.2 \times 0.3 \times \sin 30° = 0.9$[V]

【답】②

**16** 진공 중에 두 개의 무한히 긴 직선도체를 거리 $r$[m] 간격으로 평행하게 놓고, 각각에 $I_1, I_2$의 전류를 흘렸을 때 단위 길이 당 작용하는 힘[N/m]은 어떻게 표현되는가?

① $\dfrac{I_1 I_2}{r} \times 10^{-7}$  
② $\dfrac{2I_1 I_2}{r} \times 10^{-7}$  
③ $\dfrac{I_1 I_2}{r^2} \times 10^{-7}$  
④ $\dfrac{2I_1 I_2}{r^2} \times 10^{-7}$

## 주요 문제

> **Explanation**
>
> 평행도선 단위길이 당 작용하는 힘 $F = \dfrac{\mu_0 I_1 I_2}{2\pi r} = \dfrac{2 I_1 I_2}{r} \times 10^{-7}$ [N/m]
>
> 【답】②

**17** 다음 중 균일한 자장 내로 전자가 수직으로 입사되었을 때 설명으로 틀린 것은?
① 운동의 주기는 질량에 비례한다.
② 등속 원운동을 한다.
③ 운동의 주기는 자기장에 반비례한다.
④ 자장방향으로 속도성분이 있었다면 나선운동을 할 것이다.

> **Explanation**
>
> 전자가 자계내로 진입하면 원심력 $\dfrac{mv^2}{r}$ 과 구심력 $e(v \times B)$가 같아지며, 전자는 원운동 하게 된다.
>
> $\dfrac{mv^2}{r} = evB$에서 원운동 반경 : $r = \dfrac{mv}{eB} = \dfrac{mv}{e\mu_0 H}$
>
> - 각주파수 $\omega = \dfrac{v}{r} = \dfrac{eB}{m}$
> - 주파수 $f = \dfrac{eB}{2\pi m}$
> - 주기 $T = \dfrac{1}{f} = \dfrac{2\pi m}{eB}$
>
> 【답】④

**18** 전자 $e$[C]이 공기 중의 자계 $H$[AT/m]에 수직 방향으로 $v$[m/s] 속도로 돌입하였을 때 받는 힘은 몇 [N]인가?
① $\dfrac{eH}{\mu_o v}$
② $\dfrac{1}{\mu_o} evH$
③ $evH$
④ $\mu_o evH$

> **Explanation**
>
> $F = e(v \times B) = evB\sin\theta$에서 수직방향 $\theta = 90°$
> 따라서 $F = evB = ev\mu_o H$ (여기서, $B = \mu_o H$)
>
> 【답】④

**19** 전류와 자계 사이의 힘의 효과를 이용한 것으로 자유로이 구부릴 수 있는 도선에 대전류를 통하면 도선 상호간의 반발력에 의하여 도선이 원을 형성하는 이와 같은 현상은?
① 스트레치 효과
② 핀치 효과
③ 홀 효과
④ 스킨효과

> **Explanation**
>
> 스트레치 효과 : 자유로이 구부릴 수 있는 도선에 대전류를 통하면 도선 상호간의 반발력에 의하여 도선이 원을 형성하게 되는 현상
>
> 【답】①

**20** 비투자율이 4,000인 철심의 자속 밀도가 0.1[Wb/m²]일 때 이 철심의 단위 체적 당 축적되는 에너지 밀도는 몇 [J/m³]인가?
① 1
② 2
③ 3
④ 4

> **Explanation**

자화에 필요한 에너지 $w = \frac{1}{2}\mu H^2 = \frac{B^2}{2\mu} = \frac{1}{2}BH[\text{J/m}^3]$에서

$w = \frac{B^2}{2\mu} = \frac{0.1^2}{2 \times 4\pi \times 10^{-7} \times 4,000} ≒ 1[\text{J/m}^3]$

【답】①

## 21 공극의 자속밀도를 $B$라 할 때 전자석의 흡인력은?

① $B^2$에 비례
② $B^{0.5}$에 비례
③ $B^{1.6}$에 비례
④ $B$에 비례

> **Explanation**

자성체 면적당 힘 $f = \frac{1}{2}\mu H^2 = \frac{B^2}{2\mu} = \frac{1}{2}BH \ [\text{N/m}^2]$에서

흡인력 $F = f \times S = \frac{B^2}{2\mu}S \ \propto B^2[\text{N}]$

【답】①

## 8 자성체와 자기회로

1. 자화의 세기

① $J = \mu_0(\mu_s - 1)H = \chi H = (1 - \frac{1}{\mu_s})B = \frac{M}{v}$ [Wb/m²]

② 자화의 세기 J도 자속밀도 B 보다 약간 작다.

③ 자기감자력 $H' = \frac{N}{\mu_o}J$ : 자화의 세기[J]에 비례

여기서, $N$은 감자율로서 구자성체는 $\frac{1}{3}$, 환상 솔레노이드는 0

2. 자성체의 종류

① 강자성체 : 철, 니켈, 코발트 $\mu_s \gg 1$, 자화율 $\chi > 0$
② 상자성체 : 공기, 알루미늄 $\mu_s \geq 1$, 자화율 $\chi > 0$
③ 반(역)자성체 : 창연, 구리, 금, 은 $\mu_s < 1$, 자화율 $\chi < 0$

3. 전기회로와 자기회로와의 유사성

| 전기회로 | 자기회로 |
| --- | --- |
| 전류 $I$ | 자속 $\phi$ |
| 전기저항 $R$ | 자기저항 $R_m$ |
| 기전력 $V$ | 기자력 $F_m$ |
| 도전율 $k$ | 투자율 $\mu$ |
| 전계 $E$ | 자계 $H$ |

4. 경계조건(경계면에 전류밀도가 0, 경계면에 자위차가 없음)

① 자계의 접선성분 연속 : $H_1 \sin\theta_1 = H_2 \sin\theta_2$
② 자속밀도의 법선성분 연속 : $B_1 \cos\theta_1 = B_2 \cos\theta_2$
③ 경계조건 : $\frac{\tan\theta_1}{\tan\theta_2} = \frac{\mu_1}{\mu_2}$
④ $\mu_1 > \mu_2$일 때 $\theta_1 > \theta_2$, $B_1 > B_2$, $H_1 < H_2$

5. 기자력, 자기저항, 퍼미언스

① 기자력 $F_m = NI = R\phi$ [AT]
② 자기저항 $R_m = \frac{\ell}{\mu S} = \frac{NI}{\phi} = \frac{F_m}{\phi}$ [AT/Wb]

6. 자기회로의 옴의 법칙

$\phi = \frac{F_m}{R_m} = \frac{\mu SNI}{\ell}$ [Wb]

## 7. 자계의 에너지 밀도와 단위면적당 작용하는 힘

① 자계의 에너지 밀도 : $w = \dfrac{1}{2}\mu H^2 = \dfrac{B^2}{2\mu} = \dfrac{1}{2}HB[\text{J/m}^3]$

② 단위면적당 작용하는 힘 : $f = \dfrac{1}{2}\mu H^2 = \dfrac{B^2}{2\mu} = \dfrac{1}{2}HB[\text{N/m}^2]$

힘 $F = f \cdot s = \dfrac{B^2}{2\mu} \times s\,[\text{N}]$

## 8. 히스테리시스 곡선(B-H곡선)
① 횡축 : 자계의 세기, 종축 : 자속밀도
② 기울기 : 투자율
③ 종축과 만나는 점 : 잔류자기, 횡축과 만나는 점 : 보자력
④ 히스테리시스 손실(히스테리시스곡선 면적)

## 9. 영구자석
① 잔류자기가 클 것
② 보자력이 클 것
③ 히스테리시스루프의 면적이 클 것

## 10. 전자석
① 잔류자속은 크고 보자력은 적을 것
② 히스테리시스 루프의 면적이 적을 것

### 주요 문제

**01** 다음 중 강자성체가 아닌 것은?
① 니켈(Ni)  ② 철(Fe)
③ 코발트(Co)  ④ 백금(Pt)

**Explanation**

- 강자성체 : 철(Fe), 니켈(Ni), 코발트(Co)
- 상자성체 : 알루미늄(Al), 백금(Pt), 주석(Sn), 산소(O), 질소(N)
- 반자성체 : 구리(Cu), 은(Ag), 납(Pb)

【답】④

**02** 자계의 세기가 1,000[AT/m]이고, 자속밀도가 0.1[Wb/m²]인 재질의 투자율[H/m]은?
① $10^{-3}$[H/m]  ② $10^{3}$[H/m]
③ $10^{-4}$[H/m]  ④ $10^{4}$[H/m]

**Explanation**

자속밀도 $B = \mu H$에서

투자율 $\mu = \dfrac{B}{H} = \dfrac{0.1}{1,000} = 10^{-4}$[H/m]

【답】③

**03** 강자성체의 자속밀도 $B$의 크기와 자화의 세기 $J$의 크기 사이에는 어떤 관계가 있는가?
① $J$가 $B$보다 약간 크다.  ② $J$는 $B$보다 대단히 크다.
③ $J$는 $B$보다 약간 작다.  ④ $J$는 $B$와 똑같다.

**Explanation**

자화의 세기 $J = \mu_0(\mu_s - 1)H = (1 - \dfrac{1}{\mu_s})B$

여기서 강자성체의 비투자율 $\mu_s \gg 1$이므로 자화의 세기 J도 자속밀도 B 보다 약간 작다.

【답】③

**04** 진공 중의 평등자계 $H_0$ 중에 놓인 투자율 $\mu$인 구자성체의 감자율은?
① $\dfrac{1}{2}$  ② $\dfrac{1}{3}$  ③ $\dfrac{1}{5}$  ④ $\dfrac{1}{9}$

**Explanation**

자기감자력 $H' = \dfrac{N}{\mu_o}J$ : 자화의 세기($J$)에 비례

여기서, $N$은 감자율로서 구자성체는 $\dfrac{1}{3}$, 환상솔레노이드는 0이다.

【답】②

**05** 감자율(Demagnetization factor)이 "0"인 자성체로 가장 알맞은 것은?
① 환상 솔레노이드  ② 굵고 짧은 막대 자성체
③ 가늘고 긴 막대 자성체  ④ 가늘고 짧은 막대 자성체

**Explanation**

감자율 : 구자성체는 $\dfrac{1}{3}$, 환상 솔레노이드는 0

【답】①

## 주요 문제

**06** 두 자성체의 경계면에서 정자계가 만족하는 것은?
① 자계의 법선성분이 같다.
② 자속 밀도의 접선 성분이 같다.
③ 자속은 투자율이 작은 자성체에 모인다.
④ 양측 경계면상의 두 점 간의 자위차가 같다.

**Explanation**

자성체의 경계조건(경계면상의 두 점 간의 자위차가 같다)
- 자계의 접선성분 : $H_{1T} = H_{2T}$, $H_1\sin\theta_1 = H_2\sin\theta_2$
- 자속밀도의 법선성분 : $B_{1N} = B_{2N}$, $B_1\cos\theta_1 = B_2\cos\theta_2$
- 경계조건 : $\dfrac{\tan\theta_1}{\tan\theta_2} = \dfrac{\mu_1}{\mu_2}$

【답】 ④

**07** 투자율이 각각 $\mu_1, \mu_2$인 두 자성체의 경계면에서 자기력선의 굴절의 법칙을 나타낸 식은?
① $\dfrac{\mu_1}{\mu_2} = \dfrac{\sin\theta_1}{\sin\theta_2}$
② $\dfrac{\mu_1}{\mu_2} = \dfrac{\sin\theta_2}{\sin\theta_1}$
③ $\dfrac{\mu_1}{\mu_2} = \dfrac{\tan\theta_1}{\tan\theta_2}$
④ $\dfrac{\mu_1}{\mu_2} = \dfrac{\tan\theta_2}{\tan\theta_1}$

**Explanation**

자성체의 경계조건
- 자계의 접선성분 : $H_{1T} = H_{2T}$, $H_1\sin\theta_1 = H_2\sin\theta_2$
- 자속밀도의 법선성분 : $B_{1N} = B_{2N}$, $B_1\cos\theta_1 = B_2\cos\theta_2$
- 경계조건 : $\dfrac{\mu_1}{\mu_2} = \dfrac{\tan\theta_1}{\tan\theta_2}$

【답】 ③

**08** 자기회로에서 자속은 전기회로의 무엇에 대응되는가?
① 전류
② 기전력
③ 전계의 세기
④ 전기저항

**Explanation**

전기회로와 자기회로와의 관계

| 전기회로 | 자기회로 |
| --- | --- |
| 전류 $I$ | 자속 $\phi$ |
| 전기저항 $R$ | 자기저항 $R_m$ |
| 기전력 $E(V)$ | 기자력 $F_m$ |
| 도전율 $k$ | 투자율 $\mu$ |
| 전계의 세기 $E$ | 자계의 세기 $H$ |

【답】 ①

**09** 환상철심에 감은 코일에 5[A]의 전류를 흘려 2,000[AT]의 기자력을 발생시키고자 한다면, 코일의 권수는 몇 회로 하면 되는가?
① 100회
② 200회
③ 300회
④ 400회

**Explanation**

## 주요 문제

기자력 $F_m = NI = R_m \phi$ 에서

권수 $N = \dfrac{F}{I} = \dfrac{2,000}{5} = 400$회

【답】 ④

**10** 자기회로의 자기저항에 대한 설명으로 옳은 것은?
① 단면적에 반비례하고 길이의 제곱에 비례한다.
② 자기회로의 단면적에 비례한다.
③ 자기회로의 길이에 비례한다.
④ 자기회로의 투자율에 비례한다.

**Explanation**

자기저항 $R_m = \dfrac{l}{\mu_0 \mu_s S}$ [AT/Wb]

자기저항은 길이에 비례하고 투자율과 단면적에 반비례한다.

【답】 ③

**11** 단면적이 0.6[m²], 길이가 0.8, 비투자율이 200인 막대 모양 철심의 자기 저항은 약 몇 [AT/Wb]인가?
① $5.31 \times 10^3$
② $6.37 \times 10^3$
③ $7.26 \times 10^3$
④ $8.85 \times 10^3$

**Explanation**

자기 저항 $R_m = \dfrac{l}{\mu_0 \mu_s S} = \dfrac{0.8}{4\pi \times 10^{-7} \times 200 \times 0.6} = 5.31 \times 10^3$ [AT/Wb]

【답】 ①

**12** 전자석에서 사용하는 연철(soil iron)은 다음 어느 성질을 갖는가?
① 보자력이 크고 잔류자기가 작다.
② 보자력과 히스테리시스 곡선의 면적이 모두 작다.
③ 보자력이 크고 히스테리시스 곡선의 면적이 작다.
④ 잔류자기, 보자력이 모두 크다.

**Explanation**

전자석
- 잔류자속은 크고 보자력은 적을 것
- 히스테리시스 루프의 면적이 적을 것

【답】 ②

**13** 강자성체의 자화에 관한 설명으로 틀린 것은?
① 강자성체의 자화의 세기는 자계의 세기에 비례한다.
② 강자성체의 자계를 변화시키면 히스테리시스현상이 나타난다.
③ 강자성체의 히스테리시스손은 히스테리시스 곡선의 면적과 같다.
④ 강자성체의 자속밀도 $B$는 자계의 세기 $H$에 비례하지 않는다.

**Explanation**

자속밀도 $B = \mu H$이므로 강자성체의 자속밀도 $B$는 자계의 세기 $H$에 비례한다.

【답】 ④

**주요 문제**

**14** $B-H$ 곡선을 자세히 관찰하면 매끈한 곡선이 아니라 $B$가 계단적으로 증가 또는 감소함을 알 수 있다. 이러한 현상을 무엇이라 하는가?

① 퀴리점(Curie point)
② 자기여자효과(magnetic after effect)
③ 자왜현상(magneto-striction effect)
④ 바크하우젠 효과(Barkhausen effect)

**Explanation**

바크하우젠 효과(Barkhausen effect) : $B-H$ 곡선에서 $B$가 계단적으로 증감하는 것
자성체 내에서 임의의 방향으로 배열되었던 자구가 외부자장의 힘이 일정치 이상이 되면 순간적으로 회전하여 자장의 방향으로 배열되기 때문에 자속밀도가 증가하는 현상

【답】 ④

## 09 전자유도

### 1. 패러데이-렌츠의 전자유도 법칙

① $e = -N\dfrac{d\phi}{dt} \propto f$ (유기기전력은 주파수에 비례)

② 패러데이의 법칙 : 기전력은 권수에 비례하고 자속의 증감의 반대 방향으로 발생

③ 렌츠의 법칙 : 여기서, (-)는 기전력의 방향으로 렌츠의 법칙

### 2. 와전류

도체에 자속이 흐를 때, 이 자속에 수직되는 면을 회전

※ 규소강판성층철심 사용
- 규소강판 : 히스테리시스손 감소(히스테리시스손 : 최대자속밀도의 1.6승에 비례)
- 성층철심 : 와류손 감소(와류손 : 최대자속밀도의 2승에 비례)

### 3. 표피효과

① 침투 깊이 : $\delta = \sqrt{\dfrac{2}{\omega\mu k}} = \dfrac{1}{\sqrt{\pi f \mu k}}$

② 침투 깊이가 작을수록 즉 $f$, $\mu$, $k$가 클수록 표피효과가 커진다.

## 주요 문제

**01** 전자유도에 의하여 회로에 발생되는 기전력에 대한 법칙은 무엇인가?
① 패러데이의 법칙
② 옴의 법칙
③ 가우스의 법칙
④ 암페어 법칙

**Explanation**

- 패러데이 법칙 : 유도기전력의 크기 결정($e = N\dfrac{d\phi}{dt}$)
- 렌츠의 법칙 : 유도 기전력의 방향 결정($e = -N\dfrac{d\phi}{dt}$)

【답】①

**02** 자장 중에서 도선에 발생되는 유기기전력의 방향은 어떤 법칙에 의하여 설명되는가?
① 암페어의 오른나사 법칙
② 패러데이의 법칙
③ 가우스의 법칙
④ 렌츠의 법칙

**Explanation**

패러데이-렌츠의 법칙 : $e = -N\dfrac{d\phi}{dt} = -L\dfrac{di}{dt}$

- 렌츠의 법칙(Lenz's Law) : 유기기전력의 방향을 결정
- 패러데이 법칙(Faraday's Law) : 유기기전력의 크기를 결정

【답】④

**03** $\phi = \phi_m \sin 2\pi ft$ [Wb]일 때, 이 자속과 쇄교하는 권수 $N$회인 코일에 발생하는 기전력[V]은?
① $2\pi fN\phi_m \sin 2\pi ft$
② $-2\pi fN\phi_m \sin 2\pi ft$
③ $2\pi fN\phi_m \cos 2\pi ft$
④ $-2\pi fN\phi_m \cos 2\pi ft$

**Explanation**

유기기전력
$e = -N\dfrac{d\phi}{dt} = -N\dfrac{d}{dt}(\phi_m \sin 2\pi ft) = -2\pi fN\phi_m \cos 2\pi ft$ [V]

【답】④

**04** 정현파 자속의 주파수를 3배로 높일 때 유기기전력은 어떻게 변화하는가?
① 3배로 감소
② 3배로 증가
③ 9배로 감소
④ 9배로 증가

**Explanation**

- 코일과 쇄교하는 자속 $\phi = \phi_m \sin\omega t$
- 유기기전력 $e = -n\dfrac{d\phi}{dt} = -n\dfrac{d}{dt}\phi_m \sin\omega t = -\omega n\phi_m \cos\omega t$
  따라서 유기기전력의 최댓값 $E_m = \omega n\phi_m = 2\pi fn\phi_m$ 에서 $E_m \propto f = 3$

【답】②

**05** 전기기기의 철심(자심)재료로 규소강판을 사용하는 이유는?
① 동손을 줄이기 위해
② 와전류손을 줄이기 위해
③ 히스테리시스손을 줄이기 위해
④ 제작을 쉽게 하기 위하여

**Explanation**

- 규소강판 : 히스테리시스손 감소
- 성층 철심 : 와류손 감소

【답】③

## 주요 문제

**06** 도체의 전도도를 $k$[/m], 투자율을 $\mu$[H/m], 전원주파수를 $f$[Hz]라 할 때 침투깊이 $\delta$는?

① $\delta = \dfrac{f\mu}{\sqrt{\pi k}}$　　　　② $\delta = \dfrac{\mu}{\sqrt{\pi f k}}$

③ $\delta = \dfrac{\sqrt{\mu}}{\sqrt{\pi f k}}$　　　　④ $\delta = \sqrt{\dfrac{1}{\pi f \mu k}}$

**Explanation**

표피효과 : 도선의 중심부로 갈수록 전류밀도가 적어지는 현상

- 침투깊이 : $\delta = \sqrt{\dfrac{2}{\omega \mu k}} = \sqrt{\dfrac{1}{\pi f \mu k}}$

침투깊이가 작을수록 표피효과는 커진다.
여기서, $\sigma$ : 도체의 도전율, $\mu$ : 투자율,
　　　　$f$ : 전원 주파수, $\delta$ : 표피 두께(침투 길이)

【답】 ④

**07** 표피효과에 관한 설명으로 옳은 것은?

① 주파수가 낮을수록 침투깊이는 작아진다.
② 전도도가 작을수록 침투깊이는 작아진다.
③ 표피효과는 전계 혹은 전류가 도체내부로 들어갈수록 지수함수적으로 적어지는 현상이다.
④ 도체내부의 전계의 세기가 도체표면의 전계세기의 1/2까지 감쇠되는 도체표면에서 거리를 표피 두께라 한다.

**Explanation**

표피효과 : 도선의 중심부로 갈수록 전류밀도가 적어지는 현상

- 침투 깊이 : $\delta = \sqrt{\dfrac{2}{\omega \mu k}} = \sqrt{\dfrac{1}{\pi f \mu k}}$

　여기서, $\sigma$ : 도체의 도전율, $\mu$ : 투자율, $f$ : 전원 주파수, $\delta$ : 표피 두께(침투 길이)
- 침투깊이가 작을수록 표피효과는 커지므로 주파수, 투자율, 도전율이 클수록 커진다.
- 표피효과가 커지면 전류가 흐르는 면적이 작아지므로 실효저항이 커진다.

【답】 ③

**08** 와전류손과 히스테리시스손은 각각 최대 자속밀도의 몇 승에 비례하는가?

① 와전류손: 1.8, 히스테리시스손: 1.8　　② 와전류손: 1.6, 히스테리시스손: 2.0
③ 와전류손: 2.0, 히스테리시스손: 1.6　　④ 와전류손: 3.0, 히스테리시스손: 1.0

**Explanation**

- 히스테리시스 손실 $P_h = \eta f B_m^{1.6}$[W] : 최대자속밀도의 1.6승에 비례
- 와전류손 $P_e = \sigma_e (t f k_f B_m)^2$ : 최대자속밀도의 2승에 비례

【답】 ③

## 10 인덕턴스

1. 자기 인덕턴스 : $L = \dfrac{N\phi}{I}$ [H]

2. 상호 인덕턴스

$$M = \dfrac{N_1 N_2}{R_m} = \dfrac{\mu S N_1 N_2}{l} = \dfrac{N_2}{N_1} L_1$$

3. 인덕턴스의 유기기전력

$$e_1 = -L_1 \dfrac{di_1}{dt} = -M \dfrac{di_2}{dt} \text{ [V]}$$

4. 상호 인덕턴스

$$M = k\sqrt{L_1 L_2}$$

결합계수 : $k = \dfrac{M}{\sqrt{L_1 L_2}}$, 코일의 크기, 형상, 위치에 따라 결정

5. 인덕턴스 계산

① 원주 도체의 내부 자기 인덕턴스 : $L = \dfrac{\mu}{8\pi}$ [H/m] $= \dfrac{\mu \ell}{8\pi}$ [H]

② 환상 솔레노이드 : $L = \dfrac{\mu S N^2}{\ell}$ [H]

③ 무한장 솔레노이드 : $L = \mu S n^2 = \mu \pi a^2 n^2$ [H/m]

④ 동축케이블 : $L = \dfrac{\mu}{2\pi} \ln \dfrac{b}{a}$ [H/m]

⑤ 평행왕복도선 : $L = \dfrac{\mu}{\pi} \ln \dfrac{d}{a}$ [H/m]

6. 자기에너지(인덕턴스에서의 에너지)

$$W = \dfrac{1}{2} L I^2 = \dfrac{1}{2} N I \phi \text{ [J]}$$

## 주요 문제

**01** 권수 500의 코일에 3[A]인 전류를 흘릴 때 코일 면을 지나는 자속이 $3 \times 10^{-6}$[Wb]라면 이 코일의 자기인덕턴스[mH]는?

① 0.5　　　　　　　　　　② 4.5
③ 5　　　　　　　　　　　④ $1.8 \times 10^{-5}$

**Explanation**

인덕턴스 $L = \dfrac{N\phi}{I} = \dfrac{500 \times 3 \times 10^{-6}}{3} = 0.5 \times 10^{-3}[\text{H}] = 0.5[\text{mH}]$

【답】①

**02** 권수 500회이고 자기인덕턴스가 0.05[H]인 코일이 있을 때 여기에 전류 5[A]를 흘리면 쇄교 자속수는 몇 [Wb · T]인가?

① 0.15　　　　　　　　　　② 0.25
③ 15　　　　　　　　　　　④ 25

**Explanation**

인덕턴스 $L = \dfrac{N\phi}{I}$ 에서

쇄교 자속수 $\Phi = N\phi = LI = 0.05 \times 5 = 0.25[\text{Wb} \cdot \text{T}]$

【답】②

**03** 자기인덕턴스 0.5[H]의 코일에 1/200초 동안에 전류가 25[A]로부터 20[A]로 줄었다. 이 코일에 유기된 기전력의 크기 및 방향은?

① 50[V], 전류와 같은 방향　　　　② 50[V], 전류와 반대 방향
③ 500[V], 전류와 같은 방향　　　④ 500[V], 전류와 반대 방향

**Explanation**

유기기전력 $e = -L\dfrac{di}{dt} = -0.5 \times \dfrac{20-25}{\dfrac{1}{200}} = 500[\text{V}]$

따라서 기전력이 (+)이므로 본래의 전류와 같은 방향

【답】③

**04** 그림 (b)의 인덕터에 전류 $I_L$[A]가 그림과 같이 흐를 때 2초에서 6초 사이의 인덕터 전압 $V_L$[V]는 몇 [V]인가?

① 20
② 10
③ 5
④ 0

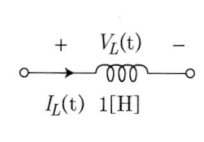
(a)

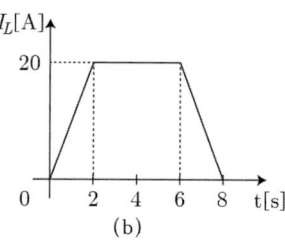
(b)

**Explanation**

인덕턴스에서의 유기기전력 $e_L = -L\dfrac{di}{dt}$ 에서

2초에서 6초 사이는 전류의 변화가 없으므로 기전력은 발생되지 않는다.

【답】④

**05** 자기인덕턴스와 상호인덕턴스와의 관계에서 결합계수 $k$에 영향을 주지 않는 것은?

① 코일의 형상
② 코일의 크기
③ 코일의 재질
④ 코일의 상대위치

**Explanation**

상호 인덕턴스 $M = k\sqrt{L_1 L_2}$ 이고 (여기서 $k$ : 결합계수)
- 완전결합 시 $k = 1$
- 미결합시 $k = 0$

결합계수는 코일의 형상, 코일의 크기, 코일의 상대위치에 따라 결정된다.

【답】③

**06** 자기 인덕턴스가 $L_1$, $L_2$이고 상호 인덕턴스가 $M$인 두 회로의 결합계수가 1일 때, 다음 중 성립되는 식은?

① $L_1 \cdot L_2 = M$
② $L_1 \cdot L_2 < M^2$
③ $L_1 \cdot L_2 > M^2$
④ $L_1 \cdot L_2 = M^2$

**Explanation**

상호 인덕턴스 $M = k\sqrt{L_1 L_2}$ 이고 (여기서, $k$ : 결합계수)
- 완전결합 시 $k = 1$
- 미결합시 $k = 0$

여기서, 두 회로의 결합계수가 1이라면
$M = k\sqrt{L_1 L_2} = \sqrt{L_1 L_2}$ 에서 $L_1 L_2 = M^2$ 가 된다.

【답】④

**07** 철심이 들어있는 환상코일에 1차 코일의 권수 $N_1 = 100$회일 때 자기 인덕턴스는 0.01[H]이다. 이 철심에 2차 코일 $N_2 = 200$회를 감았을 때 1, 2차 코일의 상호인덕턴스는 몇 [H]인가?(단, 결합계수 $k = 1$로 한다)

① 0.01
② 0.02
③ 0.03
④ 0.04

**Explanation**

상호인덕턴스 $M = \dfrac{N_1 N_2}{R_m} = \dfrac{N_2}{N_1} L_1 = \dfrac{200}{100} \times 0.01 = 0.02$

【답】②

**08** 단면적 3[cm²], 자로의 길이 30[cm], 코일의 권수 3,000회의 환상 솔레노이드가 있을 때 철심의 비투자율 $\mu_s = 1,000$이라면 자기 인덕턴스[H]는 약 얼마인가?

① 9.3
② 10.3
③ 11.3
④ 12.3

**Explanation**

자기 인덕턴스 $L = \dfrac{\mu S N^2}{l} = \dfrac{4\pi \times 10^{-7} \times 1,000 \times 3 \times 10^{-4} \times 3,000^2}{0.3} = 11.3[H]$

【답】③

## 주요 문제

**09** 반지름 $r[m]$, 선간 거리 $D[m]$의 평행 왕복 도선간의 자기 인덕턴스는 다음 중 어떤 값에 비례하는가?

① $\dfrac{\mu_0}{4\pi}\ln\dfrac{D}{r}$
② $\dfrac{\mu_0}{2\pi}\ln\dfrac{D}{r}$
③ $\dfrac{\mu_0}{\pi}\ln\dfrac{D}{r}$
④ $\dfrac{\mu_0}{\pi}\ln\dfrac{r}{D}$

**Explanation**

평행 왕복도선의 인덕턴스 $L = \dfrac{\mu_0}{\pi}\ln\dfrac{d}{a}$ [H/m]

문제에서 반지름 $r[m]$, 선간 거리 $D[m]$이므로

인덕턴스 $L = \dfrac{\mu_0}{\pi}\ln\dfrac{D}{r}$ [H/m]

【답】 ③

**10** 반지름 $a[m]$인 원주 도체의 단위 길이당 내부 인덕턴스[H/m]는?

① $\dfrac{\mu}{4\pi}$
② $\dfrac{\mu}{8\pi}$
③ $4\pi\mu$
④ $8\pi\mu$

**Explanation**

내부 인덕턴스 $L_i = \dfrac{\mu}{8\pi}$ [H/m]

【답】 ②

**11** 100[mH]의 자기 인덕턴스를 가지는 코일에 10[A]의 전류를 통할 때 축적되는 에너지는 몇 [J]인가?

① 1
② 5
③ 50
④ 1,000

**Explanation**

자기에너지 $W = \dfrac{1}{2}LI^2$ [J]

$W = \dfrac{1}{2} \times 100 \times 10^{-3} \times 10^2 = 5$ [J]

【답】 ②

**12** 자기 인덕턴스 $L[H]$인 코일에 전류 $I[A]$를 흘렸을 때, 자계의 세기가 $H[A/m]$이다. 이 코일에 전류 $\dfrac{I}{2}[A]$를 흘리면 저장되는 자기에너지[J]는 얼마인가?

① $\dfrac{1}{2}\mu_0 H^2$
② $\dfrac{1}{8}\mu_0 H^2$
③ $\dfrac{1}{2}LI^2$
④ $\dfrac{1}{8}LI^2$

**Explanation**

자기 에너지 $W = \dfrac{1}{2}LI^2$ [J]

에너지 $W = \dfrac{1}{2}LI^2 = \dfrac{1}{2}L\left(\dfrac{1}{2}I^2\right) = \dfrac{1}{8}LI^2$ [J]

【답】 ④

# 11 전자계

## 1. 변위전류밀도
유전체에서 발생, 전속밀도의 시간적 변화

$$i_d = \frac{I}{S} = \frac{\partial D}{\partial t} = j\omega\epsilon E \quad (D = \epsilon E = \epsilon \frac{V}{d})$$

## 2. Maxwell의 방정식 : 전계와 자계의 정의 및 전계와 자계의 관계식

① $rot\ E = -\frac{\partial B}{\partial t}$ (패러데이-렌츠의 법칙). 자장의 시간적 변화에 의해 회전하는 전계가 발생

② $rot\ H = i = i_c + i_d = kE + \epsilon\frac{\partial E}{\partial t}$ 변위 전류와 전도 전류는 회전하는 자계를 발생

③ $div D = \rho$ (불연속). 전하에서는 전속이 발산되며 고립된 전하가 존재

④ $div B = 0$ (연속). 자계는 연속이며 고립된 자극이 없다.

## 3. 고유(파동, 특성) 임피던스

① $Z_0 = \frac{E}{H} = \sqrt{\frac{\mu}{\epsilon}} = \sqrt{\frac{\mu_0}{\epsilon_0}}\sqrt{\frac{\mu_s}{\epsilon_s}} = 377\sqrt{\frac{\mu_s}{\epsilon_s}}\ [\Omega]$

② 자유공간 $Z_0 = \frac{E}{H} = \sqrt{\frac{\mu_0}{\epsilon_0}} = 377[\Omega]$

③ 전계 $E = 377H$

④ 자계 $H = \frac{1}{377}E = 2.65 \times 10^{-3}E$

## 4. 전파속도와 파장

① 전파(위상)속도 : $v = \frac{1}{\sqrt{\epsilon\mu}} = \frac{3 \times 10^8}{\sqrt{\epsilon_s\mu_s}}$

② 파장 : $\lambda = \frac{v}{f} = \frac{1}{f\sqrt{\mu\epsilon}}$

## 5. 포인팅 벡터 : 면적 당 방사에너지[W/m²]

$$P = E \times H = EH\sin\theta = EH = 377H^2 = \frac{1}{377}E^2\ [W/m^2]$$

## 주요 문제

**01** 유전체에서 변위 전류를 발생하는 것은?
① 분극전하 밀도의 시간적 변화
② 분극전하 밀도의 공간적 변화
③ 자속밀도의 시간적 변화
④ 전속 밀도의 시간적 변화

**Explanation**
- 전도 전류 : 도체에 흐르는 전류(자유전자 이동) $i = kE$
- 변위 전류 : 유전체에서 전속 밀도의 시간적 변화에 의한 전류 $i_d = \dfrac{dD}{dt}$

【답】④

**02** 변위 전류밀도를 나타낸 식은? 단, $\Phi$는 자속, $D$는 전속 밀도, $B$는 자속밀도, $N\Phi$는 자속쇄교수 이다.
① $i = \dfrac{\partial (N\Phi)}{\partial t}$
② $i = \dfrac{\partial \Phi}{\partial t}$
③ $i = \dfrac{\partial D}{\partial t}$
④ $i = \dfrac{\partial B}{\partial t}$

**Explanation**
변위 전류 : 유전체에서 전속 밀도의 시간적 변화에 의한 전류 $i_d = \dfrac{\partial D}{\partial t}$

【답】③

**03** 맥스웰의 전자방정식으로 틀린 것은?
① div B = $\phi$
② div D = $\rho$
③ rot $E = -\dfrac{\partial B}{\partial t}$
④ rot $H = i + \dfrac{\partial D}{\partial t}$

**Explanation**
맥스웰 전자계 기초 방정식
- rot $E = -\dfrac{\partial B}{\partial t}$ (패러데이 법칙의 미분형) : 전계의 회전은 자속밀도의 시간적 감소율과 같다.
- rot $H = i + \dfrac{\partial D}{\partial t}$ (암페어 주회법칙의 미분형) : 자계의 회전은 전류밀도와 같다.
- div $D = \rho$ : 단위 체적당 발산 전속수는 단위 체적당 공간전하 밀도와 같다.
- div $B = 0$ : 자계는 발산하지 않으며, 자극은 단독으로 존재하지 않는다.

【답】①

**04** 전자계에서 맥스웰의 기본 이론이 아닌 것은?
① 자극은 단독으로 존재한다.
② 전도전류는 회전하는 자계를 발생한다.
③ 전하에서 전속선이 발산된다.
④ 자계의 시간적 변화에 따라 전계의 회전이 생긴다.

**Explanation**
전자계에 대한 맥스웰의 기본 이론
- rot $E = -\dfrac{\partial B}{\partial t}$ : 자계의 시간적 변화에 따라 전계의 회전이 생긴다.
- rot $H = i + \dfrac{\partial D}{\partial t}$ : 전도 전류와 변위 전류는 회전하는 자계를 발생시킨다.
- div $D = \rho$ : 전하에서 전속선이 발산된다.
- div $B = 0$ : 고립된 자극이 없다(연속).

【답】①

### 주요 문제

**05** 자유공간(진동)에서의 고유 임피던스[$\Omega$]는?

① 144
② 277
③ 377
④ 544

**Explanation**

자유공간에서의 특성 임피던스(파동 임피던스)

$Z_0 = \dfrac{E}{H} = \sqrt{\dfrac{\mu_0}{\epsilon_0}} = 120\pi = 377[\Omega]$

【답】③

**06** 무손실 유전체에서 평면 전자파의 전계 $E$와 자계 $H$ 사이 관계식으로 옳은 것은?

① $H = \sqrt{\dfrac{\epsilon}{\mu}} E$
② $H = \sqrt{\dfrac{\mu}{\epsilon}} E$
③ $H = \dfrac{\epsilon}{\mu} E$
④ $H = \dfrac{\mu}{\epsilon} E$

**Explanation**

특성(고유)임피던스

$Z_0 = \dfrac{E}{H} = \sqrt{\dfrac{\mu}{\epsilon}} = 377\sqrt{\dfrac{\mu_s}{\epsilon_s}} \ [\Omega]$

따라서 $\dfrac{E}{H} = \sqrt{\dfrac{\mu}{\epsilon}}$ 에서 $H = \sqrt{\dfrac{\epsilon}{\mu}} E$

【답】①

**07** 100[MHz]의 전자파의 파장은?

① 0.3[m]
② 0.6[m]
③ 3[m]
④ 6[m]

**Explanation**

전파속도 $v = f\lambda$에서

파장 $\lambda = \dfrac{v}{f} = \dfrac{3 \times 10^8}{100 \times 10^6} = 3[\text{m}]$

【답】③

**08** 비투자율 $\mu_s$ 가 1인 자성체 내에서 주파수 2[GHz]인 전자기파의 파장[m]은?

① 0.1
② 0.15
③ 0.25
④ 0.4

**Explanation**

전자파의 전파속도 $v = \dfrac{1}{\sqrt{\epsilon\mu}} = \dfrac{3 \times 10^8}{\sqrt{\epsilon_s \mu_s}} = \dfrac{3 \times 10^8}{\sqrt{1 \times 1}} = 3 \times 10^8 [\text{m/s}]$

전파속도 $v = f\lambda$에서

파장 $\lambda = \dfrac{v}{f} = \dfrac{3 \times 10^8}{2 \times 10^9} = 0.15[\text{m}]$

【답】②

## 주요 문제

**09** 전계 $E$[V/m] 및 자계 $H$[AT/m]의 전자계가 평면파를 이루고 공기 중을 $3 \times 10^8$[m/s]의 속도로 전파될 때 단위 시간당 단위 면적을 지나는 에너지는 몇 [W/m²]인가?

① $EH$
② $\sqrt{\epsilon\mu}\,EH$
③ $\dfrac{EH}{\sqrt{\epsilon\mu}}$
④ $\dfrac{1}{2}(\epsilon E^2 + \mu H^2)$

**Explanation**

면적당 방사에너지(포인팅 벡터) $S = E \times H = EH \sin\theta = EH$[W/m²]

【답】①

**10** 전자파의 진행방향으로 옳은 것은?

① $\nabla \times E$의 방향과 같다.
② 자계 $H$의 방향과 같다.
③ 전계 $E$의 방향과 같다.
④ $E \times H$의 방향과 같다.

**Explanation**

전자파의 성질
- 전자파는 전계와 자계가 동시에 존재
- 포인팅 벡터 $P = E \times H$이므로 전자파의 진행 방향은 $E \times H$의 방향과 같다.

【답】④

# 02 전력공학

## 1 전선로

### 1. 전선
① 전선의 구비조건
- 도전율이 클 것
- 기계적 강도가 클 것
- 비중(밀도)이 작을 것
- 부식성이 작을 것
- 유연성(가요성)이 좋을 것
- 경제적일 것

② 경제적인 전선의 굵기 선정 : 켈빈의 법칙(Kelvin's law)
- 허용전류 : 가장 중요
- 기계적 강도
- 전압 강하

③ 강심알루미늄연선(ACSR) : 동일 길이 동일 저항의 경동선보다 바깥지름이 크다(코로나 방지).

④ 전선의 진동 및 도약 방지
- 전선의 진동 방지 : 댐퍼 및 아마로드
- 전선의 도약 방지(단락 방지) : off-set(오프셋)

⑤ 표피효과
- 도선의 중심부로 갈수록 전류 밀도가 적어지는 현상
- 전압이 높고 주파수가 높고, 도전율 및 투자율이 높고, 전선이 굵을수록 심하게 나타난다.

### 2. 애자(절연체)
① 애자의 구비조건
- 절연내력이 클 것
- 절연저항이 클 것(누설전류가 적을 것)
- 기계적 강도가 클 것
- 정전용량이 적을 것

② 애자의 종류
- 현수애자

- 연결 개수를 가감함으로써 임의의 전압에 사용
- 큰 하중에는 2련이나 3련으로 사용
- 내무애자 : 해안가나 염분이 많은 지역. 누설거리를 길게
- 애자련의 전압분담(현수애자 10개를 기준)
  - 최대 : 전선에 가장 가까운 애자
  - 최소 : 전선로에서 8번째 애자(철탑에서 3번째 애자)
- 애자련의 보호 장치
  - 아킹혼(arcing horn), 소호각(초호각), 아킹링(arcing ring), 소호환(초호환)
  - 섬락 시 애자련을 보호(애자 파손 방지)
  - 애자련에 걸리는 전압 분포 균일하게

## 3. 지지물(목주, 철주, 철근콘크리트주(배전), 철탑(송전))

① 내장형
- 직선철탑 10기마다 1기를 시설
- 지지물의 양측의 경간의 차가 큰 곳에 시설
- E형 철탑

② 이도 : 전선의 장력에 대응하고 온도 변화에 대한 신축성에 대비
- 이도 $D = \dfrac{WS^2}{8T}$ [m]
- 전선의 실제 길이 $L = S + \dfrac{8D^2}{3S}$ [m]

## 4. 지중전선로

① 사용목적
- 뇌해나 풍수해에 대한 안정성이 요구됨
- 보안상 필요한 경우
- 수용밀도가 현저히 큰 경우
- 도시 미관 상 필요한 경우

② 케이블의 손실
- 저항손(도체손) : $I^2R$[W]에 의한 손실
- 유전체손(절연체손) : $P_c = \omega CE^2 \tan\delta$ [W]
- 연피손 : 전자유도 작용

③ 지중전선로 고장점 탐색
- 머레이 루프법(휘스톤 브리지의 원리 이용)
- 수색 코일법
- 정전 용량법
- 펄스법
- 음향법

## 주요 문제

**01** 발전소에서 정격전압[kV]로 사용하는 것은?
① 6.6
② 33
③ 66
④ 154

**Explanation**
우리나라 발전소의 정격전압 : 6.6[kV]    【답】①

**02** 전선의 구비 조건으로 틀린 것은?
① 도전율이 높을 것
② 내구성이 있을 것
③ 가요성이 작을 것
④ 허용 전류가 클 것

**Explanation**
전선의 구비조건(송·배전선로 기준)
- 도전율이 클 것
- 기계적 강도가 클 것
- 경제적일 것
- 비중(밀도)이 작을 것
- 가선공사(접속)가 쉬울 것
- 부식성이 작을 것    【답】③

**03** 전선로에 댐퍼(damper)를 사용하는 목적은?
① 전선의 진동방지
② 전력손실 격감
③ 낙뢰의 내습방지
④ 많은 전력을 보내기 위하여

**Explanation**
가볍고 긴 전선로는 풍압에 의해 진동이 발생 : 댐퍼, 아마로드로 전선의 진동 방지    【답】①

**04** 철탑에서 전선의 오프셋을 주는 이유로 옳은 것은?
① 불평형 전압의 유도 방지
② 상하 전선의 접촉 방지
③ 전선의 진동 방지
④ 지락 사고 방지

**Explanation**
오프셋(off-set)
빙설에 의한 전선 도약 시 발생할 수 있는 상하선 혼촉 방지(단락 사고 방지)    【답】②

**05** 애자가 갖추어야 할 구비 조건으로 옳은 것은?
① 비, 눈, 안개 등에 대해서도 충분한 절연저항을 가지며 누설전류가 많아야 한다.
② 지지물에 전선을 지지할 수 있는 충분한 기계적 강도를 갖추어야 한다.
③ 선로전압에는 충분한 절연내력을 가지며, 이상전압에는 절연내력이 매우 적어야 한다.
④ 온도의 급변에 잘 견디고 습기도 잘 흡수해야 한다.

**Explanation**
애자의 구비조건
- 절연 내력이 클 것
- 절연 저항이 클 것(누설전류가 작을 것)
- 기계적 강도가 클 것    【답】②

### 주요 문제

**06** 가공 송전선에 사용되는 애자 1연 중 전압부담이 최대인 애자는?
① 중앙에 있는 애자
② 철탑에 제일 가까운 애자
③ 전선에 제일 가까운 애자
④ 전선으로부터 1/4 지점에 있는 애자

**Explanation**

애자련의 전압부담
- 전압부담이 최대인 애자 : 전선에 가장 가까운 애자
- 전압부담이 최소인 애자 : 철탑(접지측)에서 1/3 또는 전선에서 2/3 되는 지점의 애자

【답】③

**07** 송전선로에서 초호환(arcing ring)의 설치 목적은?
① 선로의 섬락시 애자 보호
② 송전전력 증가
③ 누설전류에 의한 편열 방지
④ 전력손실 감소

**Explanation**

초호각, 초호환(아킹혼, 아킹링)
- 섬락 시 애자련을 보호
- 애자련에 걸리는 전압 분담을 균일화

【답】①

**08** 전주 사이의 경간이 80[m]인 가공전선로에서 전선 1[m]당의 하중이 0.37[kg], 전선의 이도가 0.8[m]일 때 수평장력은 몇 [kg]인가?
① 330
② 350
③ 370
④ 390

**Explanation**

이도 $D = \dfrac{WS^2}{8T}$ 에서

수평장력 $T = \dfrac{WS^2}{8D} = \dfrac{0.37 \times 80^2}{8 \times 0.8} = \dfrac{0.37 \times 6,400}{6.4} = 370 [\text{kg}]$

【답】③

**09** 가공전선로와 비교하여 지중전선로의 장점을 나타낸 것으로 옳은 것은?
① 인축에 대한 안정성이 높으며, 환경조화를 이룰 수 있다.
② 건설비가 저가이다.
③ 송전용량이 크다.
④ 사고복구에 효율적이다.

**Explanation**

지중전선로의 장점
- 경과지 확보가 가공전선로에 비해 쉽다.
- 다회선 설치가 가공전선로에 비해 쉽다.
- 외부 기상 여건 등의 영향을 받지 않는다.
- 인축의 감전사고 감소

【답】①

**10** 지중 케이블에서 고장점을 찾는 방법이 아닌 것은?

① 머리 루프(murray loop) 시험기에 의한 방법
② 메거(megger)에 의한 측정 방법
③ 임피던스 브리지법
④ 펄스에 의한 측정법

**Explanation**

지중 케이블 고장점 탐색
- 머레이 루프법
- 정전용량법
- 수색 코일법
- 펄스법
- 음향법

여기서, 메거는 절연저항을 측정하는 계기이다.                                              【답】②

## 2 선로정수 및 코로나

※ 선로정수 : 전선의 종류, 크기, 전선의 배치상태에 따라 결정되는 정수

1. 선로정수($R$, $L$, $C$, $G$) : 송전선로의 경우 $R$, $G \ll L$, $C$

① 작용 인덕턴스
- 단도체의 인덕턴스 : $L = 0.05 + 0.4605 \log_{10} \dfrac{D}{r}$ [mH/km]

※ 복도체의 등가반지름 : $r_e = \sqrt{rs}$

② 작용 정전용량
$$C = \dfrac{0.02413}{\log_{10} \dfrac{D}{r}} [\mu\text{F/km}]$$

여기서, 등가선간거리
- 일직선배치 : $D' = \sqrt[3]{2}\,D$
- 정사각형(소도체)배치 시 도체 간격 $S' = \sqrt[6]{2}\,S$

2. 1선의 작용 정전 용량

① 단상 2선식 $C = C_s + 2C_m$

여기서, $C_s$ : 대지정전용량, $C_m$ : 상호정전용량

② 3상 3선식 $C = C_s + 3C_m$

3. 충전전류와 충전용량

① 충전전류 : $I_c = \dfrac{E}{X_c} = \omega CE = 2\pi f C \dfrac{V}{\sqrt{3}}$ [A]   여기서, $E = \dfrac{V}{\sqrt{3}}$ : 대지전압

② 충전용량 : $Q_c = 3EI_c = 3\omega CE^2$ [kVA]

4. 복도체(다도체)

① 주목적 : 코로나 방지
- 전선 주변의 전위 경도 감소
- 코로나 임계전압 상승

② 인덕턴스가 감소, 정전용량이 증대
- 송전용량 증대
- 안정도 증진

③ 같은 면적의 단도체에 비해 전류용량이 크다.

④ 단락 시 대전류가 흐르는 경우 소도체간 흡인력이 발생(대책 : 스페이서)

## 5. 연가

① 연가 : 선로 정수를 평형을 위해 3상 3선식에서 전체 선로 길이를 3등분으로 나누어 배치
② 연가의 효과
- 각 상의 전압, 전류 평형(각 상의 임피던스 평형)
- 통신선의 유도장해 경감
- 직렬공진에 의한 이상전압 상승 방지

## 6. 코로나

전선로 주변에 공기의 부분적인 절연파괴로 빛과 소리를 나타내는 현상

① 코로나 임계전압이 높을수록 코로나 발생이 적어 진다.

- 코로나 임계전압 : $E_0 = 24.3 m_0 m_1 \delta d \log_{10} \dfrac{D}{r}$ [kV]

- 상대 공기 밀도 : $\delta = \dfrac{0.386\, b}{273 + t}$   여기서, $b$ : 기압, $t$ : 온도

※ 코로나 임계전압이 크려면 : 상대공기밀도↑, 기압↑, 온도↓, 전선직경↑

② 코로나의 영향
- 코로나 손실이 발생(송전손실 발생으로 송전효율 저하)

  peek식 : $P_c = \dfrac{241}{\delta}(f+25)\sqrt{\dfrac{d}{2D}}(E-E_0)^2 \times 10^{-5}$ [kW/km/Line]

- 통신선에 유도 장해(전파장해)가 발생
- 코로나 잡음이 발생한다.
- 전선의 부식(원인 : 오존($O_3$))이 발생된다.
- 진행파의 파고 값은 감소(이점)

④ 코로나 방지 대책
- 복도체(다도체) 사용 → 주요대책
- 가선 금구를 개량
- 굵은 전선을 사용(중공연선, ACSR 사용)

### 주요 문제

**01** 전선 a, b, c가 일직선으로 배치되어 있다. a와 b와 c 사이의 거리가 각각 5[m]일 때 이 선로의 등가 선간 거리는 몇 [m]인가?
① 5
② 10
③ $5\sqrt[3]{2}$
④ $5\sqrt{2}$

**Explanation**

일직선 배치 시 등가 선간 거리 $D_e = \sqrt[3]{D_{ab} \cdot D_{bc} \cdot D_{ca}} = \sqrt[3]{5 \times 5 \times 10} = 5\sqrt[3]{2}$

【답】 ③

**02** 길이가 37[km]인 단상 2선식 전선로의 유도성 리액턴스는 약 몇 [Ω]인가?(단, 전선로의 단위 길이당 인덕턴스는 1.5[mH/km], 주파수는 60[Hz]이다)
① 30
② 34
③ 42
④ 45

**Explanation**

$X_L = 2\pi f L = 2\pi \times 60 \times 1.5 \times 10^{-3} \times 2 \times 37 = 42\,[\Omega]$

【답】 ③

**03** 전선 4개의 도체가 정사각형으로 배치되어 있을 때 각 도체간의 거리를 $D$라고 하면 소도체간 기하 평균거리는?
① $D$
② $\sqrt[3]{2}D$
③ $4D$
④ $\sqrt[6]{2}D$

**Explanation**

정사각형 배열(기하평균거리)인 경우의 기하평균거리는 다음과 같다.
기하 평균 거리 $s' = \sqrt[6]{s \cdot s \cdot s \cdot s \cdot \sqrt{2}s \cdot \sqrt{2}s} = \sqrt[6]{2}s$
($s$ : 소도체간 간격)

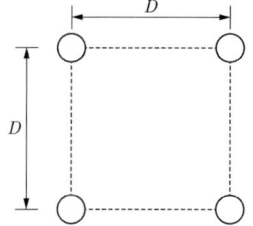

【답】 ④

**04** 등가 선간거리를 $D$라 할 때, 등가 선간거리 $D$가 증가할 때 송전선의 정전용량은 어떻게 되는가?
① $\log_{10}\dfrac{r}{D}$에 비례
② $\log_{10}\dfrac{D}{r}$에 비례
③ $\log_{10}\dfrac{r}{D}$에 반비례
④ $\log_{10}\dfrac{D}{r}$에 반비례

**Explanation**

작용정전용량 $C = \dfrac{0.02413}{\log_{10}\dfrac{D}{r}}\,[\mu F/km]$

따라서 작용정전용량 $C \propto \dfrac{1}{\log_{10}\dfrac{D}{r}}$

【답】 ④

## 주요 문제

**05** 전력계통에서 연가하는 주된 목적은?
① 계전기의 확실한 동작 확보
② 전선의 절약
③ 선로정수의 평형
④ 유도뢰의 방지

**Explanation**

연가 : 선로정수를 평형시키기 위하여 3상 3선식 선로를 3배수 등분하여 실시
- 선로정수 평형(각 상의 전압, 전류 평형)
- 정전유도장해 감소
- 직렬공진 방지

【답】③

**06** 3상 3선식 3각형 배치의 송전선로가 있다. 선로가 연가되어 각 선간의 정전용량은 0.009[μF/km], 각 선의 대지정전용량은 0.003[μF/km]라고 하면 1선의 작용정전용량은 몇 [μF/km]인가?
① 0.03
② 0.023
③ 0.012
④ 0.006

**Explanation**

1선당 작용정전용량
3상 3선식 : $C = C_s + 3C_m = 0.003 + 3 \times 0.009 = 0.03[\mu F/km]$

【답】①

**07** 전압 66,000[V], 주파수 60[Hz], 길이 7[km], 1회선의 3상 지중전선로에서 3상 무부하 충전용량은 약 몇 [kVA]인가? 단, 케이블의 심선 1선 1[km]의 정전용량은 0.4[μF/km]라 한다.
① 2,560[kVA]
② 4,600[kVA]
③ 7,970[kVA]
④ 13,800[kVA]

**Explanation**

충전용량 $Q_c = 3EI_c = 3\omega CE^2$
$= 3 \times 2\pi \times 60 \times 0.4 \times 10^{-6} \times 7 \times \left(\dfrac{66,000}{\sqrt{3}}\right)^2 \times 10^{-3}$
$= 4,598[kVA]$

【답】②

**08** 송전선로에서 복도체를 사용하는 주된 이유는?
① 많은 전력을 보내기 위하여
② 코로나 발생을 억제하기 위하여
③ 전력 손실을 적게 하기 위하여
④ 선로정수를 평형시키기 위하여

**Explanation**

복도체(다도체) 방식의 주목적 : 코로나 방지
- 인덕턴스는 감소, 정전용량은 증가
- 코로나의 방지, 코로나 임계 전압의 상승
- 송전 용량의 증대, 안정도 증대
- 전선 표면의 전위경도 감소

【답】②

**09** 복도체를 사용한 송전선로를 같은 단면적의 단도체를 사용한 선로와 비교할 때 틀린 것은?
① 코로나 임계 전압이 상승하므로 코로나 손실을 감소시킨다.
② 송전용량을 증대할 수 있다.
③ 안정도가 증대된다.
④ 작용 인덕턴스는 증가하고, 작용 정전용량은 감소한다.

## 주요 문제

> **Explanation**

복도체(다도체) 방식의 주목적 : 코로나 방지
- 인덕턴스는 감소, 정전 용량은 증가

【답】④

**10** 송전선로에서 코로나 임계전압이 높아지는 경우는?
  ① 상대공기밀도가 작을 경우
  ② 기압이 낮은 경우
  ③ 전선의 지름이 큰 경우
  ④ 온도가 높아지는 경우

> **Explanation**

코로나 임계 전압 $E = 24.3 m_0 m_1 \delta d \log_{10} \dfrac{D}{r}$ [kV]

$m_0$ : 전선의 표면 상태,  $m_1$ : 천후 계수

$\delta$ : 상대 공기 밀도 $= \dfrac{0.386 b}{273 + t}$  ($b$ : 기압, $t$ : 온도),  $d$ : 전선의 지름

따라서 코로나 임계전압이 높아지려면 상대 공기밀도가 높고, 전선의 직경이 커야한다.
또한, 맑은 날, 기압이 높고, 온도가 낮은 경우에 임계전압이 높다.

【답】③

**11** 송전선로에 코로나가 발생하면 전선이 부식되는 이유는 무엇인가?
  ① 오존
  ② 산소
  ③ 질소
  ④ 수소

> **Explanation**

코로나의 영향
- 전력 손실(코로나 손실) $P_c = \dfrac{241}{\delta}(f+25)\sqrt{\dfrac{d}{2D}}(E-E_0)^2 \times 10^{-5}$ [kW/km/Line]
- 통신선에 유도 장해(전파 장해)
- 코로나 잡음
- 전선의 부식(원인 : 오존($O_3$))

【답】①

**12** 코로나 방지에 가장 효과적인 방법은?
  ① 선로의 절연을 강화한다.
  ② 선간거리를 감소시킨다.
  ③ 선로의 높이를 낮게 한다.
  ④ 전선의 바깥지름을 크게 한다.

> **Explanation**

코로나 방지대책
- 전선의 지름을 크게
- 복도체(다도체) 방식(가장 효과적인 방법)
- 가선금구를 개량

【답】④

## 3 송전선로 특성값 계산

※ 송전선로 구성

| 송전선로 | 송전거리 | 파라미터 | 해석 |
|---|---|---|---|
| 장거리 | 100[km] 초과 | Z, Y……. | 분포정수회로 |

### 1. 단거리 송전선로

① 3상 전압강하 : $e = V_s - V_r = \sqrt{3}\,I(R\cos\theta + X\sin\theta) = \dfrac{P}{V_r}(R + X\tan\theta)\,[\mathrm{V}]$

② 전압강하율 : $\delta = \dfrac{V_s - V_r}{V_r} \times 100 = \dfrac{e}{V_r} \times 100 = \dfrac{P}{V_r^2}(R + X\tan\theta) \times 100\,[\%]$

③ 전압변동률

$\epsilon = \dfrac{V_{ro} - V_r}{V_r} \times 100\,[\%]$   여기서, $V_{ro}$ : 무부하시 수전단 전압, $V_r$ : 수전단 전압

④ 전력손실(선로손실) : $P_l = 3I^2 R = 3\left(\dfrac{P}{\sqrt{3}\,V\cos\theta}\right)^2 R = \dfrac{P^2 R}{V^2 \cos^2\theta}$

⑤ 전력손실률 : $K = \dfrac{P_l}{P} \times 100 = \dfrac{PR}{V^2 \cos^2\theta} \times 100\,[\%]$

| 전압강하 | $e \propto \dfrac{1}{V}$ |
|---|---|
| 전압 강하율 | $\delta \propto \dfrac{1}{V^2}$ |
| 전력 손실 | $P_l \propto \dfrac{1}{V^2},\ A \propto \dfrac{1}{V^2}$ |
| 공급 전력 | $P \propto V^2$ |

### 2. 중거리 송전선로(4단자망)

① 선형조건 : $AD - BC = 1$

② 병행 2회선(임피던스 감소, 어드미턴스 증가)

A → A,   B → $\dfrac{B}{2}$,   C → 2C,   D → D

### 3. 장거리 송전선로

① 특성 임피던스

$Z_0 = \sqrt{\dfrac{Z}{Y}} = \sqrt{\dfrac{R + j\omega L}{G + j\omega C}} \fallingdotseq \sqrt{\dfrac{L}{C}}\,[\Omega] = 138\log_{10}\dfrac{D}{r}\,[\Omega]$

② 전파정수

$\gamma = \sqrt{ZY} = \sqrt{(R + j\omega L)(G + j\omega C)}$

## 4. 송전용량(전력) 계산

$$P = \frac{V_s V_r}{X} \sin\delta \, [\text{MW}]$$

최대전력조건은 $\delta = 90°$ (여기서, $\delta$ : 송수전단 전압의 위상차)

## 5. 경제적인 송전전압의 결정(still의 식)

$$V_s = 5.5\sqrt{0.6\,l + \frac{P}{100}} \, [\text{kV}] \qquad 여기서, \; l \,:\, 송전거리[\text{km}], \; P \,:\, 송전전력[\text{kW}]$$

## 6. 조상설비 : 무효전력 공급 및 흡수 설비

① 조상설비의 비교

| 항목 | 동기 조상기 | 분로 리액터 | 전력용 콘덴서 |
|---|---|---|---|
| 무효전력 | 지상과 진상 | 지상 | 진상 |
| 조정 방법 | 연속적 | 불연속 | 불연속 |
| 시송전(시충전) | 가능 | 불가능 | 불가능 |

② 페란티현상
- 경부하(무부하)시 선로의 정전용량에 의해 송전단 전압보다 수전단 전압이 높아지는 현상
- 대책 : 분로리액터 설치

③ 콘덴서 및 리액터의 종류 및 목적

| 종류 | | 목적 |
|---|---|---|
| 콘덴서 | 직렬 콘덴서 | 유도성 리액턴스에 의한 전압강하 보상, 안정도 개선용 |
| | 병렬 콘덴서 | 부하의 역률 개선 |
| 리액터 | 한류 리액터 | 단락전류 제한 |
| | 직렬 리액터 | 제5고조파 제거 |
| | 분로 리액터 | 페란티 현상 방지 |
| | 소호 리액터 | 지락 아크의 소호 |

④ 전력용 콘덴서 설비

- 직렬리액터(S.R) : 제5고조파를 제거. $5\omega L = \dfrac{1}{5\omega C}$
  - 이론상 : 콘덴서 용량의 4[%]
  - 실제 : 콘덴서 용량의 6[%]
- 방전코일(D.C) : 잔류 전하 방전하여 인체 감전사고 방지
- 전력용 콘덴서(S.C) : 부하의 역률개선을 위해 사용

⑤ 전력계통에서
- P-f(유효 전력 - 주파수 제어)
- Q-V(무효 전력 - 전압 제어)

7. 전력원선도
 ① 가로축(실수축) : 유효전력, 세로축 : 무효전력
 ② 전력원선도에서 구할 수 없는 것(사고 값)
  • 과도안정 극한전력
  • 코로나 손실

8. 직류 송전 방식 : 발전과 배전은 교류로 하며 송전만 직류로 공급
 ① 장점
  • 선로의 리액턴스가 없으므로 안정도가 높다.
  • 비동기연계가 가능하다(주파수가 다른 선로의 연계 가능).
  • 도체의 표피효과가 없다(표피효과에 의한 손실이 없다).
  • 충전전류와 유전체손을 고려하지 않아도 된다.
  • 교류방식에 비해 절연 레벨이 낮다.
  • 무효전력에 기인한 손실이 없다.
 ② 단점
  • 변압이 어렵다.
  • 고조파 억제 대책이 필요하다.
  • 직·교류 변환장치가 필요하다.

### 주요 문제

**01** 장거리 송전선로의 특성을 표현한 회로로 옳은 것은?
① 분산부하회로
② 분포정수회로
③ 집중정수회로
④ 특성임피던스회로

**Explanation**

- 단거리송전선로(수십[km] 정도) : 집중정수회로(Z만 존재)
- 중거리송전선로(100[km] 이하 선로) : 집중정수회로(Z, Y 존재)
- 장거리송전선로(100[km] 초과 선로) : 분포정수회로(Z, Y가 무한히 존재)

【답】 ②

**02** 지상부하를 가진 3상 3선식 배전선로 또는 단거리 송전선로에서 선간 전압강하를 나타낸 식은?
(단, $I, R, X, \theta$는 각각 수전단 전류, 선로저항, 리액턴스 및 수전단 전류의 위상각이다)
① $I(R\cos\theta + X\sin\theta)$
② $2I(R\cos\theta + X\sin\theta)$
③ $\sqrt{3}I(R\cos\theta + X\sin\theta)$
④ $3I(R\cos\theta + X\sin\theta)$

**Explanation**

3상 선간 전압강하 $e = V_s - V_r = \sqrt{3}I(R\cos\theta + X\sin\theta) = \dfrac{P}{V_r}(R + X\tan\theta)$

【답】 ③

**03** 3상 3선식 가공 송전선로가 있다. 전선 한 가닥의 저항은 15[Ω], 리액턴스는 20[Ω]이고, 수전단의 선간전압은 30[kV], 부하 역률은 0.8(늦음)이다. 전압강하율을 5[%]로 하면 이 송전선로로 몇 [kW]까지 수전할 수 있는가?
① 2,000
② 2,500
③ 1,000
④ 1,500

**Explanation**

전압 강하율 $\delta = \dfrac{V_s - V_r}{V_r} \times 100 = \dfrac{e}{V_r} \times 100 = \dfrac{P}{V_r^2}(R + X\tan\theta) \times 100[\%]$에서

부하전력 $P = \dfrac{V_r^2 \delta}{R + X\tan\theta}$

∴ 부하전력 $P = \dfrac{30,000^2 \times 0.05}{15 + 20 \times \dfrac{0.6}{0.8}} \times 10^{-3} = 1,500[\text{kW}]$

【답】 ④

**04** 송전단 전압이 3,300[V]이고, 수전단 전압이 3,000[V]이다. 수전단의 부하를 차단한 경우, 수전단 전압이 3,200[V]라면 이 회로의 전압 변동률은 약 몇 [%]인가?
① 3.25
② 4.28
③ 5.67
④ 6.67

**Explanation**

전압 변동률 $\epsilon = \dfrac{V_{r0} - V_r}{V_r} \times 100 = \dfrac{3,200 - 3,000}{3,000} \times 100 = 6.67[\%]$

여기서, $V_{r0}$는 무부하시 수전단 전압

【답】 ④

## 주요 문제

**05** 전선에 흐르는 전류가 3배가 되면 전력손실은 몇 배가 되는가?

① $\frac{1}{3}$ 배

② 3배

③ 9배

④ $\frac{1}{9}$ 배

**Explanation**

선로손실 $P_l = I^2 R \propto I^2 = (3)^2 = 9$배

【답】 ③

**06** 다음 ( )에 알맞은 내용으로 옳은 것은? (단, 공급 전력과 선로 손실률은 동일하다)

> 선로의 전압을 2배로 승압할 경우, 공급전력은 승압 전의 ( ㉮ )로 되고, 선로 손실은 승압 전의 ( ㉯ )로 된다.

① ㉮ $\frac{1}{4}$, ㉯ 2배

② ㉮ $\frac{1}{4}$, ㉯ 4배

③ ㉮ 2배, ㉯ $\frac{1}{4}$

④ ㉮ 4배, ㉯ $\frac{1}{4}$

**Explanation**

전압과의 관계

| 전압강하 | $e = \frac{P}{V_r}(R + X\tan\theta)$ | $e \propto \frac{1}{V}$ |
| --- | --- | --- |
| 전압 강하율 | $\delta = \frac{P}{V_r^2}(R + X\tan\theta)$ | $\delta \propto \frac{1}{V^2}$ |
| 전력 손실 | $P_l = \frac{P^2 R}{V^2 \cos^2\theta}$ | $P_l \propto \frac{1}{V^2}$ |
| 공급 전력 | | $P \propto V^2$ |
| 전선 단면적 | | $A \propto \frac{1}{V^2}$ |

- 공급전력 $P \propto V^2 = 2^2 = 4$
- 선로손실 $P_l \propto \frac{1}{V^2} = \frac{1}{2^2} = \frac{1}{4}$

【답】 ④

**07** 송전선의 단면적 $A[\text{mm}^2]$와 송전전압 $V[\text{kV}]$의 관계로 옳은 것은?

① $A \propto \frac{1}{\sqrt{V}}$

② $A \propto V^2$

③ $A \propto V$

④ $A \propto \frac{1}{V^2}$

**Explanation**

전력 손실 $P_l = 3I^2 R = \frac{P^2 \rho l}{V^2 \cos^2\theta A}$ 에서

전선의 단면적 $A = \frac{P^2 \rho l}{P_l V^2 \cos^2\theta}$

따라서 $A \propto \frac{1}{V^2}$

【답】 ④

## 주요 문제

**08** 그림은 송배전선로의 건설비와 송전전압과의 관계를 나타낸 것이다. 전선비를 뜻하는 것은?

① A
② B
③ C
④ D

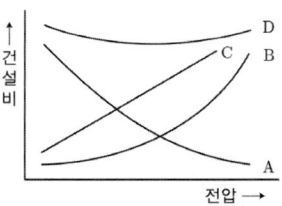

**Explanation**

일반적으로 전압이 높아지면 절연 레벨이 올라가므로 애자 및 지지물비는 상승하고 전류밀도의 크기는 감소하므로 전선비는 낮아진다.

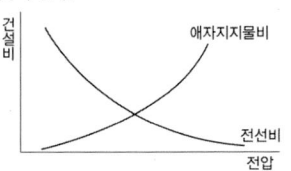

【답】①

**09** 송전선로에서 4단자정수 $A, B, C, D$ 사이의 관계는?

① $BC - AD = 1$
② $AC - BD = 1$
③ $AB - CD = 1$
④ $AD - BC = 1$

**Explanation**

4단자회로 $AD - BC = 1$

【답】④

**10** 단거리 송전선의 4단자 정수 ABCD 중 그 값이 0인 정수는?

① A
② B
③ C
④ D

**Explanation**

송전선로 구성

| 송전선로 | 송전거리 | 파라미터 | 해 석 |
|---|---|---|---|
| 단거리 | 수십[km] | Z | 집중정수회로 |
| 중거리 | 100[km] 이하 | Z, Y | |
| 장거리 | 100[km] 초과 | Z, Y …… | 분포정수회로 |

따라서 단거리 송전선로는 어드미턴스 성분 즉, $C$ 가 0이다.

【답】③

**11** 1회선의 4단자 정수가 $A, B, C, D$인 3상 2회선 송전선의 합성 4단자 정수가 $A_o, B_o, C_o, D_o$일 때 합성 4단자 정수로 옳은 것은?

① $A_o = 2A, B_o = \frac{1}{2}B, C_o = 2C, D_o = 2D$

② $A_o = A, B_o = 2B, C_o = C, D_o = D$

③ $A_o = 2A, B_o = 2B, C_o = \frac{1}{2}C, D_o = D$

④ $A_o = A, B_o = \frac{1}{2}B, C_o = 2C, D_o = D$

### Explanation

선로의 병렬(병행)운전(2회선 이상 방식, 다회선 방식)

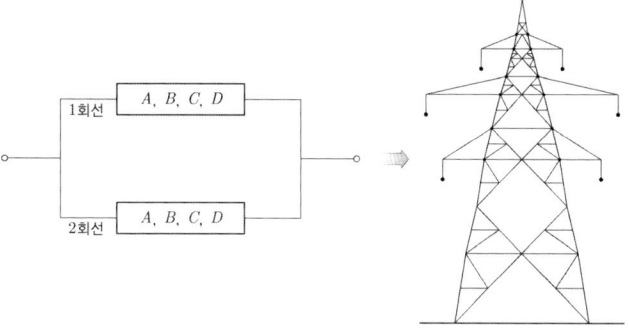

선로정수의 변화는 다음과 같다.
- $A_0 = A$
- $B_0 = \dfrac{B}{2}$
- $C_0 = 2C$
- $D_0 = D$

【답】④

**12** 가공전선로의 작용 인덕턴스를 $L$[H], 작용 정전용량을 $C$[F], 사용전원의 주파수를 $f$[Hz]라 할 때 선로의 특성 임피던스는? (단, 저항과 누설컨덕턴스는 무시한다)

① $\sqrt{\dfrac{C}{L}}$

② $\sqrt{\dfrac{L}{C}}$

③ $\sqrt{LC}$

④ $2\pi fL - \dfrac{1}{2\pi fC}$

### Explanation

무손실 선로($R = G = 0$)

특성임피던스 $Z_0 = \sqrt{\dfrac{Z}{Y}} = \sqrt{\dfrac{R+j\omega L}{G+j\omega C}} \fallingdotseq \sqrt{\dfrac{L}{C}}$

【답】②

**13** 전로의 특성 임피던스에 대한 설명으로 옳은 것은?

① 선로의 길이에 비례한다.
② 선로의 길이에 반비례한다.
③ 선로의 길이보다 부하에 따라 변화한다.
④ 선로의 길이에 관계없이 일정하다.

### Explanation

특성임피던스 $Z_0 = \sqrt{\dfrac{Z}{Y}} = \sqrt{\dfrac{R+j\omega L}{G+j\omega C}} \fallingdotseq \sqrt{\dfrac{L}{C}}$ : 선로의 길이에 무관

【답】④

**14** 동기조상기에 대한 설명으로 틀린 것은?

① 전압조정이 연속적이다.
② 경부하시에는 부족여자로 운전하여 뒤진전류를 취한다.
③ 중부하시에는 과여자로 운전하여 앞선전류를 취한다.
④ 선로의 시충전이 불가능하다.

### Explanation

### 주요 문제

조상설비 비교

| | 진 상 | 지 상 | 시충전(시송전) | 조 정 | 전력손실 | 증설 |
|---|---|---|---|---|---|---|
| 전력용 콘덴서 | ○ | × | × | 단계적 | 적다 | 가능 |
| 분로 리액터 | × | ○ | × | 단계적 | 적다 | 가능 |
| 동기 조상기 | ○ | ○ | ○ | 연속적 | 크다 | 불가능 |

【답】④

**15** 송전선로에 충전전류가 흐르면 수전단 전압이 송전단 전압보다 높아지는 현상과 이 현상의 발생 원인으로 가장 옳은 것은?
① 페란티 효과, 선로의 인덕턴스 때문
② 페란티 효과, 선로의 정전용량 때문
③ 근접 효과, 선로의 인덕턴스 때문
④ 근접 효과, 선로의 정전용량 때문

**Explanation**

페란티 현상
- 무부하시 송전단 전압보다 수전단 전압이 커지는 현상
- 발생 원인 : 선로의 정전용량에 의해서
- 방지법 : 분로리액터(Sh.R)

【답】②

**16** 조상설비가 있는 발전소측 변전소에서 주변압기로 주로 사용되는 변압기는?
① 강압용 변압기
② 단권 변압기
③ 단상 변압기
④ 3권선 변압기

**Explanation**

조상설비 : 3권선 변압기의 3차(안정권선)에 채용
안정권선의 역할
- 소내 전력공급
- 제3고조파 제거
- 조상설비 채용

【답】④

**17** 전력계통의 전력용 콘덴서와 직렬로 연결하는 리액터로 제거되는 고조파는?
① 제2고조파
② 제3고조파
③ 제4고조파
④ 제5고조파

**Explanation**

직렬 리액터 : 제5고조파 제거하기 위하여 전력용 콘덴서 전단에 시설

【답】④

**18** 전력용 콘덴서 회로에 방전코일을 설치하는 주된 목적은?
① 합성 역률의 개선
② 전압의 파형 개선
③ 콘덴서의 등가용량 증대
④ 전원 개방 시 잔류 전하를 방전시켜 인체의 위험 방지

**Explanation**

전력용 콘덴서 설비
- 직렬 리액터 : 제5고조파 제거
- 방전코일 : 잔류 전하 방전하여 인체의 감전사고 방지
- 전력용 콘덴서 : 역률 개선

【답】④

### 주요 문제

**19** 송배전 선로에 사용하는 직렬 커패시터에 대한 설명으로 옳은 것은?
① 선로의 유도 리액턴스를 보상하고 전압강하를 감소시킨다.
② 최대 송전전력이 감소하고 정태안정도가 감소된다.
③ 부하의 변동에 따른 수전단의 전압변동률은 증대된다.
④ 송수 양단의 전달 리액턴스가 증가하고 안정극한전력이 감소한다.

**Explanation**

직렬콘덴서(직렬축전지)는 유도 리액턴스에 의한 선로의 전압 강하 보상용으로 전압변동을 줄이고 정태안정도 개선용으로 사용한다. 따라서 역률개선에는 큰 영향이 되지 않는다. 【답】①

**20** 단락전류를 제한하기 위하여 사용되는 것은?
① 한류리액터
② 사이리스터
③ 현수애자
④ 직렬콘덴서

**Explanation**

한류리액터 설치 : 단락전류 제한 【답】①

**21** 62,000[kW]의 전력을 60[km] 떨어진 지점에서 송전하려면 전압은 몇 [kV]로 하면 좋은가? 단, Still 식을 사용한다.
① 66
② 110
③ 140
④ 154

**Explanation**

Still의 식(경제적인 송전 전압 결정식)

$V_s = 5.5\sqrt{0.6l + \dfrac{P}{100}}$ [kV]    여기서, $l$ : 송전 거리[km], $P$ : 송전전력[kW]

$= 5.5\sqrt{0.6 \times 60 + \dfrac{62,000}{100}} = 140.86$ [kV] 【답】③

**22** 송전단 전압 161[kV], 수전단 전압 155[kV], 상차각 40°, 리액턴스가 49.8[Ω]일 때 선로손실을 무시한다면 전송 전력은 약 몇 [MW]인가?
① 289
② 322
③ 373
④ 869

**Explanation**

송전전력 $P_s = \dfrac{V_s V_r}{X}\sin\delta = \dfrac{161 \times 155}{49.8}\sin 40° = 322$ [MW] 【답】②

**23** 전력계통의 전압 조정을 위한 방법은?
① 계통의 주파수 조정
② 계통의 무효전력 조정
③ 부하의 유효전력 조정
④ 발전기의 유효전력 조정

**Explanation**

- 계통의 전압 조정 : 무효전력을 조정(동기조상기, 분로 리액터, 전력용 콘덴서 등)
- 주파수 조정 : 유효전력 조정

【답】②

### 주요 문제

**24** 전력 원선도의 실수축과 허수축은 각각 어느 것을 나타내는가?
① 실수축은 전압이고, 허수축은 전류이다.
② 실수축은 전압이고, 허수축은 역률이다.
③ 실수축은 전류이고, 허수축은 유효전력이다.
④ 실수축은 유효전력이고, 허수축은 무효전력이다.

**Explanation**

전력원선도(송·수전단 전압, 일반회로 정수(A, B, C, D))
가로축(실수축) : 유효전력, 세로축(허수축) : 무효전력

| 구할 수 있는 것 | 구할 수 없는 것 |
| --- | --- |
| • 최대 출력<br>• 조상설비 용량<br>• 4단자 정수에 의한 손실<br>• 송·수전 효율, 전압 | • 과도안정 극한전력<br>• 코로나 손실<br>• 사고값 |

【답】④

**25** 그림과 같은 수전단 전력 원선도가 있다. 부하 직선을 참고하여 다음 중 전압 조정을 위한 조상설비가 없어도 정전압 운전이 가능한 부하전력은 대략 어느 정도일 때인가?
① 무부하일 때
② 50[kW]일 때
③ 100[kW]일 때
④ 150[kW]일 때

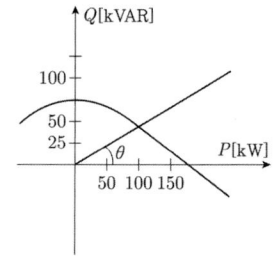

**Explanation**

정전압 송전방식에서 피상전력 $P_a = P \pm jQ$에서 원선도상에서의 피상전력은 항상 같으므로 원선도 그림에서 유효전력 100[kW], 무효전력 50[kVAR] 정도일 때 조상설비가 없어도 정전압 운전이 가능하다.

【답】③

**26** 장거리 대전력을 송전할 때 교류 송전방식에 비교한 직류 송전의 장점이 아닌 것은?
① 변압이 쉬워 고압 송전에 유리하다.
② 송전효율이 높다.
③ 선로 절연이 유리하다.
④ 안정도가 좋다.

**Explanation**

직류송전의 특징
• 선로의 리액턴스가 없으므로 안정도가 높다.
• 비동기연계가 가능하다(주파수가 다른 선로의 연계 가능).
• 도체의 표피효과가 없다.
• 충전전류와 유전체손을 고려하지 않아도 된다.
• 변압이 어렵다.
• 직류용 차단기가 개발되어 있지 않다.
• 고조파 억제 대책이 필요하다.

【답】①

## 4 고장계산

### 1. 3상 단락고장

① %임피던스법 : $\%Z = \dfrac{IZ}{E} \times 100[\%] = \dfrac{Z[\Omega] \cdot P[\text{kVA}]}{10\,V^2[\text{kV}]}[\%]$

② 단락전류 $I_s = \dfrac{100}{\%Z} \times I_n$

　단락용량 $P_s = \dfrac{100}{\%Z} \times P_n$

　단락용량 ≤ 차단기용량

### 2. 3상 불평형 고장

① 대칭좌표법 : 비대칭 3상 교류 = 영상분 + 정상분 + 역상분

| 대칭분 |
| --- |
| 영상분 $V_0 = \dfrac{1}{3}(V_a + V_b + V_c)$ |
| 정상분 $V_1 = \dfrac{1}{3}(V_a + aV_b + a^2 V_c)$ |
| 역상분 $V_2 = \dfrac{1}{3}(V_a + a^2 V_b + aV_c)$ |

② 1선 지락전류 : $I_{g1} = 3I_0 = \dfrac{3E_a}{Z_0 + Z_1 + Z_2}$

③ 사고별로 존재하는 대칭성분

| 사고 종류 | 영상분 | 정상분 | 역상분 |
| --- | --- | --- | --- |
| 1선 지락 | ○ | ○ | ○ |
| 선간 단락 |  | ○ | ○ |
| 3선 단락 |  | ○ |  |

④ 송전선로 사고의 대부분 : 지락사고(1선 지락 사고)

### 주요 문제

**01** 3상 송전선로의 선간전압을 100[kV], 3상 기준 용량을 10,000[kVA]로 할 때 선로 리액턴스(1선당) 100[Ω]을 %임피던스로 환산하면 얼마인가?

① 0.5[%]   ② 1[%]
③ 5[%]    ④ 10[%]

**Explanation**

% 임피던스 $\%Z = \dfrac{PZ}{10V^2}$ 에서

여기서, $V$ : 정격전압[kV], $P$ : 기준용량[kVA]

$\%Z = \dfrac{PZ}{10V^2} = \dfrac{10,000 \times 100}{10 \times 100^2} = 10[\%]$

【답】④

**02** 전원으로부터의 합성 임피던스가 0.5[%](15,000[kVA] 기준)인 곳에 설치하는 차단기 용량은 몇 [MVA] 이상이어야 하는가?

① 2,000   ② 2,500
③ 3,000   ④ 3,500

**Explanation**

차단기용량(단락 용량)

$P_s = \dfrac{100}{\%Z} P_n = \dfrac{100}{0.5} \times 15000 \times 10^{-3} = 3,000[\text{MVA}]$

【답】③

**03** 그림과 같은 3상 3선식 전선로의 단락점에서 3상 단락전류를 제한하려고 %리액턴스가 5[%]인 한류리액터를 시설하였다. 단락전류는 몇[A]인가? 단, 66[kV]에서 발전기의 %리액턴스는 5[%], 저항 성분과 선로의 임피던스는 무시한다. 한류리액터의 기준값은 발전기와 동일하다.

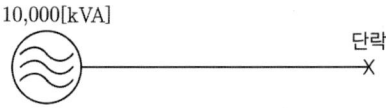

① 880    ② 1,000
③ 1,130   ④ 1,250

**Explanation**

%임피던스 $\%Z = 5 + 5 = 10[\%]$

단락전류 $I_s = \dfrac{100}{\%Z} I_n = \dfrac{100}{10} \times \dfrac{10,000}{\sqrt{3} \times 66} = 874.77[\text{A}]$

【답】①

**04** 상순이 $a-b-c$인 회로에서 $a, b, c$ 전류가 각각 $I_a, I_b, I_c$이고 $I_x = \dfrac{1}{3}(I_a + aI_b + a^2 I_c)$일 때 $I_x$는 어떤 전류인가?(단, $a = -\dfrac{1}{2} + j\dfrac{\sqrt{3}}{2}$이다)

① 정상전류   ② 무효전류
③ 영상전류   ④ 역상전류

**Explanation**

대칭좌표법

### 주요 문제

| 대칭 성분 | 각 상 성분 |
|---|---|
| 영상분 $V_0 = \dfrac{1}{3}(V_a + V_b + V_c)$ | $V_a = V_0 + V_1 + V_2$ |
| 정상분 $V_1 = \dfrac{1}{3}(V_a + aV_b + a^2 V_c)$ | $V_b = V_0 + a^2 V_1 + a V_2$ |
| 역상분 $V_2 = \dfrac{1}{3}(V_a + a^2 V_b + a V_c)$ | $V_c = V_0 + a V_1 + a^2 V_2$ |

【답】 ①

**05** 3상 발전기의 1선이 지락 한 경우 지락 전류는? 단, $Z_0$ : 영상 임피던스, $Z_1$ : 정상 임피던스, $Z_2$ : 역상 임피던스이다.

① $\dfrac{E_a}{Z_0 + Z_1 + Z_2}$  
② $\dfrac{3E_a}{Z_0 + Z_1 + Z_2}$  
③ $\dfrac{-Z_0 E_a}{Z_0 + Z_1 + Z_2}$  
④ $\dfrac{\sqrt{3} E_a}{Z_0 + Z_1 + Z_2}$

**Explanation**

1선 지락 전류 $I_g = 3I_0 = \dfrac{3E_a}{Z_0 + Z_1 + Z_2}$

【답】 ②

**06** 3상 Y결선된 발전기가 무부하 상태로 운전 중 3상 단락고장이 발생하였을 때 나타나는 현상으로 적합하지 않은 것은?

① 영상분 전류는 흐르지 않는다.
② 역상분 전류는 흐르지 않는다.
③ 정상분 전류는 영상분 및 역상분 임피던스에 무관하고 정상분 임피던스에 반비례한다.
④ 3상 단락전류는 정상분 전류의 3배가 흐른다.

**Explanation**

- 1선 지락 : $I_0 = I_1 = I_2$   ∴ $I_g = 3I_0 = \dfrac{3E_a}{Z_0 + Z_1 + Z_2}$
- 선간 단락 : $I_0 = 0$, $V_0 = 0$   $I_1 = -I_2$, $V_1 = V_2$
- 3상 단락 : $I_1 = \dfrac{E_a}{Z_1}$

【답】 ④

**07** 변압기 결선에서 1차 측 전압에 제3고조파가 있을 때 2차 측 전압에 제3고조파가 나타나는 결선은?

① △-△  
② Y-Y  
③ △-Y  
④ Y-△

**Explanation**

제 3고조파 : 접지식 회로(Y-Y 결선)

【답】 ②

### 주요 문제

**08** 그림과 같은 선로에서 점 F에서의 1선 지락이 발생한 경우 영상 임피던스는?

① $Z_{TS} + Z_n + 3Z_o$
② $Z_{TS} + 3Z_n + Z_o$
③ $Z_{TS} + Z_n + Z_o \dfrac{L_f}{L}$
④ $Z_{TS} + 3Z_n + Z_o \dfrac{L_f}{L}$

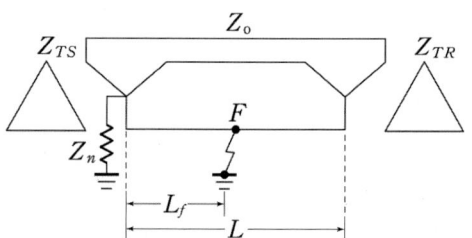

**Explanation**

영상 임피던스 : $Z_{TS} + 3Z_n + Z_o \dfrac{L_f}{L}$ 【답】④

**09** 송전선로가 평형 3상으로 운전되고 있는 경우 중성점 전위는 얼마인가?

① 0
② 1
③ 송전 전압과 같다.
④ ∞ (무한대)

**Explanation**

평형 3상 : 3상의 전압의 합은 0
$V_a + V_b + V_c = 0$ 【답】①

## 5 중성점 접지방식

### 1. 중성점 접지목적
① 1선 지락 시 건전상의 전위상승을 억제하여 선로 및 기기의 절연레벨을 낮춘다.
② 과도 안정도가 증진, 보호 계전기의 동작 확실(고속 차단)
③ 지락 아크를 소멸하고 이상전압을 방지한다.

### 2. 중성점의 접지방식 비교

| 접지방식 | 접지임피던스 | 1선 지락 시 전위상승 | 계전기동작 | 지락전류 | 통신 유도장해 | 과도안정도 |
|---|---|---|---|---|---|---|
| 비접지 | $Z_n = \infty$ | $\sqrt{3}$배 | 불확실 | 작다 | 작다 | |
| **직접접지** | $Z_n = 0$ | 1.3배 (최저) | **확실** | **최대** | **최대** | **최저** |
| 소호리액터접지 | $Z_n = \omega L$ | $\sqrt{3}$배 (최대) | 불확실 | 최소 | 최소 | 우수 |
| 저항접지 | $Z_n = R$ | $\sqrt{3}$배 | 불확실 | 작다 | 작다 | |

### 3. 비접지 방식
① 지락전류 $I_g = \dfrac{E}{\dfrac{Z}{3}} = j\omega 3 C_s E$

② 1선 지락 시 건전상의 대지전위 상승 : $\sqrt{3}$ 배

### 4. 직접접지(우리나라 대부분의 송전선로 154, 345, 765[kV])
① 장점
- 1선 지락 시 건전상의 대지 전위 상승이 낮다(최저. 전로나 기기의 절연레벨 경감).
- 중성점을 0전위로 유지할 수 있으므로 단절연이 가능하다.
- 보호계전기의 신속 동작(고속도 차단)이 가능하다.

② 단점
- 지락전류가 커서 통신 유도장해가 크다(최대).
- 과도 안정도가 낮다.

### 5. 소호리액터 접지방식(예전 66[kV]에 사용)
① 1선 지락 시 건전상의 전위 상승 : $\sqrt{3}$ 배 이상(최대)
② 지락전류가 적다(최소).
- 보호계전기 동작이 불확실
- 통신 유도장해가 작다(최소).
③ 소호 리액터의 용량
- $\omega L = \dfrac{1}{3\omega C_s} - \dfrac{x_t}{3} [\Omega]$     여기서, $x_t$ : 변압기 리액턴스

- 소호리액터 용량(3선 일괄의 대지 충전용량)

$$Q_L = EI_L = E\frac{E}{\omega L} = 3\omega CE^2 = 3 \times 2\pi f CE^2 \times 10^{-3} \text{ [kVA]}$$

6. 잔류전압 : 중성점이 접지되지 않은 경우 중성점과 대지간의 전압

① $E_n = \dfrac{\sqrt{C_a(C_a - C_b) + C_b(C_b - C_c) + C_c(C_c - C_a)}}{C_a + C_b + C_c} \times E$

② 연가($C_a = C_b = C_c$) 시 : 잔류전압 $E_n = 0$

## 주요 문제

**01** 송전선로의 중성점을 접지하는 목적으로 맞지 않는 것은?
① 보호계전기의 확실한 동작
② 고장전류 감소 및 송전용량의 증가
③ 과도안정도 증진
④ 이상 전압의 경감 및 발생 방지

**Explanation**

송전선의 중성점 접지 목적
- 1선 지락 시 전위 상승 억제, 계통의 기계 기구의 절연 보호
- 지락 사고 시 보호 계전기 동작의 확실
- 과도안정도 증진
- 이상전압 발생 방지

【답】②

**02** △결선의 3상 3선식 배전선로가 있다. 1선이 지락되는 경우 건전상의 전위상승은 지락 전의 몇 배인가?
① 1
② $\sqrt{2}$
③ $\sqrt{3}$
④ $\dfrac{\sqrt{3}}{2}$

**Explanation**

비접지 방식(3.3[kV], 6.6[kV])
- 일반적으로 비접지식은 △-△ 방식 이용
- 저전압 단거리, 지락전류가 적다, 통신선에 유도장해가 적다.
- 1상 고장 시 V-V 결선이 가능
- 1선 지락 시 $\sqrt{3}$ 배의 전위 상승

【답】③

**03** 이상전압의 발생 우려가 가장 적은 중성점 접지방식은?
① 비접지방식
② 직접 접지방식
③ 저항 접지방식
④ 소호 리액터 접지방식

**Explanation**

직접 접지방식의 특징
- 1선 지락 시 건전상의 대지전압 상승이 낮다(절연레벨 경감).
- 중성점을 0전위로 유지 가능(단절연 가능)
- 보호계전기 동작이 확실하다.
- 과도안정도가 낮다(최저).

【답】②

**04** 지락보호계전기의 동작이 가장 확실한 송전 계통 방식은?
① 고저항 접지식
② 비접지식
③ 소호리액터 접지식
④ 직접 접지식

**Explanation**

직접 접지방식의 특징
- 1선 지락 시 건전상의 대지 전압 상승이 가장 낮다(1.3배 이하로 한다)(절연레벨 경감).
- 중성점을 0전위로 유지 가능(단절연 가능)
- 보호계전기 동작이 확실하다.
- 통신선의 유도장해가 크다.
- 과도 안정도가 낮다.

【답】④

## 주요 문제

**05** 소호리액터 접지에 대한 설명으로 틀린 것은?

① 지락전류가 작다.　　　　　　　　② 과도안정도가 높다.
③ 전자유도장애가 경감된다.　　　　④ 선택지락계전기의 작동이 쉽다.

**Explanation**

소호리액터 접지
- $L-C$ 병렬공진(지락전류가 최소)
- 1선 지락 시 건전상의 전위상승 최대($\sqrt{3}$ 배 이상)
- 과도안정도 우수, 전자유도장해 최소

【답】④

**06** 3상 1회선 송전 선로에 전력을 공급하는 변압기의 중성점을 위한 소호리액터의 용량은?

① 선로 충전 용량과 같다.　　　　　② 3선 일괄의 대지 충전 용량과 같다.
③ 선간 충전 용량의 $\frac{1}{2}$이다.　　　④ 1선과 중성점 사이의 충전 용량과 같다.

**Explanation**

소호리액터의 용량(3선 일괄의 대지 충전용량)

$$Q_L = EI_L = E \times \frac{E}{\omega L} = \frac{E^2}{\frac{1}{3\omega C_s}} = 3 \times 2\pi f C_s E^2 \times 10^{-3}\,[\text{kVA}]$$

【답】②

**07** 66[kV], 60[Hz] 3상 3선식 선로에서 중성점을 소호리액터 접지하여 완전 공진상태로 되었을 때 중성점에 흐르는 전류는 몇 [A]인가? (단, 소호리액터를 포함한 영상회로의 등가 저항은 200[Ω], 중성점 잔류전압은 4,400[V]라고 한다)

① 11　　　　　　　　　　　　　　② 22
③ 33　　　　　　　　　　　　　　④ 44

**Explanation**

완전 공진 상태에서의 중성점에 흐르는 전류 : $I = \frac{E}{R}[\text{A}]$

$\therefore I = \frac{4,400}{200} = 22[\text{A}]$

【답】②

# 6 유도장해 및 안정도

## 1. 유도장해의 종류

| 종류 | 원인 | |
|---|---|---|
| 정전유도장해 | 영상전압, 상호정전용량 | 정전유도전압 $E_s = \dfrac{C_m}{C_m + C_s} E$ <br> $E_n = \dfrac{\sqrt{C_a(C_a - C_b) + C_b(C_b - C_c) + C_c(C_c - C_a)}}{C_a + C_b + C_c + C_s} \times E$ |
| 전자유도장해 | 영상전류, 상호인덕턴스 | 전자유도전압 $E_m = j\omega Ml(3I_0)$ |

## 2. 유도장해 방지대책

| 전력선측 | 통신선측 |
|---|---|
| • 이격거리 크게 <br> • 상호인덕턴스 적게 <br> • 연가 <br> • 소호리액터 접지 <br> • 고속도 차단기 설치 <br> • 지중전선로 <br> • 고속도 차단방식 <br> • 차폐선을 설치(30~50[%] 경감) | • 전력선과 교차 시 수직교차 <br> • 연피케이블 <br> • 절연변압기 <br> • 배류코일 설치 <br> • 특성이 양호한 피뢰기 시설 <br> • 소호리액터 접지 <br> • 절연성능 강화 |

## 3. 안정도의 종류

① 정태안정도(Steady-State Stability)
- 부하가 불변하는 경우나 극히 서서히 증가하는 경우 안정운전 여부
- 정태안정극한전력 : 정태안정 상태에서의 극한 전력

② 과도안정도(Transient-State Stability)
- 부하가 급변하는 경우나 사고발생 시 탈조하지 않고 운전할 수 있는 안정 상태
- 과도안정극한전력 : 과도안정 상태에서의 극한 전력

③ 동태안정도(Dynamic Stability)
- AVR(자동전압조정기)나 조속기 등의 제어효과까지 고려한 안정도

## 4. 안정도의 향상 대책

① 계통의 직렬 리액턴스를 작게
- 발전기나 변압기의 리액턴스를 작게
- 선로의 병행 회선수를 늘리거나 복도체 또는 다도체 방식 사용
- 직렬 콘덴서를 삽입하여 선로의 유도성 리액턴스에 의한 전압강하 보상

② 전압 변동을 작게
- 속응 여자 방식 채용
- 계통을 연계

③ 중간조상 방식을 채용

④ 고장전류를 줄이고 고장 구간을 신속하게 차단

- 적당한 중성점 접지 방식을 채용하여 지락전류를 작게
- 고속도 계전기, 고속도 차단기를 채용
- 고속도 재폐로 방식을 채용

### 주요 문제

**01** 송전선로에 근접한 통신선에 유도장해가 발생하였을 때, 전자유도의 원인은?
① 역상전압
② 정상전압
③ 정상전류
④ 영상전류

**Explanation**
- 전자유도장해의 원인 : 상호 인덕턴스, 영상전류
- 정전유도장해의 원인 : 상호 정전용량, 영상전압

【답】④

**02** 전력선 1선의 대지전압을 $E$, 통신선의 대지 정전용량을 $C_b$, 전력선과 통신선 사이의 상호 정전용량을 $C_{ab}$라고 하면 통신선의 정전 유도전압($E_b$)은?

① $\dfrac{C_b}{C_{ab}+C_b} \cdot E$
② $\dfrac{C_{ab}+C_b}{C_{ab}} \cdot E$
③ $\dfrac{C_{ab}+C_b}{C_b} \cdot E$
④ $\dfrac{C_{ab}}{C_{ab}+C_b} \cdot E$

**Explanation**

정전 유도 전압 $E_s = \dfrac{C_{ab}}{C_{ab}+C_b} E$

【답】④

**03** 정상적으로 운전하고 있는 전력계통에서 서서히 부하를 조금씩 증가했을 경우 안정 운전을 지속할 수 있는 능력은?
① 동태 안정도
② 정태 안정도
③ 동적 과도안정도
④ 고유 과도안정도

**Explanation**
- 정태 안정도 : 송전 계통이 불변 부하 또는 극히 서서히 증가하는 부하에 대하여 계속적으로 송전할 수 있는 능력
- 과도 안정도 : 부하의 급변 또는 사고가 발생해서 계통에 큰 충격을 주었을 경우에도 탈조하지 않고 새로운 평형 상태를 회복하여 송전을 계속할 수 있는 능력
- 동태 안정도 : AVR이나 조속기 등이 갖는 제어효과까지도 고려한 안정도

【답】②

**04** 과도 안정 극한 전력을 옳게 설명한 것은?
① 부하가 서서히 증가할 때의 극한 전력
② 부하가 변하지 않을 때의 극한 전력
③ 부하가 갑자기 증가하였을 때의 극한 전력
④ 부하가 서서히 감소할 때의 극한 전력

**Explanation**

과도 안정도 : 부하의 급변 또는 사고가 발생해서 계통에 큰 충격을 주었을 경우에도 탈조하지 않고 새로운 평형 상태를 회복하여 송전을 계속할 수 있는 능력

【답】③

## 주요 문제

**05** 송전계통에서 안정도 증진과 관계없는 것은?
① 고속 재폐로 방식 채용
② 계통의 직렬 리액턴스 감소
③ 속응 여자 방식의 채용
④ 선로의 회선수 감소

**Explanation**

안정도 향상 대책
- 직렬 리액턴스($X$)를 작게 한다.
  ① 발전기나 변압기의 리액턴스를 작게 한다.
  ② 선로의 병행 회선수를 늘리거나 복도체 또는 다도체 방식을 사용한다.
  ③ 직렬 콘덴서를 삽입하여 선로의 리액턴스를 보상한다.
- 전압 변동을 작게 한다.
  ① 속응 여자 방식의 채용
  ② 계통 연계를 한다.
- 중간 조상 방식을 채용한다.
- 고장 전류를 줄이고 고장 구간을 신속하게 차단한다.
  ① 적당한 중성점 접지 방식을 채용하여 지락 전류를 줄인다.
  ② 고속도 계전기, 고속도 차단기를 채용한다.
  ③ 고속도 재폐로 방식을 채용한다.

【답】 ④

## 7 이상전압 및 전력용 개폐장치

### 1. 이상전압
① 내부 이상전압 : 개폐서지(대책 : 개폐저항기, 서지흡수기(SA) )
　　　　　　　　무부하 충전회로 개로 시 가장 크다.(송전선 대지전압의 4배)
② 외부 이상전압 : 직격뢰, 유도뢰

### 2. 외부 이상전압에 대한 방호대책
① 가공지선
  • 직격뢰(유도뢰) 차폐
  • 전자유도장해 경감
  • 차폐각이 작을수록 차폐효과 우수(보통 30~45° 보호율 97[%])
② 매설지선 : 탑각 접지저항 값의 감소 → 역섬락 방지
③ 아킹혼, 아킹링 : 섬락 시 애자련 보호
④ 피뢰기 : 이상전압에 대해 전력기기 보호

### 3. 뇌의 계수
① 진행파
  • 반사계수 $\rho = \dfrac{Z_2 - Z_1}{Z_2 + Z_1}$, $Z_1 = Z_2$ (무반사 조건)
  • 투과계수 $\tau = \dfrac{2Z_2}{Z_1 + Z_2}$

### 4. 피뢰기
이상전압 내습 시 대지로 방전하고 그 속류를 차단. 직렬갭과 특성요소로 구성
(직렬갭 : 이상전압 내습 시 대지로 방전하고 그 속류를 차단)
① 피뢰기의 구비조건
  • 상용주파 방전 개시 전압은 높을 것
  • 충격 방전 개시 전압은 낮을 것
  • 제한전압이 낮을 것
  • 속류 차단 능력 우수
② 제한전압
  • 피뢰기 동작 중의 단자전압의 파고값
  • 충격파 전류가 흐르고 있을 때 단자전압
③ 정격전압 : 속류가 차단되는 최고의 교류전압
④ 공칭 방전전류 : 2,500[A], 5,000[A], 10,000[A]
⑤ 피뢰기의 제1보호 대상 : 전력용 변압기
⑥ 피뢰기의 충격방전개시전압 : 충격파의 최대값

⑦ 절연협조(피뢰기의 제한 전압이 기본)
- 계통 내의 각 기기, 기구 및 애자 등의 상호간에 적정한 절연 강도를 지니게끔 함으로써 계통의 설계를 합리적, 경제적으로 할 수 있게 한 것
- 피뢰기 〈 변압기 기준충격절연강도 〈 결합콘덴서 〈 선로애자

### 5. 보호계전기(정확성, 감도예민, 후비보호능력)
① 보호계전기의 시한특성
- 순한시 계전기 : 정정된 최소 동작 전류 이상의 전류가 흐르면 즉시 동작(고속도 계전기)
- 반한시 계전기 : 계전기 동작 시간과 동작 전류는 서로 반비례
- 정한시 계전기 : 정정된 값 이상의 전류가 흐르면 항상 정해진 일정시간에서 동작
- 반한시 정한시 계전기 : 동작전류가 작은 구간에서는 반한시 특성
  　　　　　　　　　　　동작전류가 큰 구간에서는 정한시 특성을 갖는 계전기

② 사고 종류에 따른 계전기
- 단락사고 : 과전류계전기(OCR)
- 지락사고 : 지락계전기(GR)
  선택지락계전기(SGR) : 2회선 이상의 선로의 고장 회선 선택 차단
- 기기보호 : 비율차동계전기(차동계전기)
  선로보호 : 거리계전기(임피던스계전기, mho계전기)
- 부족전압계전기(UVR) : 전압이 정정값 이하 시 동작, 상시전원 정전 시

③ 보호계전기 설치
- 선로 보호
  - 방사상식 : 전원 1군데 : 과전류 계전기
  　　　　　　 전원 2군데 : 과전류 계전기 + 방향 단락 계전기
  - 환상식 : 전원 1군데 : 방향 단락 계전기
  　　　　　 전원 2군데 : 방향 거리 계전기
- 기기보호
  - 발전기, 변압기 내부고장 보호 : 비율차동 계전기
  - 변압기 보호 : 부흐홀츠 계전기(변압기 주탱크와 콘서베이터를 연결하는 파이프 도중에 설치)

### 6. 전력용 개폐장치
① 단로기(DS) : 무부하 회로 개폐 장치. 부하전류 차단 불능
　　　　　　　 기기의 점검이나 수리를 위하여 회로를 분리하거나 계통의 접속을 바꾸는 데 사용
② 개폐기 : 부하전류 개폐는 가능하나 고장 전류 차단 불능
③ 차단기(CB) : 부하전류 개폐 및 고장 전류 차단
④ 인터록(Interlock) : 차단기가 열려 있어야만 단로기 조작 가능
- 급전 시 : DS → CB
- 정전 시 : CB → DS

## 7. 차단기

① 차단기의 종류

| 약호 | 명칭 | 소호 매질 |
|---|---|---|
| OCB | 유입차단기 | 절연유 |
| VCB | 진공차단기 | 진공 |
| ABB | 공기차단기 | 압축공기 |
| GCB | 가스차단기 | $SF_6$ (육불화황) |
| MBB | 자기차단기 | 자계의 전자력 |
| ACB | 기중차단기 | 공기(대기) |

※ $SF_6$ 가스의 특징
- 무색, 무취, 무독성
- 불연성, 불활성 가스
- 소호능력이 공기의 100~200배
- 절연내력이 공기의 2~3배

② 차단기의 정격차단용량(단락용량 기준)

정격차단용량[MVA] = $\sqrt{3}$ × 정격전압[kV] × 정격차단전류[kA]

③ 차단기의 정격차단시간
- 트립코일 여자에서 소호까지의 시간(3~8[Hz])
- 개극 시간과 아크 시간의 합

④ 재점호 : $C$회로(충전회로) 차단 시

## 8. 전력퓨즈(PF)

① 고전압 회로 및 기기의 단락 보호용으로 사용

② 전력용 퓨즈의 장·단점

| | |
|---|---|
| 장점 | • 소형, 경량이다.<br>• 차단 용량이 크다.<br>• 유지, 보수가 간단하다.<br>• 가격이 저렴하다.<br>• 정전용량이 작다. |
| 단점 | • 재투입이 불가능하다.<br>• 과도 전류에 용단되기 쉽다.<br>• 한류 형은 차단 시 과전압 유기할 수 있다.<br>• 계전기처럼 시한 특성을 자유롭게 할 수 없다. |

## 9. PT 및 CT 점검

① PT(계기용 변압기)
- 고전압을 저전압으로 변성하여 계기나 계전기에 공급하기 위한 목적
- 2차 전압 : 110[V]

② CT(변류기)
- 대전류를 소전류로 변성하여 계기나 계전기에 공급하기 위한 목적

- 2차 전류 : 5[A]
- 점검 시 : 2차측 단락(2차측 절연보호, 2차측 과전압 보호)

## 10. 지락사고 검출

① 영상변류기(ZCT) : 지락(영상)전류 검출 → 지락(접지)계전기
② 접지형 계기용 변압기(GPT) : 영상 전압 검출

주요 문제

**01** 개폐 서지를 흡수할 목적으로 설치하는 것의 약어는?
① SA
② CT
③ GIS
④ ATS

**Explanation**

서지흡수기(SA)
구내선로에서 발생할 수 있는 개폐서지, 순간과도전압 등으로 2차 기기에 악영향을 주는 것 방지

【답】①

**02** 가공지선을 설치하는 주된 목적은?
① 뇌해 방지
② 전선의 진동 방지
③ 철탑의 강도 보강
④ 코로나의 발생 방지

**Explanation**

가공 지선의 설치 목적
- 직격뢰 차폐
- 유도뢰에 대한 정전 차폐
- 통신선에 대한 전자유도장해 경감(지락전류의 일부가 가공지선에 흐르므로)

【답】①

**03** 다음 중 뇌해방지와 관계가 없는 것은?
① 댐퍼
② 소호환
③ 가공지선
④ 탑각접지

**Explanation**

- 가공지선 : 직격뢰, 유도뢰 차폐
- 소호각, 소호환 : 섬락 시 애자련 보호
- 매설지선, 탑각 접지저항 작게 : 역섬락 방지

여기서, 댐퍼는 선로의 진동 방지에 쓰인다.

【답】①

**04** 송전선로에서 역섬락을 방지하는 가장 유효한 방법은?
① 피뢰기를 설치한다.
② 가공지선을 설치한다.
③ 소호각을 설치한다.
④ 탑각 접지저항을 작게 한다.

**Explanation**

역섬락 방지법
- 매설지선 설치
- 탑각 접지저항 적게 함

【답】④

**05** 송전선로의 매설지선을 사용하는 주된 목적은?
① 코로나 전압을 저감시키기 위해
② 뇌해를 방지하기 위하여
③ 탑각 접지저항을 줄여서 섬락을 방지하기 위해서
④ 인축의 감전사고를 막기 위해서

**Explanation**

역섬락 방지법
- 매설지선 설치
- 탑각 접지저항 적게 함

【답】③

## 주요 문제

**06** 송전 계통에서 이상 전압의 방지 대책으로 볼 수 없는 것은?
① 철탑 접지저항의 저감
② 가공 송전선로의 피뢰용으로서의 가공지선에 의한 뇌차폐
③ 기기 보호용으로서의 피뢰기 설치
④ 복도체 방식 채택

**Explanation**

이상 전압 보호 장치 및 기능
- 가공지선 : 뇌의 차폐
- 피뢰기 : 기기(변압기) 보호
- 매설지선, 철탑 접지저항의 저감 : 역섬락 방지

여기서, 복도체 방식은 코로나 대책이다. 【답】④

**07** 파동임피던스 $Z_1$이 500[Ω]인 선로에 파동 임피던스 $Z_2$가 1,500[Ω]인 변압기가 접속되어 있다. 선로로부터 600[kV]의 전압파가 들어왔을 때 접속점에서의 투과파 전압[kV]은?
① 300
② 1,200
③ 600
④ 900

**Explanation**

투과계수 $\tau = \dfrac{2Z_2}{Z_1 + Z_2}$

투과파 전압 $e_2 = \dfrac{2Z_2}{Z_1 + Z_2} \times e_1 = \dfrac{2 \times 1,500}{500 + 1,500} \times 600 = 900[kV]$ 【답】④

**08** 임피던스 $Z_1$, $Z_2$ 및 $Z_3$을 그림과 같이 접속한 선로의 $A$ 쪽에서 전압파 $E$가 진행해 왔을 때 접속점 $B$에서 무반사로 되기 위한 조건은?

① $Z_1 = Z_2 + Z_3$
② $\dfrac{1}{Z_1} = \dfrac{1}{Z_3} - \dfrac{1}{Z_2}$
③ $\dfrac{1}{Z_1} = \dfrac{1}{Z_2} + \dfrac{1}{Z_3}$
④ $\dfrac{1}{Z_1} = -\dfrac{1}{Z_2} - \dfrac{1}{Z_3}$

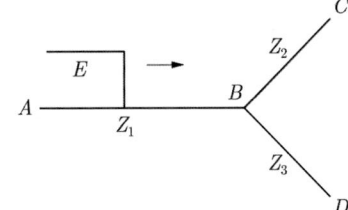

**Explanation**

- 반사 계수 : $\rho = \dfrac{Z_L - Z_o}{Z_L + Z_o}$
- 무반사 조건 : $Z_L = Z_o$

∴ $Z_1 = \dfrac{1}{\dfrac{1}{Z_2} + \dfrac{1}{Z_3}}$ 이므로 $\dfrac{1}{Z_1} = \dfrac{1}{Z_2} + \dfrac{1}{Z_3}$ 【답】③

**09** 피뢰기의 구비조건이 아닌 것은?
① 속류의 차단 능력이 충분할 것
② 충격방전 개시전압이 높을 것
③ 상용 주파 방전 개시 전압이 높을 것
④ 방전 내량이 크고, 제한전압이 낮을 것

**Explanation**

피뢰기의 구비조건
- 상용 주파 방전 개시 전압이 높을 것
- **충격방전 개시전압이 낮을 것**
- 제한전압이 낮을 것
- 속류 차단 능력이 우수할 것

【답】②

## 10 피뢰기의 직렬 갭의 역할로 옳은 것은?
① 특성요소 보호
② 전압 분배 개선
③ 손실 감소
④ 속류 차단

**Explanation**

피뢰기의 구성요소
- 직렬 갭 : 이상전압 내습 시 대지로 방전하고 속류를 차단
- 특성요소 : 방전전류의 크기를 제한

【답】④

## 11 피뢰기의 제한전압이란?
① 상용주파전압에 대한 피뢰기의 충격방전 개시전압
② 충격파 침입 시 피뢰기의 충격방전 개시전압
③ 피뢰기가 충격파 방전 종류 후 언제나 속류를 확실히 차단 할 수 있는 상용주파 최대전압
④ 충격파 전류가 흐르고 있을 때의 피뢰기 단자전압

**Explanation**

제한 전압 : 피뢰기 동작 중에 걸리는 단자 전압의 파고값
**충격파 전류가 흐르고 있을 때의 피뢰기 단자전압**

【답】④

## 12 피뢰기의 정격전압이란?
① 속류를 차단할 수 있는 최고의 교류전압
② 충격방전전류를 통하고 있을 때 단자전압
③ 방전을 개시할 때 단자전압의 순시값
④ 상용주파수의 방전개시전압

**Explanation**

피뢰기 정격전압 : 상용주파 최대 허용전압. 속류를 차단할 수 있는 최고의 교류전압

【답】①

## 13 외뢰(外雷)에 대한 주 보호장치로서 송전계통의 절연협조의 기본이 되는 것은?
① 애자
② 변압기
③ 차단기
④ 피뢰기

**Explanation**

**절연협조** : 계통 내의 각 기기, 기구 및 애자 등의 상호간에 적정한 절연 강도를 지니게 함으로써 계통 설계를 합리적, 경제적으로 할 수 있게 한 것
피뢰기의 제한전압은 절연협조의 기본이 되는 부분으로 가장 낮게 잡으며 피뢰기의 제1보호 대상은 변압기이다.

【답】④

## 14 보호 계전 방식의 구비 조건이 아닌 것은?
① 여자돌입전류에 동작할 것
② 고장 구간의 선택 차단을 신속 정확하게 할 수 있을 것
③ 과도 안정도를 유지하는 데 필요한 한도 내의 동작 시한을 가질 것
④ 적절한 후비 보호 능력이 있을 것

### Explanation

보호계전기의 구비조건
- 정확성, 신뢰성 우수
- 감도가 예민(과도전류에 동작하지 말 것)
- 속응성
- 후비보호능력

【답】①

**15** 동작전류가 커질수록 동작시간이 짧게 되는 특성을 가진 계전기는?

① 반한시 계전기
② 정한시 계전기
③ 순한시 계전기
④ 부한시 계전기

### Explanation

계전기의 시한특성
- **순한시 특성** : 최소 동작 전류 이상의 전류가 흐르면 즉시 동작, 고속도계전기
- **정한시 특성** : 동작 전류의 크기에 관계없이 일정한 시간에 동작
- **반한시 특성** : 동작 전류가 커질수록 동작 시간이 짧게 되는 특성
- **반한시성 정한시 특성** : 동작전류가 적은 구간에서는 반한시 특성
  동작전류가 큰 구간에서는 정한시 특성

【답】①

**16** 일정 값 이상의 전류가 흘렀을 때 동작하며 일명 과부하계전기라고 부르는 계전기는?

① 과전류 계전기
② 비율차동계전기
③ 차동계전기
④ 과전압계전기

### Explanation

과전류 계전기(OCR) : 일정 값 이상의 전류가 흘렀을 때 동작, 과부하계전기

【답】①

**17** 인입되는 전압이 정정값 이하로 되었을 때 동작하는 것으로서 단락 고장검출 등에 사용되는 계전기는?

① 접지 계전기
② 부족전압 계전기
③ 역전력 계전기
④ 과전압 계전기

### Explanation

- UVR(Under Voltage Relay) : 부족 전압 계전기, 전압이 정정값 이하 시 동작
- OVR(Over Voltage Relay) : 과전압 계전기, 전압이 정정값 초과 시 동작

【답】②

**18** 전원이 양단에 있는 방사상 송전선로에서 과전류 계전기와 조합하여 단락보호에 사용하는 계전기는?

① 선택지락계전기
② 방향단락계전기
③ 과전압계전기
④ 부족전류계전기

### Explanation

방사선로 단락보호
- **전원 1군데** : 과전류 계전 방식
- **전원 2군데** : **방향단락계전기** + 과전류계전기

【답】②

**19** 발전기 내부 고장에 대한 보호용으로 많이 사용되는 것은?

① 전류력계형 계전기
② 임피던스 계전기
③ 비율차동 계전기
④ 과전류 계전기

> Explanation

비율차동 계전기
- 보호 구간에 유입하는 전류와 유출하는 전류의 벡터 차와 출입하는 전류의 관계비로 동작
- 발전기, 변압기 내부고장 보호

【답】③

**20** 3상 차단기의 정격차단용량을 나타낸 것은?

① $\sqrt{3} \times$ 정격전압 $\times$ 정격전류
② $\dfrac{1}{\sqrt{3}} \times$ 정격전압 $\times$ 정격전류
③ $\sqrt{3} \times$ 정격전압 $\times$ 정격차단전류
④ $\dfrac{1}{\sqrt{3}} \times$ 정격전압 $\times$ 정격차단전류

> Explanation

3상용 차단기의 정격용량
$P_s = \sqrt{3} \times$ 정격전압 $\times$ 정격차단전류 [MVA]

【답】③

**21** 정격 전압이 24[kV], 정격 용량이 665[MVA]인 차단기가 있다. 이 차단기의 정격 차단전류는 약 몇 [kA]인가?

① 12.5
② 16
③ 25
④ 32

> Explanation

3상용 차단기의 정격 용량 $P_s = \sqrt{3} \times$ 정격전압 $\times$ 정격차단전류 [MVA]

정격 차단 전류 : $I_s = \dfrac{P_s}{\sqrt{3}\,V} = \dfrac{665 \times 10^6}{\sqrt{3} \times 24 \times 10^3} \times 10^{-3} = 16 \, [\text{kA}]$

【답】②

**22** 차단기의 정격 차단시간에 대한 정의로써 옳은 것은?

① 고장 발생부터 소호까지의 시간
② 트립 코일 여자부터 아크 소호까지의 시간
③ 트립코일 여자부터 가동접촉자 시동까지의 시간
④ 가동접촉자 시동부터 소호까지의 시간

> Explanation

차단기의 정격 차단 시간
- 트립코일 여자로부터 소호까지의 시간
- 개극 시간과 아크 시간의 합(3~8[Hz])

【답】②

**23** 수전용 변전설비의 1차 측에 설치하는 차단기의 용량은 어느 것에 의하여 정하는가?

① 수전전력과 부하율
② 수전계약용량
③ 공급 측 전원의 단락 용량
④ 부하설비용량

> Explanation

- 차단기 용량 $P_s = \sqrt{3} \times$ 정격전압 $\times$ 정격차단전류 [MVA]
- 단락 용량 $P_s = \sqrt{3} \times$ 공칭전압 $\times$ 단락전류 [MVA]
  차단기 용량 ≥ 단락 용량
따라서 차단기 용량은 단락 용량을 기준으로 선정한다.

【답】③

### 주요 문제

**24** 차단기가 전류를 차단할 때 재점호가 일어나기 쉬운 차단전류는?
① 동상전류  ② 지상전류
③ 진상전류  ④ 단락전류

**Explanation**

재점호는 콘덴서에 의한 진상전류 차단 시 발생하기 쉽다.  【답】③

**25** 그림과 같은 배전선이 있다. 부하에 급전 및 정전할 때 조작 방법으로 옳은 것은?
① 급전 및 정전할 때는 DS, CB 순으로 한다.
② 급전 및 정전할 때는 CB, DS 순으로 한다.
③ 급전시는 DS, CB 순이고, 정전시는 CB, DS 순이다.
④ 급전시는 CB, DS 순이고, 정전시는 DS, CB 순이다.

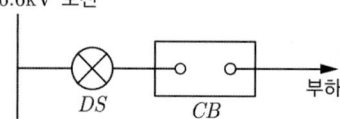

**Explanation**

인터록(Interlock) : 차단기가 열려 있어야 단로기 조작 가능
- 투입 시 : DS → CB 순
- 차단 시 : CB → DS 순  【답】③

**26** 다음 중 전력 계통에서 인터록(interlock)의 설명으로 적합한 것은?
① 차단기가 열려 있어야만 단로기를 닫을 수 있다.
② 차단기가 닫혀 있어야만 단로기를 닫을 수 있다.
③ 차단기의 접점과 단로기의 접점이 동시에 투입할 수 있다.
④ 차단기와 단로기는 각각 열리고 닫힌다.

**Explanation**

인터록(Interlock) : 차단기가 열려 있어야 단로기 조작 가능
- 투입 시 : DS – CB 순
- 차단 시 : CB – DS 순  【답】①

**27** 차단기와 차단기의 소호 매질이 틀리게 결합된 것은 어느 것인가?
① 공기차단기 – 압축 공기  ② 가스 차단기 – 냉매
③ 자기차단기 – 전자력  ④ 유입차단기 – 절연유

**Explanation**

차단기의 종류와 특징

|  | 소호 매질 |
|---|---|
| ABB 공기차단기 | 압축 공기 |
| GCB 가스 차단기 | $SF_6$ |
| OCB 유입차단기 | 절연유 |
| MBB 자기차단기 | 전자력 |
| VCB 진공차단기 | 진공 |
| ACB 기중차단기 | 대기 |

【답】②

## 주요 문제

**28** 가스차단기의 설명으로 옳은 것은?
① 소호 능력이 우수하다.
② 가스 액화에 대한 위험이 없다.
③ 고전압, 대전류 차단에 적합하다.
④ 회로 차단 시 이상전압의 발생이 적다.

**Explanation**

$SF_6$(육불화황) 가스차단기(GCB)
- 밀폐구조(소음이 없고 안전)
- 신뢰성우수
- 절연내력은 공기의 2 ~ 3배 이상 : 차단기 소형화 가능
- 근거리 고장 등에도 차단 성능우수

여기서 가스는 액화에 대한 위험이 있다.  【답】②

**29** 전력용 퓨즈는 주로 어떤 전류의 차단을 목적으로 사용하는가?
① 지락전류
② 단락전류
③ 과도전류
④ 과부하전류

**Explanation**

전력 퓨즈(PF : Power Fuse) : 단락전류 차단  【답】②

**30** 전력용 퓨즈의 설명으로 옳지 않은 것은?
① 소형으로 큰 차단용량을 갖는다.
② 가격이 싸고 유지 보수가 간단하다.
③ 밀폐형 퓨즈는 차단 시에 소음이 없다.
④ 과도 전류에 의해 쉽게 용단되지 않는다.

**Explanation**

전력 퓨즈(PF : Power Fuse) : 단락전류 차단
- 장점
  ① 소형, 경량
  ② 차단 용량이 크다.
  ③ 보수가 간단
  ④ 가격이 저렴
  ⑤ 정전용량이 작다.
- 단점
  ① 재투입이 불가능
  ② 과도 전류에 용단되기 쉽다.
  ③ 한류형은 차단 시 과전압 유기
  ④ 고임피던스 접지 계통은 보호할 수 없다.
  ⑤ 계전기처럼 시한 특성을 자유롭게 할 수 없다.  【답】④

**31** 변류기의 2차측 외부를 변류기와 분리할 때 변류기의 2차측에 과전압이 유도되는 것을 방지하기 위한 조치로 옳은 것은?
① 2차 측 각 단자를 단락시킨다.
② 2차 측 각 단자를 절연시킨다.
③ 2차 측 각 단자를 고저항으로 연결한다.
④ 2차 측 각 단자를 개방한다.

**Explanation**

계기용 변성기 점검
- PT(계기용 변압기) : 2차측 개방(2차측 과전류 보호)
- CT(변류기) : 2차측 단락(2차측 과전압보호, 2차측 절연보호)  【답】①

### 주요 문제

**32** 영상변류기와 관계가 가장 깊은 계전기는?
① 차동계전기
② 과전류계전기
③ 과전압계전기
④ 선택접지계전기

**Explanation**

영상변류기(ZCT) : 영상(지락)전류 검출
지락(접지)계전기와 연결

【답】④

**33** 여러 회선의 비접지 3상 3선식 배전선로에 선택지락계전기를 사용하여 선택지락보호를 하려고 할 때 필요한 것은?
① PT – CT
② GPT – CT
③ GPT – ZCT
④ PT – ZCT

**Explanation**

사고 별 보호 계전기
- 단락 사고 : 과전류 계전기(OCR)
- 지락 사고 : 지락 계전기(GR), 선택 지락 계전기(SGR)
  - 영상 변류기(ZCT) : 영상(지락)전류 검출
  - GPT(접지형 계기용 변압기) : 영상 전압 검출

【답】③

**34** 계기용 변성기가 아닌 것은?
① 계기용 변류기
② 계기용 변압기
③ 영상 변류기
④ 보호 계전기

**Explanation**

계기용변성기
- PT(계기용 변압기) : 고전압을 저전압으로 변성
- CT(변류기) : 대전류를 소전류로 변성
- GPT(접지형계기용변압기) : 영상전압 검출
- ZCT(영상변류기) : 지락(영상)전류 검출

【답】④

## 8 배전선로 공급방식

### 1. 배전방식

| 저압 뱅킹방식 | • 전압변동이 적고 전력손실이 적다.<br>• 부하증가에 대한 융통성 향상<br>• 저압선의 동량이 절감되고 변압기의 용량이 저감<br>• 플리커 경감<br>• 단점 : 캐스케이딩 현상 발생(저압선의 고장으로 건전한 변압기 일부 또는 전부가 차단되는 현상) |
|---|---|
| 저압 네트워크방식 | • 무정전 전원 공급방식<br>• 전압변동이 적다.<br>• 공급 신뢰도가 가장 우수<br>• 단점 : 인축의 감전사고 증가 |

### 2. 공급방식별 비교(부하 기준)

| 방식 | 중량비(전력손실비) | |
|---|---|---|
| 단상 2선식 | 1 | 24 |
| 단상 3선식 | $\frac{3}{8}$ | 9 |
| 3상 3선식 | $\frac{3}{4}$ | 18 |
| 3상 4선식 | $\frac{1}{3}$ | 8 |

☞ 배전방식 : 3상 4선식(1선당 공급전력이 크고 중량비가 적다)
☞ 송전방식 : 3상 3선식(송전은 부하가 없으므로 중성선이 필요치 않음 → 3상 3선 식이 유리하며 1선당 송전전력이 최대가 된다.)

### 3. 단상 3선식

① 결선조건
  • 2차 측 중성선에는 퓨즈를 삽입하지 말 것
  • 2차 측 중성선에는 접지 공사를 할 것
  • 개폐기는 동시 동작형 개폐기 사용할 것
② 중성선 단선 시 전압불평형 발생(대책 : 저압밸런서)

### 4. 배전선로 전압조정

① 승압기
② 유도전압조정기(부하변동이 심한 경우)
③ 주상변압기 탭(tap) 조정

### 5. 배전선로 손실 경감 대책

① 역률 개선
② 승압
③ 부하 불평형 방지

## 6. 배전보호협조

① R-S-F(순서반드시 지킬 것)

② R(Recloser) : 리클로저, 자동재폐로 차단기

③ 섹셔널라이저(Sectionalizer)
- 선로 고장발생 시 타 보호기기와의 협조에 의해 고장 구간을 신속히 개방하는 자동구간 개폐기
- 고장전류 차단능력이 없으므로 리클로져와 직렬로 조합하여 사용

## 7. 플리커 현상

① 전압의 동요로 인해 발생하는 빛의 명멸 현상

② 플리커 방지 대책
- 전용계통에서 공급
- 전용변압기
- 단락용량이 큰 계통에서 공급

주요 문제

**01** 저압뱅킹 배전방식에서 저전압 측의 고장에 의하여 건전한 변압기의 일부 또는 전부가 차단되는 현상은?

① 아킹(Arcing)  ② 플리커(Flicker)
③ 밸런서(Balancer)  ④ 캐스케이딩(Cascading)

**Explanation**

저압 뱅킹 방식 : 부하가 밀집된 시가지(부하증가에 대한 탄력성)
단점 : 캐스케이딩 현상 발생
　　　(저압선의 일부 고장으로 건전한 변압기의 일부 또는 전부가 차단되는 현상) 【답】④

**02** 저압 네트워크 배전 방식의 장점으로 옳은 것은?

① 전압 강하가 크다.  ② 인축의 접지사고가 거의 없다.
③ 무정전 공급이 가능하여 신뢰도가 높다.  ④ 부하의 증가에 대한 적응성이 작다.

**Explanation**

저압 네트워크 방식
• 무정전 공급 방식(공급 신뢰도가 가장 우수)
• 공급 신뢰도가 가장 좋고 변전소의 수를 줄일 수 있다.
• 전압 강하, 전력손실이 적다.
• 부하 증가 대응 우수
단점
• 설비비 고가
• 인축의 접지 사고
• 고장 시 고장전류 역류 【답】③

**03** 역률이 1.0인 전등 부하의 배전방식을 동일한 전력 및 동일한 전력 손실의 조건으로 단상 2선식에서 단상 3선식으로 변경하였을 때, 단상 3선식 선로에 흐르는 전류를 나타낸 것으로 옳은 것은?(단, 중성선에는 전류가 흐르지 않는다고 하고, $I_1$는 단상 2선식 선로에 흐르는 전류이다)

① $\frac{1}{2}I_1$  ② $\frac{1}{\sqrt{3}}I_1$
③ $\frac{1}{3}I_1$  ④ $\frac{1}{\sqrt{2}}I_1$

**Explanation**

공급전력 및 전압, 역률이 동일하므로
$VI_1\cos\theta = 2VI_3\cos\theta$
∴ $I_1 = 2I_3$ 에서 $I_3 = \frac{1}{2}I_1$ 【답】①

**04** 동일한 전력을 거리, 역률, 전압 및 전선이 동일한 상태에서 송전하는 경우, 3상 3선식에 대한 단상 3선식의 전력손실 비율은?

① $\frac{3}{4}$  ② $\frac{1}{4}$
③ $\frac{1}{2}$  ④ $\frac{1}{3}$

**Explanation**

## 주요 문제

중량비가 동일하다면 전력손실비는 중량비와 동일하므로

$$\frac{\text{단상 3선식}}{\text{3상 3선식}} = \frac{\frac{3}{8}}{\frac{3}{4}} = \frac{1}{2}$$

【답】③

**05** 단상 2선식 저압 배전선로를 같은 전선으로 단상 3선식으로 변경하였다. 전압강하율은 변경 전에 비해서 어떻게 되는가?(단, 단상 2선식 전압과 단상 3선식 상전압은 같고, 단상 3선식에서 각 상의 부하는 동일하다. 부하의 역률은 1.0이고, 선로의 리액턴스는 무시한다)

① $\frac{1}{2}$
② $\frac{1}{3}$
③ $\frac{1}{4}$
④ $\frac{1}{9}$

**Explanation**

단상 3선식의 장점
① 2종의 전원을 얻을 수 있다(110[V], 220[V]).
② 2종의 전원은 전압이 2배 상승한 것으로 보면
- 전압 강하가 적다. ($e \propto \frac{1}{V} = \frac{1}{2}$)
- 전압 강하율이 적다. ($\delta \propto \frac{1}{V^2} = \frac{1}{4}$)
- 전력 손실이 적다. ($P_l \propto \frac{1}{V^2} = \frac{1}{4}$) : 전력손실이 적으므로 효율이 우수하다.

【답】③

**06** 교류 저압 배전방식에서 밸런서를 필요로 하는 방식은?

① 단상 2선식
② 단상 3선식
③ 3상 3선식
④ 3상 4선식

**Explanation**

단상 3선식
- 전선 소모량이 단상 2선식에 비해 37.5[%](경제적)
- 110/220의 2종의 전원
- **중성선 단선 시 전압의 불평형 → 저압 밸런서의 설치**

【답】②

**07** 배전선로에서 사용하는 전압 조정방법이 아닌 것은?

① 승압기 사용
② 병렬콘덴서 사용
③ 저전압계전기 사용
④ 주상변압기 탭 전환

**Explanation**

배전선로 전압조정장치
- 승압기
- 유도전압조정기(부하에 따라 전압 변동이 심한 경우)
- 주상변압기 탭 조정

【답】③

**08** 배전선로의 손실경감과 관계없는 것은?

① 배전 전압의 승압
② 역률 개선
③ 대용량 변압기 채용
④ 배전 선로의 전류 밀도 평형

> **Explanation**

배전선로 전력 손실 경감대책
- 역률 개선(전력용 콘덴서의 설치)
- 승압
- 부하 불평형 방지(배전 선로의 전류 밀도 평형)

**【답】③**

**09** 리클로저에 대한 설명으로 가장 옳은 것은?

① 배전선로용은 고장구간을 고속 차단하여 제거한 후 다시 수동조작에 의해 배전이 되도록 설계된 것이다.
② 재폐로 계전기와 함께 설치하여 계전기가 고장을 검출하고 이를 차단기에 통보, 차단하도록 된 것이다.
③ 3상 재폐로 차단기는 1상의 차단이 가능하고 무전압 시간을 약 20~30초로 정하여 재폐로 하도록 되어 있다.
④ 배전선로의 고장구간을 고속 차단하고 재송전하는 조작을 자동적으로 시행하는 재폐로 차단장치를 장비한 자동차단기이다.

> **Explanation**

리클로저(자동 재폐로 차단기)
배전 선로의 고장구간을 고속 차단하고 재송전하는 조작을 자동적으로 시행하는 재폐로 차단 장치를 장비한 자동 차단기
3상 일괄 개폐

**【답】④**

**10** 플리커 경감대책 중 전력 공급 측에서 실시하는 방법으로 옳지 않은 것은?

① 단락용량이 작은 계통에서 공급한다.
② 공급 전압을 승압한다.
③ 전용 변압기로 공급한다.
④ 전용 계통으로 공급한다.

> **Explanation**

플리커 경감 대책 - 전력 공급 측
- 전용 계통으로 공급
- 단락 용량이 큰 계통에서 공급
- 전용 변압기로 공급
- 공급 전압을 승압

**【답】①**

**11** 주상변압기에 설치하는 캐치홀더는 어느 부분에 직렬로 삽입하는가?

① 1차 측 1선
② 1차 측 양선
③ 2차 측 접지된 선
④ 2차 측 비접지된 선

> **Explanation**

주상 변압기의 보호 장치
- 1차측 : COS(Cut Out Switch) 또는 PC(Primary Cut Out Switch)
- 2차측 : Catch Holder(캐치홀더)

**【답】④**

**12** 주상 변압기의 1차(고압) 측에 사용되는 보호 장치는?

① 컷 아웃 스위치
② 병렬 리액터
③ CF 차단기
④ 캐치 홀더

> **Explanation**

주상 변압기의 보호 장치
- 1차측 : COS(Cut Out Switch, 컷 아웃 스위치)
- 2차측 : Catch Holder(캐치홀더)

**【답】①**

## 9 배전선로 계산

### 1. 수전설비 용량 계산

① 수용률 $= \dfrac{\text{최대수용전력}}{\text{부하설비용량}} \times 100[\%]$

② 부하율 $= \dfrac{\text{평균전력}}{\text{최대전력}} \times 100 = \dfrac{\text{사용전력량/시간}}{\text{최대전력}} \times 100[\%]$

③ 부등률 $= \dfrac{\text{각개별 수용가 최대수용전력의 합}}{\text{합성최대전력}} \geq 1$

전기기기가 동시에 사용되는 정도

최대 전력의 발생시각 또는 발생시기의 분산을 나타내는 지표

### 2. 변압기 용량 산정

$$[kVA] = \dfrac{\text{설비용량} \times \text{수용률}}{\text{역률} \times \text{부등률}}$$

3상 변압기 용량($K$는 단상 변압기 1대 용량)

$P_{\triangle, Y} = 3K$

$P_V = \sqrt{3}\,K$

### 3. 손실계수와 부하율의 관계

① 손실계수($H$) $= \dfrac{\text{평균전력손실}}{\text{최대전력손실}} \times 100 = \dfrac{\text{사용전력손실량/시간}}{\text{최대전력손실}} \times 100$

② 부하율과 손실계수와의 관계 : $0 \leq F^2 \leq H \leq F \leq 1$

## 주요 문제

**01** 단상2선식 교류 배전선로가 있다. 전선의 1가닥 저항이 0.15[Ω]이고, 리액턴스는 0.25[Ω]이다. 부하는 순저항부하이고 100[V], 3[kW]이다. 급전점의 전압[V]은 약 얼마인가?

① 105  
② 110  
③ 115  
④ 124  

**Explanation**

송전단 전압 $V_s = V_r + 2I(R\cos\theta + X\sin\theta)$에서 무유도성($\cos\theta = 1$)이므로

$V_s = V_r + 2I(R\cos\theta + X\sin\theta) = 100 + 2 \times \dfrac{3{,}000}{100} \times 0.15 = 109[\text{V}]$

【답】②

**02** 첨두부하가 커지면 부하율은 어떻게 되는가?(단, 평균전력은 동일하다)

① 변하지 않고 일정하다.  
② 낮아진다.  
③ 높아진다.  
④ 부하의 종류에 따라 달라진다.  

**Explanation**

부하율=부하율 = $\dfrac{\text{평균 전력}}{\text{최대 전력}} \times 100[\%]$에서

첨두부하가 커지면 즉, 최대전력은 커지고 평균전력은 변화가 크지 않은 경우 부하율은 낮아진다.

【답】②

**03** 최대 전력의 발생시각 또는 발생시기의 분산을 나타내는 지표는?

① 부등률  
② 부하율  
③ 수용률  
④ 전일효율  

**Explanation**

부등률 = $\dfrac{\text{각 개별 최대 수용 전력의 합}}{\text{합성 최대 전력}} \geq 1$

최대 전력이 발생하는 시간이 부하마다 다름(최대 전력의 발생시각 또는 발생시기의 분산을 나타내는 지표)

【답】①

**04** 연간 최대 수용전력이 60[kW], 75[kW], 80[kW], 105[kW]인 4개의 수용가를 합성한 연간 최대 수용 전력이 250[kW]이다. 이 수용가의 부등률은 얼마인가?

① 1.2  
② 1.3  
③ 1.4  
④ 1.5  

**Explanation**

부등률 = $\dfrac{\text{개개의 최대 수용 전력의 합}}{\text{합성 최대 수용 전력}}$

$= \dfrac{60+75+80+105}{250} = 1.28$

【답】②

**05** 다음 중 그 값이 1 이상인 것은?

① 부등률  
② 부하율  
③ 수용률  
④ 전압강하율  

**Explanation**

부등률 = $\dfrac{\text{각 개별 최대 수용 전력의 합}}{\text{합성 최대 전력}} \geq 1$

최대 전력이 발생하는 시간이 부하마다 다름(최대 전력의 발생시각 또는 발생시기의 분산을 나타내는 지표)

【답】①

### 주요 문제

**06** 총 설비용량은 800[kW], 수용률은 0.5인 건물의 변압기 용량은 몇 [kVA]인가?(단, 부하역률은 0.8이다)

① 200　　　　　　　　　② 250
③ 350　　　　　　　　　④ 500

**Explanation**

변압기 용량[kVA] = $\dfrac{\text{설비용량} \times \text{수용률}}{\text{부등률} \times \text{역률}} = \dfrac{800 \times 0.5}{0.8} = 500[\text{kVA}]$

【답】④

**07** 어떤 공장의 저압 간선의 부하설비 용량이 100[kW], 150[kW], 200[kW]이고, 수용률이 모두 50[%]이고, 각 저압 간선 사이의 부등률이 1.2일 때 이 공장의 수전설비(변압기)의 최소 용량은 약 몇 [kVA]인가?(단, 평균 부하 역률은 80[%]이다)

① 235　　　　　　　　　② 160
③ 470　　　　　　　　　④ 355

**Explanation**

변압기 용량 [kVA] = $\dfrac{\text{설비용량} \times \text{수용률}}{\text{부등률} \times \text{역률}} = \dfrac{(100+150+200) \times 0.5}{1.2 \times 0.8} = 234.38[\text{kVA}]$

【답】①

**08** 100[kVA] 단상변압기 3대를 △ − △ 결선으로 사용하다가 1대의 고장으로 V−V결선으로 사용하면 약 몇 [kVA] 부하까지 사용할 수 있는가?

① 150　　　　　　　　　② 173
③ 225　　　　　　　　　④ 300

**Explanation**

V결선 출력
$P_V = \sqrt{3}\,K = \sqrt{3} \times 100 = 173[\text{kVA}]$　　여기서, $K$는 변압기 1대 용량

【답】②

**09** 다음 중 배전선로의 부하율이 $F$일 때 손실계수 $H$와의 관계로 옳은 것은?

① $H = F$　　　　　　　　② $H = \dfrac{1}{F}$
③ $H = F^3$　　　　　　　④ $0 \leq F^2 \leq H \leq F \leq 1$

**Explanation**

부하율과 손실계수의 관계 : $0 \leq F^2 \leq H \leq F \leq 1$

【답】④

## 10 역률개선

### 1. 승압기(단권변압기)

- 승압 전압 : $V_h = \left(1 + \dfrac{n_2}{n_1}\right) V_l = \left(1 + \dfrac{1}{a}\right) V_l$

- $\dfrac{자기용량}{부하용량} = \dfrac{e_2 I_2}{V_h I_2} = \dfrac{e_2}{V_h} \fallingdotseq \dfrac{V_h - V_l}{V_h}$ , 부하용량 = 자기용량 $\times \dfrac{V_h}{e_2}$

### 2. 역률 개선용 콘덴서 용량

① $Q_c = P(\tan\theta_1 - \tan\theta_2) = P\left(\dfrac{\sin\theta_1}{\cos\theta_1} - \dfrac{\sin\theta_2}{\cos\theta_2}\right)$ [kVA]

② 역률 개선의 효과
- 전압강하 감소
- 전력손실 감소 ($P_l \propto \dfrac{1}{\cos^2\theta}$)
- 설비용량의 여유분 증가
- 전기요금 절감

### 3. 감전 방지
① 누전차단기 설치
② 외함에 접지
③ 저전압 사용

## 주요 문제

**01** 단상 승압기 1대를 사용하여 승압할 경우 승압기의 전압을 $E_1$이라 하면, 승압 후의 전압 $E_2$는 어떻게 되는가? 단, 승압기의 변압비는 $\dfrac{전원측전압}{부하측전압} = \dfrac{e_1}{e_2}$ 이다.

① $E_2 = E_1 + e_1$
② $E_2 = E_1 + e_2$
③ $E_2 = E_1 + \dfrac{e_2}{e_1} E_1$
④ $E_2 = E_1 + \dfrac{e_1}{e_2} E_1$

**Explanation**

단권변압기

$\dfrac{V_h}{V_l} = \dfrac{n_1 + n_2}{n_1} = \left(1 + \dfrac{n_2}{n_1}\right)$ 에서

$\dfrac{E_2}{E_1} = \dfrac{n_1 + n_2}{n_1} = \left(\dfrac{e_1 + e_2}{e_1}\right) = \left(1 + \dfrac{e_2}{e_1}\right)$

따라서 $E_2 = E_1 + \dfrac{e_2}{e_1} E_1$

【답】③

**02** 3,300/220[V]의 단상 승압기를 그림과 같이 접속하여 60[kW], 역률 0.85의 부하에 공급하는 전압을 상승시킬 경우 승압기의 용량은 약 몇 [kVA]인가?

① 6
② 5
③ 4
④ 3

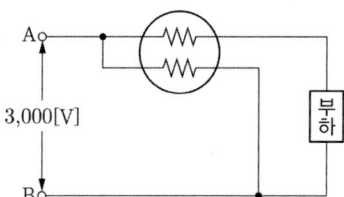

**Explanation**

승압기

$\dfrac{V_h}{V_l} = \dfrac{n_1 + n_2}{n_1} = \left(1 + \dfrac{1}{a}\right)$

$V_h = \left(1 + \dfrac{1}{n}\right) V_l = 3,000\left(1 + \dfrac{220}{3,300}\right) = 3,200[V]$

$\dfrac{자기용량}{부하용량} = \dfrac{e_2}{V_h} ≒ \dfrac{V_h - V_l}{V_h}$

따라서 자기용량[kVA] = 부하용량[kVA] $\times \dfrac{e_2}{V_h} = \dfrac{60}{0.85} \times \dfrac{220}{3,200} = 4.85[kVA]$

따라서 승압기의 자기용량은 5[kVA]로 정한다.

【답】②

**03** 3,000[kW], 역률 80[%](뒤짐)의 부하에 전력을 공급하고 있는 변전소에 전력용 콘덴서를 설치하여 변전소에서의 역률을 90[%]로 향상시키는 데 필요한 전력용 콘덴서의 용량은 약 몇 [kVA]인가?

① 600
② 700
③ 800
④ 900

**Explanation**

전력용 콘덴서의 용량 $Q_c = P(\tan\theta_1 - \tan\theta_2)$

$Q_c = 3,000 \times \left(\dfrac{0.6}{0.8} - \dfrac{\sqrt{1 - 0.9^2}}{0.9}\right) ≒ 800[kVA]$

【답】③

## 주요 문제

**04** 뒤진 역률 80[%], 10[kVA]의 부하를 가지는 주상변압기의 2차측에 2[kVA]의 전력용 콘덴서를 접속하면 주상변압기에 걸리는 부하는 약 몇 [kVA]가 되겠는가?

① 8 　　　② 8.5
③ 9 　　　④ 9.5

**Explanation**

변압기에 걸리는 부하 $P_a'$[kVA]
$P_a' = \sqrt{P_1^2 + (Q-Q_c)^2}$
　　$= \sqrt{8^2 + (6-2)^2} = 9$[kVA]

【답】③

**05** 동일한 전압에서 동일한 전력을 송전할 때 역률을 0.6에서 0.93으로 개선하면 전력손실은 개선 전의 약 몇 [%]가 되는가?

① 35 　　　② 42
③ 58 　　　④ 65

**Explanation**

선로손실 $P_l = I^2 R = (\dfrac{P}{V\cos\theta})^2 \times R = \dfrac{P^2 R}{V^2 \cos^2\theta} \propto \dfrac{1}{\cos^2\theta}$

$P_l = \dfrac{1}{\left(\dfrac{0.93^2}{0.6^2}\right)} = \dfrac{0.36}{0.87} \times 100 = 42$[%]

【답】②

**06** 배전선로의 역률개선에 따른 효과로 적합하지 않은 것은?

① 전원측 설비의 이용률 향상　　② 선로절연에 요하는 비용 절감
③ 전압강하 감소　　　　　　　　④ 선로의 전력손실 경감

**Explanation**

**역률 개선의 효과**
- 전력 손실 경감
- 전압 강하 경감
- 설비 용량의 여유분 증가
- 전력 요금의 절약

【답】②

**07** 그림과 같이 접지공사가 시공된 기기의 외함에서 누전 되었을 때 지락전류 $I$[A]는?

① $\dfrac{V}{R_2}$

② $\dfrac{V}{R_2 + R_3}$

③ $\dfrac{V}{R_3}$

④ $(\dfrac{1}{R_2} + \dfrac{1}{R_3})V$

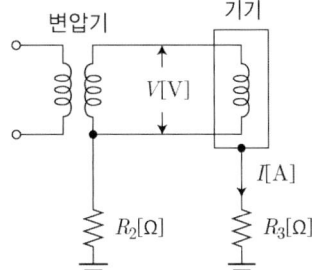

**Explanation**

저압회로의 지락전류 $I = \dfrac{V}{R_2 + R_3}$

【답】②

## 11 수력발전

### 1. 동수력학
연속의 정리 $Q = A_1 v_1 = A_2 v_2 =$ 일정

### 2. 수력발전소의 출력
① 이론상 출력 $P = 9.8 QH$ [kW]
② 실제상 출력 $P = 9.8 QH \eta_t \eta_G = 9.8 QH \eta$ [kW]

### 3. 유량을 표시하는 곡선
※ 하천의 유량을 나타내는 곡선으로는 적산 유량곡선, 유황곡선 등이 있다.
① 적산 유량곡선 : 댐 설계와 저수지 용량 결정에 사용
② 유황곡선
- 평수량 : 1년 365일 중 185일은 이것보다 내려가지 않는 유량
- 저수량 : 1년 365일 중 275일은 이것보다 내려가지 않는 유량
- 갈수량 : 1년 365일 중 355일은 이것보다 내려가지 않는 유량

### 4. 취수구
제수문 : 하천의 물을 수로에 유입시키기 위한 설비(유량 조절)

### 5. 수조(tank) : 수로와 수압관을 연결
① 조압수조 : 부하 변동 시 발생하는 수격작용을 완화, 흡수하여 수압관을 보호

### 6. 수차 : 물의 속도 에너지를 기계 에너지로 변환
① 펠턴 수차(충동수차) : 노즐의 분사물이 버킷에 충돌하여 이 충동력으로 러너가 회전(특유속도 최저)
- 300[m] 이상의 고낙차
② 반동수차 : 압력과 속도에너지를 가지고 있는 유수를 러너에 작용시켜 반동력으로 회전
- 프란시스 수차 : 10~300[m], 중낙차
- 프로펠러 수차 : 러너 날개 고정, 효율 최저, 80[m] 이하의 저낙차(특유속도 최대)
- 튜블러(원통형) 수차 : 10[m] 정도 저낙차, 조력발전용
- 흡출관 : 낙차를 높이는 데 목적

### 7. 수차특성 및 조속기
① 수차의 특유속도 : $N_s = N \dfrac{P^{\frac{1}{2}}}{H^{\frac{5}{4}}}$ [rpm]

- 특유속도 최고 : 프로펠러수차
- 특유속도 최저 : 펠턴수차

② 조속기 : 부하 변동에 따라서 유량을 자동으로 가감

## 주요 문제

**01** 그림에서 A, B 두 지점의 단면적을 각각 1.2[m²], 0.4[m²]이라 하고 A에서의 유속 $v_1$을 0.3[m/sec]라 할 때 B에서의 유속 $v_2$는 몇 [m/sec]이겠는가?

① 0.9
② 1.2
③ 3.6
④ 4.8

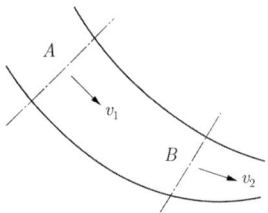

**Explanation**

연속의 정리 : 어느 지점에서나 유량은 같다.
유량 $Q[\text{m}^3/\text{sec}] = A[\text{m}^2] \times v[\text{m/sec}]$
따라서 $Q = v_1 A_1 = v_2 A_2 [\text{m}^3/\text{sec}] =$ 일정
연속의 정리에 의해 $v_1 A_1 = v_2 A_2$이다.
그러므로 $v_2 = \dfrac{A_1}{A_2} v_1 = \dfrac{1.2}{0.4} \times 0.3 = 0.9 [\text{m/sec}]$

【답】①

**02** 수력발전소의 댐 설계 및 저수지 용량 등을 결정하는 데 가장 적합하게 사용되는 것은?

① 유황곡선
② 유량도
③ 수위-유량곡선
④ 적산유량곡선

**Explanation**

적산 유량 곡선 : 매일의 수량을 차례로 적산해서 가로축에 일수를, 세로축에 적산 수량을 그린 그림
수력 발전소의 댐(Dam)의 설계 및 저수지의 용량 등을 결정하는 데 사용

【답】④

**03** 유효낙차 50[m], 최대 사용 수량 50[m³/s], 수차 및 발전기의 합성효율이 80[%]인 수력발전소의 최대출력은 약 몇 [kW]인가?

① 11,760
② 23,520
③ 19,600
④ 15,680

**Explanation**

수력발전소 출력 $P = 9.8 Q H \eta_t \eta_g$ [kW]
$P = 9.8 \times 50 \times 50 \times 0.8 = 19,600$ [kW]

【답】③

**04** 수압관 내의 평균 유속은 $v$[m/s], 사용 유량을 $Q$[m³/s], 관의 직경을 $D$[m]라고 할 때 사용유량($Q$)을 나타낸 것으로 옳은 것은?

① $4\pi \cdot D \cdot v$
② $4\pi \cdot D^2$
③ $\dfrac{\pi}{4} \cdot D^2 \cdot v$
④ $\dfrac{4}{\pi} \cdot D^2 \cdot v$

**Explanation**

유량 $Q[\text{m}^3/\text{sec}] = A[\text{m}^2] \times v[\text{m/sec}]$
$Q = Av = \pi r^2 v = \pi \left(\dfrac{D}{2}\right)^2 V = \dfrac{1}{4}\pi D^2 \cdot v [\text{m}^3/\text{s}]$

【답】③

## 주요 문제

**05** 저수지에서 취수구에 제수문을 설치하는 목적은?
① 낙차를 높인다.  ② 어족을 보호한다.
③ 수차를 조절한다.  ④ 유량을 조절한다.

**Explanation**

제수문의 설치 목적 : 취수구에 설치하여 유량을 조절하기 위함  【답】 ④

**06** 수력발전소에서 조압수조를 설치하는 목적은?
① 토사의 제거  ② 유량의 조절
③ 수격작용의 완화  ④ 부유물의 제거

**Explanation**

조압 수조(surge tank)
부하 변동 시 수압(수격작용)을 완화시켜 수압 철관을 보호하기 위한 수조  【답】 ③

**07** 반동수차의 일종으로 주요부분은 러너, 안내날개, 스피드링 및 흡출관 등으로 되어 있으며 50~500[m] 정도의 중낙차 발전소에 사용되는 수차는?
① 카플란 수차  ② 프란시스 수차
③ 펠턴 수차  ④ 튜블러 수차

**Explanation**

프란시스(Francis) 수차
- 대표적인 반동수차
- 유지보수가 용이하고 공사비가 저렴
- 중낙차에 사용  【답】 ②

**08** 다음 중 특유 속도가 가장 작은 수차는?
① 프로펠러 수차  ② 프란시스 수차
③ 펠턴 수차  ④ 카플란 수차

**Explanation**

특유 속도는 $N_s = N\dfrac{P^{\frac{1}{2}}}{H^{\frac{5}{4}}}$ 이며($N$ : 회전속도, $P$ : 출력, $H$ : 낙차)

따라서 낙차가 높을수록 특유 속도는 낮으며
펠턴 수차가 낙차가 가장 높으므로 특유 속도가 최소가 된다.  【답】 ③

# 12 화력발전

1. 열역학

① 열량계산
- 1[kWh]=860[Kcal]
- 1[BTU]=0.252[kcal]=252[cal]

② 엔탈피 : 증기 1[kg]이 보유한 열량[kcal/kg] (액체열과 증발열의 합)

2. 화력 발전의 열사이클

① 랭킨사이클 : 가장 기본적인 사이클
   급수펌프 → 보일러 → 과열기 → 터빈 → 복수기 → 다시 급수펌프로

② 재생사이클 : 터빈의 중도에서 증기를 뽑아내어 급수를 예열하는 사이클(복수기의 소형화, 저압터빈의 소형화)

③ 재열사이클 : 터빈에서 팽창된 증기를 보일러로 되돌려 보내 다시 가열하는 방식(터빈 날개의 부식 방지, 열효율 향상)

④ 재생·재열 사이클 : 가장 열효율이 좋은 사이클, 대용량발전소에 채용

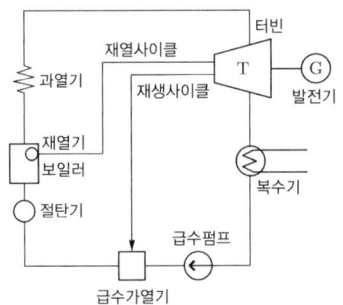

※ 화력발전소 열사이클 향상
- 고온고압의 증기 사용
- 절탄기, 공기예열기 설치
- 재열, 재생, 재열재생 사이클 채용

3. 보일러의 부속설비

① 재열기 : 고압 터빈 내에서 팽창된 증기를 다시 가열하는 설비
② 절탄기 : 배기가스의 여열을 이용하여 보일러 급수를 예열하는 여열회수장치 (연료 절약)
③ 공기예열기 : 연도가스의 나머지 여열을 이용하여 연소용 공기를 예열하는 장치, 연료 소모량 감소, 연도의 맨끝에 시설

4. 화력 발전소의 효율

$$\eta_G = \frac{860Pt}{MH} \times 100[\%]$$

여기서, $H$ : 발열량[kcal/kg], $M$ : 연료량[kg], $W$ : 전력량[kWh]

## 주요 문제

**01** 1[BTU]는 몇 [cal]인가?
① 232 ② 242
③ 252 ④ 262

**Explanation**

열량 환산
- 1[J]=0.24[kcal]
- 1[kWh]=860[kcal]
- 1[BTU]=0.252[kcal]=252[cal]

여기서, [BTU]는 British Thermal Unit으로 질량 1파운드의 물을 1[atm] 하에 60.5[°F]에서 61.5[°F]까지 온도를 올리는 데 필요한 열량

【답】③

**02** 그림과 같은 열 사이클의 명칭은?
① 랭킨 사이클 ② 재생 사이클
③ 재열 사이클 ④ 재생재열 사이클

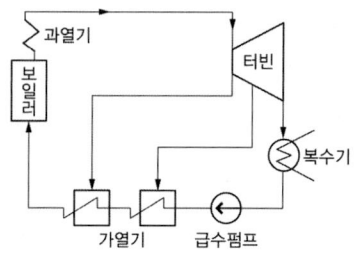

**Explanation**

- 재생 사이클 : 단열 팽창도중 증기의 일부를 추기하여 보일러 급수를 가열하여 복수 열손실을 회수하는 사이클로서 급수 가열기가 있는 시스템
- 재열 사이클 : 고압 터빈을 돌리고 나온 증기를 전부 추출해서 보일러의 재열기로 증기를 다시 최초의 과열 증기 온도 부근까지 가열시켜서 터빈 저압단에 공급하는 것으로 재열기가 있는 시스템
- 재열재생 사이클 : 재생 사이클과 재열 사이클의 결합(재열기+급수 가열기)

【답】②

**03** 열사이클의 효율을 올리는 방법과 거리가 먼 것은?
① 절탄기 설치 ② 저압저온 이용
③ 재생사이클 채용 ④ 과열증기 사용

**Explanation**

화력 발전소 열효율 향상
- 절탄기, 공기예열기의 설치
- 재생·재열 사이클의 채용
- 고압, 고온증기의 채용과 과열기의 설치

【답】②

**04** 기력 발전소에서 탈기기의 설치 목적으로 가장 타당한 것은?
① 급수 중의 용존 산소 및 이산화탄소 분리 ② 급수의 습증기 건조
③ 물때의 부착 방지 ④ 염류 및 부유물질 제거

**Explanation**

탈기기 : 급수 중의 용존 산소 및 이산화탄소 분리

【답】①

**05** 대용량 화력발전소의 위치를 선정할 때 실질적으로 고려하지 않아도 되는 것은?

① 지질
② 용수
③ 부하와의 거리
④ 운전 조건

**Explanation**

화력 발전소 위치 선정 시 고려사항
- 전력 수요지에 가까울 것
- 풍부한 용수와 냉각수가 얻어질 것
- 연료의 운반과 저장이 편리할 것
- 지반이 견고할 것

【답】④

**06** 석탄 연소 화력 발전소에서 사용되는 집진 장치의 효율이 가장 큰 것은?

① 전기식 집진장치
② 수세식 집진장치
③ 원심력식 집진 장치
④ 직렬 결합식 집진장치

**Explanation**

집진 효율이 가장 큰 것은 전기식으로 코트렐식 집진 장치가 현재 가장 많이 사용되고 있다.

【답】①

## 13 원자력발전

### 1. 원자력 발전
① 원자력 발전과 화력발전의 비교
- 화력 발전소의 보일러 대신 원자로와 열교환기를 사용
- 원자력 발전소의 단위 출력당 건설비가 화력 발전소에 비하여 고가
- 동일 출력일 경우 원자력 발전소의 터빈이나 복수기가 화력 발전소에 비하여 대형
- 원자력 발전소는 방사능에 대한 차폐 시설이 필요

② 고속증식로 : 증식비가 1보다 큰 원자로

### 2. 원자로의 구성
① 감속재 : 중성자의 속도를 감속시키는 역할, 고속 중성자를 열중성자까지 감속시키는 역할
감속재로서는 중성자 흡수가 적고 원자질량이 적으며 감속 효과가 큰 것이 좋다.
$H_2O$(경수), $D_2O$(중수), $C$(흑연), $Be$(산화베릴륨) 등이 사용됨

② 냉각재 : 원자로 내의 열을 외부로 운반하는 역할(열전도율이 크고 비열이 클 것)
$H_2O$(경수), $D_2O$(중수), $CO_2$, $He$, 액체 $Na$ 등이 사용

### 3. 원자력 발전소의 종류
① 비등수형(BWR) : 원자로 내에서 바로 증기를 발생시켜 직접 터빈에 공급(열교환기가 필요 없음)
- 핵연료 : 저농축 우라늄
- 감속재, 냉각재 : $H_2O$(경수)
- 기수분리기 사용(물과 증기 분리)
- 방사능을 포함한 증기 우려

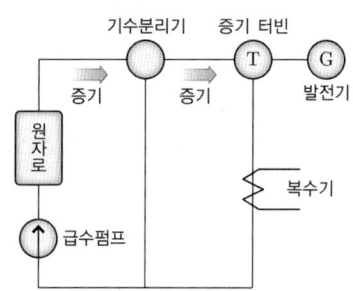

② 가압수형(PWR) : 원자로 내에서의 압력을 매우 높여 물의 비등을 억제함으로써 2차 측에 설치한 증기 발생기를 통하여 증기를 발생시켜 터빈에 공급하는 방식
- 핵연료 : 저농축 우라늄
- 감속재, 냉각재 : $H_2O$(경수)
- 열교환기 필요

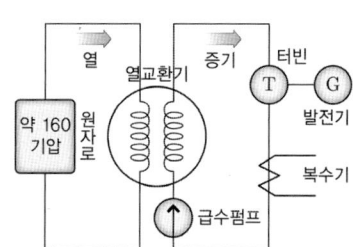

### 주요 문제

**01** 원자로의 감속재에 대한 설명으로 틀린 것은?

① 감속 능력이 클 것
② 원자 질량이 클 것
③ 사용 재료로 경수를 사용
④ 고속 중성자를 열 중성자로 바꾸는 작용

> **Explanation**
>
> 감속재 : 고속의 중성자를 열중성자로 바꾸는 재료
> - 중성자 흡수가 적고 원자질량이 작을 것
> - 탄성 산란에 의해 감속되는 정도가 큰 것
> - 감속능(slowing down power)과 감속비(moderating ratio)가 클 것
> - 경수, 중수, 산화베릴륨, 흑연 등이 사용됨
>
> 【답】②

**02** 원자로의 냉각재가 갖추어야 할 조건이 아닌 것은?

① 열용량이 적을 것
② 중성자의 흡수가 적을 것
③ 열전도율 및 열전달 계수가 클 것
④ 방사능을 띠기 어려울 것

> **Explanation**
>
> 냉각재
> - 원자로 내의 열을 외부로 운반하는 역할
> - **열용량이 클 것**
> - 열전도율과 비열이 클 것
> - $H_2O$(경수), $D_2O$(중수), $CO_2$, He, 액체 Na 등
>
> 【답】①

**03** 비등수형 원자로의 특색이 아닌 것은?

① 열교환기가 필요하다.
② 기포에 의한 자기 제어성이 있다.
③ 방사능 때문에 증기는 완전히 기수분리를 해야 한다.
④ 순환펌프로서는 급수펌프뿐이므로 펌프동력이 작다.

> **Explanation**
>
> 비등수형 원자로(BWR : Boiled Water Reactor) : 물을 원자로 내에서 직접 비등
> - 연료 : 저농축 우라늄
> - 감속재, 냉각재 : 경수
> - 열교환기가 필요 없다.
>
> 【답】①

# 03 전기기기

## 1 직류기

### 1. 직류발전기

① 직류기의 3요소 : 전기자(유기기전력 발생), 계자(주자속 발생), 정류자(AC→DC)
   ※ 철심 : 규소강판(히스테리시스손 감소) 성층철심(와류손 감소)
② 전기자 권선법 : 고상권, 폐로권, 이층권

〈중권과 파권 비교〉

| 항목 | 단중 중권 | 단중 파권 |
| --- | --- | --- |
| 전기자의 병렬회로 수 | $a = P$ | $a = 2$ |
| 브러시 수 | $a = P = b$ | $b = 2$ |
| 용도 | 저전압, 대전류 | 고전압, 소전류 |
| 균압접속 | 균압환 필요 | 불필요 |

③ 직류발전기 유기기전력 : $E = \dfrac{P}{a} Z \phi \dfrac{N}{60} = K\phi N [\text{V}]$
④ 전기자 반작용 : 전기자 전류에 의한 전기자 기자력이 계자 기자력에 영향을 미치는 현상
   (주자속이 감소하는 현상, 발전기는 유기기전력 감소)
 • 전기자 반작용의 영향
   – 전기적 중성축 이동 : 발전기는 회전방향으로 이동, 전동기는 회전 반대방향으로 이동
   – 편자 작용 : 감자 작용, 교차자화 작용
   – 국부적으로 섬락 발생
 • 대책 : 보상권선(전기자 전류와 반대 방향)
⑤ 양호한 정류를 얻는 조건
 • 보극(전압정류)과 탄소 브러시(저항정류, 브러시 접촉저항이 클 것)
 • 리액턴스 전압을 줄인다(인덕턴스를 적게 한다).
 • 정류주기를 길게
 • 회전속도를 느리게
 • 브러시 접촉전압강하 〉 리액턴스 전압
⑥ 직류발전기 분류
 • 타여자 : 외부에서 자속 공급하므로 잔류자기가 없어도 발전 가능
   $E = V + I_a R_a [\text{V}], \ I = I_a [\text{A}]$

- 자여자 : 잔류자기가 있어야 발전 가능, 회전방향반대(잔류자기 소멸되어 발전 불능)
  - 직권발전기 : 전기자와 계자가 직렬, $E = V + I_a R_a$[V], $I = I_a = I_f$[A]
  - 분권발전기 : 전기자와 계자가 병렬, $E = V + I_a R_a$[V], $I_a = I + I_f = \dfrac{P}{V} + \dfrac{V}{R_f}$[A]
  - 복권발전기 : $E = V + I_a(R_a + R_s)$[V], $I_a = I + I_f$[A]   여기서, $R_s$ : 직권계자저항[Ω]
    분권 발전기로 사용 : 직권 계자 권선 단락
    직권 발전기로 사용 : 분권 계자 권선 개방

⑦ 전압변동률 $\epsilon = \dfrac{V_0 - V}{V} \times 100 = \dfrac{E - V}{V} \times 100 = \dfrac{I_a R_a}{V} \times 100$[%]

- $\epsilon(+)$ : 분권, 타여자 발전기($V_0 > V$)
- $\epsilon(0)$ : 평복권 ($V_0 = V$ : 무부하 전압=정격전압)
- $\epsilon(-)$ : 과복권 발전기($V_0 < V$)

⑧ 직류발전기 병렬운전
- 병렬운전 조건
  - 극성, 단자전압 일치할 것, 용량은 임의
  - 외부 특성이 수하 특성일 것
- 균압선 필요 : 직권, 복권발전기

## 2. 직류전동기

① 회전력(토크)

$$T = \dfrac{P_m}{\omega} = \dfrac{PZ}{2\pi a}\phi I_a = K\phi I_a [\text{N} \cdot \text{m}]$$

$$T = 0.975 \times \dfrac{P}{N} = 0.975 \times \dfrac{E \cdot I_a}{N} [\text{kg} \cdot \text{m}]$$

② 직류전동기의 특성

| 종류 | 직류전동기의 특징 |
|---|---|
| 타여자 | • (+), (−) 극성을 반대로 하면 ⇨ 회전 방향이 반대 |
| 분권 | • 위험 상태 ⇨ 무여자 상태<br>• (+), (−) 극성을 반대로 하면 ⇨ 회전 방향이 불변<br>• $T \propto I \propto \dfrac{1}{N}$ |
| 직권 | • 변속도 전동기(전기철도용)<br>• 부하에 따라 속도가 심하게 변한다.<br>• (+), (−) 극성을 반대로 하면 ⇨ 회전 방향이 불변<br>• 위험 상태 ⇨ 무부하 상태(벨트운전 금지)<br>• $T \propto I^2 \propto \dfrac{1}{N^2}$ |

※ 부하의 변화에 대하여 속도 변동이 큰 순서 : 직권 > 가동복권 > 분권 > 차동복권

③ 직류전동기 속도제어 : $n = K' \dfrac{V - I_a R_a}{\phi}$ ($K'$ : 기계정수)

| 종류 | 특징 |
|---|---|
| 전압 제어 | • **광범위 속도 제어 가능, 운전효율 우수**<br>• **워드 레오너드 방식** : 소형부하(엘리베이터에 사용)<br>• 일그너 방식(부하가 급변, 대용량 부하-제철, 제강, 압연) : 플라이 휠 효과(관성 모멘트 증가) |
| 계자 제어 | • 정출력 제어 |
| 저항 제어 | • 효율이 저하 |

④ 직류전동기 제동법
- 발전제동 : 전원 제거하여 발전기로 동작하여 저항에서 열로 소비
- 회생제동 : 전원 제거하여 발전기로 동작하여 발생전력을 전원으로 되돌리는 방식
- 역전제동 : 전기자와 계자의 접속을 반대로 접속, 역토크에 의한 제동

⑤ 직류전동기 기동법
- 기동저항($R_s$) : 최대
- 계자저항기($FR$) : 최소(0)

## 3. 직류기의 손실과 효율

① 직류기의 손실
- 가변손(부하손) : 동손, 표유부하손
- 고정손(무부하손) : 철손, 기계손, 풍손
- 최대 효율 조건 : 고정손=가변손(부하손)

② 직류기의 효율
- 실측효율 $\eta = \dfrac{출력}{입력} \times 100[\%]$

- 규약 효율

$\eta = \dfrac{입력 - 손실}{입력} \times 100[\%]$ (전동기),

$\eta = \dfrac{출력}{출력 + 손실} \times 100[\%]$ (발전기)

### 주요 문제

**01** 직류발전기에서 유기기전력을 발생시키는 부분은 어디인가?
① 계자　　　　　　　　　　　② 전기자
③ 정류자　　　　　　　　　　④ 계철

**Explanation**

직류기의 3요소
① 전기자 : 유기기전력을 발생
② 계자 : 쇄교하는 자속을 발생
③ 정류자 : 교류를 직류로 변환하는 부분

【답】②

**02** 직류기의 전기자에 일반적으로 사용되는 전기자 권선법은?
① 2층권　　　　　　　　　　② 개로권
③ 환상권　　　　　　　　　　④ 단층권

**Explanation**

직류기 권선법 : 고상권, 폐로권, 이층권

【답】①

**03** 직류발전기의 전기자 권선법 중 단중 파권과 단중 중권을 비교했을 때 단중 파권에 해당하는 것은?
① 고전압 대전류　　　　　　② 저전압 소전류
③ 고전압 소전류　　　　　　④ 저전압 대전류

**Explanation**

중권과 파권 비교

| 비교항목 | 단중 중권 | 단중 파권 |
|---|---|---|
| 전기자의 병렬회로수 | a=P(mP) | a=2(2m) |
| 브러시 수 | a=P=b | b=2 |
| 용도 | 저전압, 대전류 | **고전압, 소전류** |
| 균압접속 | 균압환 필요 | 불필요 |

【답】③

**04** 직류기에서 전기자 반작용의 영향을 설명한 것으로 틀린 것은?
① 주자극의 자속이 감소한다.
② 정류자편 사이의 전압이 불균일하게 된다.
③ 국부적으로 전압이 높아져 섬락을 일으킨다.
④ 전기적 중성점이 전동기인 경우 회전방향으로 이동한다.

**Explanation**

전기자 반작용 : 전기자 전류에 의한 전기자 기자력이 계자 기자력에 영향을 미치는 현상(주자속이 감소하는 현상)
• 전기적 중성축 이동 : **발전기는 회전방향, 전동기는 회전 반대방향**
• 국부적으로 섬락 발생 : 공극의 자속분포 불균형으로 섬락(불꽃) 발생
• 전기자 반작용의 방지 대책 : 보상권선

【답】④

**05** 직류기에서 전기자 반작용을 방지하기 위한 보상권선의 전류 방향은?
① 계자 전류의 방향과 같다.　　　　　② 계자 전류의 방향과 반대이다.
③ 전기자 전류의 방향과 같다.　　　　④ 전기자 전류의 방향과 반대이다.

**Explanation**

보상권선의 전류 방향 : 전기자 전류의 방향과 반대 　　【답】④

**06** 직류기에서 양호한 정류를 얻는 조건으로 틀린 것은?
① 정류 주기를 크게 한다.
② 브러시의 접촉 저항을 크게 한다.
③ 전기자 권선의 인덕턴스를 작게 한다.
④ 평균 리액턴스 전압을 브러시 접촉면 전압 강하보다 크게 한다.

> **Explanation**
>
> 양호한 정류를 얻는 방법
> - 보극 설치
> - 접촉저항이 큰 탄소 브러시 사용
> - 리액턴스 전압을 적게 한다(**평균 리액턴스전압 < 브러시 접촉전압 강하**).
> - 인덕턴스를 작게 한다.
> - 정류 주기를 길게 한다. 　　【답】④

**07** 10극인 직류 발전기의 전기자 도체수가 600, 단중 파권이고 매극의 자속수가 0.01[Wb], 600[rpm]일 때의 유도기전력[V]은?
① 150
② 200
③ 250
④ 300

> **Explanation**
>
> 직류 발전기 유기기전력 $E = \dfrac{P}{a} Z \phi \dfrac{N}{60}$
>
> $E = \dfrac{P}{a} Z \phi \dfrac{N}{60} = \dfrac{10}{2} \times 600 \times 0.01 \times \dfrac{600}{60} = 300[\text{V}]$ 　　【답】④

**08** 포화하고 있지 않은 직류발전기의 회전수가 1/2로 감소되었을 때 기전력을 속도 변화 전과 같은 값으로 하려면 여자전류를 전과 비교하여 얼마로 해야 하는가?
① 1배
② 2배
③ 4배
④ 8배

> **Explanation**
>
> 직류발전기 유기기전력 $E = K\phi N$에서
>
> 기전력이 일정하므로 회전수 $N$이 $\dfrac{1}{2}$로 되면, 여자전류(자속) $\phi$가 2배가 되어야 한다. 　　【답】②

**09** 자여자 발전기의 전압확립 조건으로 틀린 것은?
① 회전방향에 무관할 것
② 무부하 포화곡선은 자기포화를 가질 것
③ 잔류자기가 존재할 것
④ 계자저항이 임계저항 이하일 것

> **Explanation**
>
> 자여자 발전기 전압확립 조건
> - 무부하 포화곡선은 자기포화를 가질 것
> - 잔류자기가 존재할 것
> - 계자저항이 임계저항 이하일 것 　　【답】①

## 주요 문제

**10** 단자전압 220[V], 부하전류 48[A], 계자전류 2[A], 전기자 저항 0.2[Ω]인 직류 분권발전기의 유도기전력[V]은?(단, 전기자 반작용은 무시한다)

① 210  ② 220
③ 230  ④ 240

**Explanation**

분권발전기 $I_a = I + I_f = 48 + 2 = 50$
유기기전력 $E = V + I_a R_a = 220 + 50 \times 0.2 = 230[V]$

【답】③

**11** 유도기전력 210[V], 단자전압 200[V]인 10[kW]의 분권발전기가 있다. 계자저항이 50[Ω]이면 전기자 저항은 몇 [Ω]인가?

① 0.12  ② 0.19
③ 0.22  ④ 0.35

**Explanation**

분권 발전기 $I_a = I + I_f = \dfrac{P}{V} + \dfrac{V}{R_f} = \dfrac{10 \times 10^3}{200} + \dfrac{200}{50} = 54[A]$

유기기전력 $E = V + I_a R_a$

전기자 저항 $R_a = \dfrac{E - V}{I_a} = \dfrac{210 - 200}{54} = 0.19[\Omega]$

【답】②

**12** 직류기에서 전압변동률이 (-)로 표시되는 발전기는?

① 분권발전기  ② 평복권발전기
③ 과복권발전기  ④ 타여자발전기

**Explanation**

전압변동률 $\epsilon = \dfrac{V_0 - V}{V} \times 100 = \dfrac{E - V}{V} \times 100 = \dfrac{I_a R_a}{V} \times 100 [\%]$ 에서

$\epsilon(+)$ : 분권, 타여자 발전기($V_0 > V$)
- $\epsilon(0)$ : 평복권 ($V_0 = V$ : 무부하 전압=정격전압)
- $\epsilon(-)$ : 과복권 발전기($V_0 < V$)

【답】③

**13** 그림은 복권발전기의 외부특성곡선이다. 이 중 과복권을 나타내는 곡선은?

① A
② B
③ C
④ D

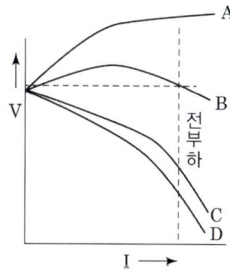

**Explanation**

과복권 발전기 : 직권계자의 기자력을 크게 하여 유도기전력이 전기자 내부의 전압강하보다 크도록 설계하여 전부하전압이 무부하전압보다 크게 하는 특성(그림에서 A)

【답】①

**주요 문제**

**14** 직류발전기의 병렬운전에서 균압모선을 필요로 하지 않는 것은?
① 분권발전기
② 직권발전기
③ 평복권발전기
④ 과복권발전기

> **Explanation**
>
> 균압선(균압모선)
> - 병렬운전을 안정하게 하기 위하여 설치하는 것
> - 직렬계자권선을 가지는 발전기에 필요
> - **직권 및 복권 발전기**
>
> 【답】①

**15** 직류 분권전동기에서 단자전압 210[V], 전기자전류 20[A], 1,500[rpm]으로 운전할 때 발생토크는 약 몇 [N·m]인가? 단, 전기자 저항은 0.15[Ω]이다.
① 13.2
② 26.4
③ 33.9
④ 66.9

> **Explanation**
>
> 역기전력 $E_c = V - R_a I_a = 210 - 20 \times 0.15 = 207[V]$
>
> 토크 $T = \dfrac{P}{\omega} = \dfrac{E \cdot I_a}{2\pi \dfrac{N}{60}} = \dfrac{207 \times 20}{2\pi \times \dfrac{1,500}{60}} = 26.4[N \cdot m]$
>
> 【답】②

**16** 정격출력 $P$[kW], 회전수 $N$[rpm]인 전동기의 토크[kg·m]는?
① $0.975\dfrac{P}{N}$
② $1.026\dfrac{P}{N}$
③ $975\dfrac{P}{N}$
④ $1,026\dfrac{P}{N}$

> **Explanation**
>
> 토크 $\tau = 0.975 \times \dfrac{P}{N}[kg \cdot m]$에서 $P[W]$
>
> $\tau = 975 \times \dfrac{P}{N}[kg \cdot m]$에서 $P[kW]$
>
> 【답】③

**17** 50[kW], 610[V], 1,200[rpm]의 직류 분권전동기가 있다. 70[%] 부하일 때 부하전류는 100[A], 회전 속도는 1,240[rpm]이다. 전기자 발생 토크[kg·m]는? 단, 전기자 저항은 0.1[Ω]이고, 계자 전류는 전기자 전류에 비해 현저히 작다.
① 약 39.3
② 약 40.6
③ 약 47.17
④ 약 48.75

> **Explanation**
>
> 유기기전력 $E = V - I_a R_a = 610 - 100 \times 0.1 = 600[V]$
> 출력 $P = E I_a = 600 \times 100 = 60,000[W]$
> 토크 $\tau = 0.975 \times \dfrac{P}{N} = 0.975 \times \dfrac{60,000}{1,240} = 47.17[kg \cdot m]$
>
> 【답】③

**18** 직류 분권전동기의 공급전압의 극성을 반대로 하면 회전 방향은 어떻게 되는가?
① 반대로 된다.
② 변하지 않는다.
③ 발전기로 된다.
④ 회전하지 않는다.

> **Explanation**

직류 전동기의 종류

| 종류 | 전동기의 특징 |
|---|---|
| 타여자 | • +, − 극성을 반대로 하면 ⇨ 회전 방향이 반대 |
| 분권 | • 정속도 특성의 전동기<br>• 위험 상태 ⇨ 정격 전압, 무여자 상태<br>• +, − 극성을 반대로 하면 ⇨ 회전 방향이 불변<br>• $T \propto I \propto \dfrac{1}{N}$ |

【답】②

**19** 직류 직권전동기의 운전상 위험속도를 방지하는 방법 중 가장 적합한 것은?
① 무부하 운전한다.
② 경부하 운전한다.
③ 무여자 운전한다.
④ 부하와 기어를 연결한다.

**Explanation**

직류 직권전동기 위험운전
• 무부하(경부하) 운전
• 벨트 운전

【답】④

**20** 직류전동기 중에서 부하의 변화에 따른 속도 변화가 가장 많은 전동기는?
① 가동 복권전동기
② 타여자전동기
③ 직권전동기
④ 분권전동기

**Explanation**

부하의 변화에 대하여 속도 변동이 큰 순서
직권 > 가동복권 > 분권 > 차동복권

【답】③

**21** 직류전동기의 회전수를 1/2를 줄이려면, 계자자속을 몇 배로 하여야 하는가? 단, 전압과 전류 등은 일정하다.
① 1
② 2
③ 3
④ 4

**Explanation**

직류 전동기 속도 제어 $n = K' \dfrac{V - I_a R_a}{\phi}$ ($K'$ : 기계정수)
여기서, 자속과 회전속도는 반비례하므로 회전수를 1/2를 줄이려면, 계자자속은 2배가 되어야 한다.

【답】②

**22** 직류전동기의 속도제어 방법에서 광범위한 속도제어가 가능하며, 운전효율이 가장 좋은 방법은?
① 계자제어
② 전압제어
③ 직렬 저항제어
④ 병렬 저항제어

**Explanation**

직류 전동기 속도 제어 $n = K' \dfrac{V - I_a R_a}{\phi}$ ($K'$ : 기계정수)

| 종류 | 특징 |
|---|---|
| 전압 제어 | • 광범위 속도제어 가능<br>• 워드 레오너드 방식 : 소형부하(엘리베이터에 사용)<br>• 일그너 방식(부하가 급변, 대용량 부하−제철, 제강, 압연) : 플라이 휠 효과(관성 모멘트 증가) |

### 주요 문제

| | |
|---|---|
| 계자 제어 | • 정토크 제어<br>• 정출력 제어 |
| 저항 제어 | • 효율 저하 |

【답】②

**23** 타여자 직류전동기의 속도제어에 사용되는 워드 레오나드(Ward Leonard) 방식은 다음 중 어느 제어법을 이용한 것인가?

① 저항 제어법  ② 전압 제어법
③ 주파수 제어법  ④ 직병렬 제어법

**Explanation**

직류 전동기 속도 제어 $n = K' \dfrac{V - I_a R_a}{\phi}$ ($K'$ : 기계정수)

| 종류 | 특징 |
|---|---|
| 전압 제어 | • 광범위 속도제어 가능<br>• 워드 레오너드 방식 : 소형부하(엘리베이터에 사용)<br>• 일그너 방식(부하가 급변, 대용량 부하-제철, 제강, 압연) : 플라이 휠 효과(관성 모멘트 증가)<br>• 정토크 제어 |

【답】②

**24** 직류 분권전동기의 기동 시에는 계자저항기의 저항 값은 어떻게 설정하는가?

① 끊어둔다.  ② 최대로 해 둔다.
③ 0(영)으로 해 둔다.  ④ 중위(中位)로 해 둔다.

**Explanation**

직류전동기 기동 시
• 기동저항기 : 최대
• 계자저항기 : 최소(기동토크를 크게 하기 위하여 0으로 해둔다)

【답】③

**25** 전기기계에 있어서 히스테리시스손을 감소시키기 위한 방법은?

① 보극 설치  ② 규소강판 사용
③ 보상권선 설치  ④ 성층철심 사용

**Explanation**

• 히스테리시스손 감소 : 규소강판 사용
• 와류손 감소 : 성층철심 사용

【답】②

**26** 어느 전동기가 입력 20[kW]로 운전하여 25[HP]의 출력을 달성하고 있을 때 손실[kW]은?

① 23.5  ② 1.35
③ 13.5  ④ 2.35

**Explanation**

손실 = 입력 − 출력 = $20 \times 10^3 - 25 \times 746 = 1,350$[W]  ∴ 1.35[kW]

【답】②

## 2 동기기

### 1. 동기발전기

① 동기속도 : $N_s = \dfrac{120f}{p}$ [rpm]  $N_s \propto \dfrac{1}{p}$ (동기속도는 극수에 반비례)

② 회전계자형(전기자를 고정자로 하고 계자극을 회전자, 동기기)
- 절연이 용이하고 기계적으로 튼튼하다.
- 계자권선의 전원이 직류전압으로 소모 전력이 작다.

    ※ 유도자(inductor)형 : 계자와 전기자를 고정하고 유도자(권선이 없는 전기자)를 사용
       수백 ~ 수만 [Hz] 정도의 고주파 발전기로 사용

③ 전기자 권선법
- 분포권
    - 고조파 제거하여 기전력의 파형 개선, 누설리액턴스 감소
    - 분포권 계수 : $K_d = \dfrac{\sin\dfrac{\pi}{2m}}{q\sin\dfrac{\pi}{2mq}}$    여기서, $q$ : 매극매상의 슬롯수

    ※ 집중권 : 매극매상의 슬롯(홈)이 1개
- 단절권
    - 고조파 제거하여 기전력의 파형 개선, 동량 감소(권선 절약)
    - 단절권 계수 : $k_p = \sin\dfrac{\beta\pi}{2}$    여기서, $\beta = \dfrac{\text{코일피치}}{\text{극피치}}$

    ※ 분포권, 단절권 사용 시 단점 : 유기기전력이 감소

④ 동기발전기 유기기전력
- $E = 4.44 f \phi \omega k_w$ [V]

    여기서, $k_w$ : 권선계수, $\omega$ : 한 상당 직렬 권회수

- 전기자 주변속도 : $v = \pi D n = \pi D \dfrac{N_s}{60}$ [m/sec]

⑤ 전기자 반작용

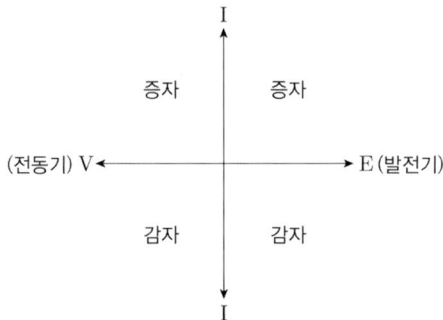

⑥ 동기 임피던스

- 동기 임피던스 : $Z_s = r_a + jx_s = r_a + j(x_a + x_l) = \sqrt{r_a^2 + (x_a + x_l)^2}\,[\Omega]$

  여기서, $x_s$ : 동기리액턴스(지속적인 단락전류 제한)

  $x_a$ : 반작용리액턴스

  $x_l$ : 누설리액턴스(돌발 단락전류 제한)

- 단락전류 $I_s = \dfrac{E}{Z_s} ≒ \dfrac{E}{x_s}$ [A] : 단락전류는 처음은 큰 전류이나 점차 감소

- % 동기 임피던스

  - $\%Z_s = \dfrac{I_n Z_s}{E} \times 100 = \dfrac{\frac{P_n}{\sqrt{3}\,V} Z_s}{\frac{V}{\sqrt{3}}} \times 100 = \dfrac{P_n Z_s}{V^2} \times 100\,[\%]$

  - % 동기 임피던스[PU] : $Z_s' = \dfrac{1}{K_s} = \dfrac{P_n Z_s}{V^2} = \dfrac{I_n}{I_s}$ [PU]

⑦ 동기발전기 출력(원통형)

- 1상 출력 : $P = \dfrac{EV}{x_s} \sin\delta\,[W]$

- 3상 출력 : $P = 3 \times \dfrac{EV}{x_s} \sin\delta\,[W]$ (단상 출력의 3배)

⑧ 단락비

- 단락비를 구하기 위한 시험 : 무부하 포화곡선, 3상 단락 곡선

- 단락비 $K_s = \dfrac{1}{Z_s'\,[PU]} = \dfrac{V^2}{P_n Z_s} = \dfrac{I_s}{I_n}$

- "단락비가 크다"의 의미
  - 과부하 내량이 크다.
  - 기기치수가 크므로 손실이 크고 효율이 떨어진다.
  - 동기 임피던스가 적으므로 전압변동이 적고 안정도가 우수하다.
  - 계자극이 커져서 전기자 반작용이 적다.
  - 수차형, 저속기

⑨ 동기발전기의 병렬운전

| 병렬운전 조건 | 문제점 |
| --- | --- |
| 기전력의 크기가 같을 것 | 무효순환전류(무효횡류) |
| 기전력의 위상이 같을 것 | 동기화 전류(유효횡류) <br> 수수전력 : $P_s = \dfrac{E^2}{2Z_s} \sin\delta$ |
| 기전력의 주파수가 같을 것 | 난조 발생 |
| 기전력의 파형이 같을 것 | 고조파 무효순환전류 |
| 상회전 방향이 같을 것 | |

※ 병렬운전 시 여자 조정
- A발전기 여자전류 증가
  - A발전기에는 지상전류가 흘러 A발전기의 역률이 저하
  - B발전기에는 진상전류가 흘러 B발전기의 역률은 좋아짐

⑩ 동기발전기 자기여자 방지대책
- 수전단에 리액턴스가 큰 변압기 사용
- 발전기를 2대 이상 병렬 운전
- 동기 조상기를 부족여자로 사용

⑪ 난조
- 난조의 원인
  - 원동기의 조속기 감도가 너무 예민할 때
  - 전기자 저항이 너무 클 때
  - 부하가 급변할 때
  - 원동기 토크에 고조파가 포함될 때
- 난조의 방지 대책
  - 제동권선을 설치

⑫ 발전기 내부고장 보호 : 비율 차동 계전기

⑬ 발전기 안정도 증진법
- 단락비를 크게 한다.
- 동기 임피던스를 작게 한다.
- 관성모멘트를 크게(플라이휠 효과 크게) 한다.
- 조속기의 동작을 신속하게 한다.
- 속응 여자 방식을 선택한다.
- 동기 탈조 계전기를 사용한다.
- 정상 임피던스는 작게 하고 영상 및 역상 임피던스는 크게 한다.

### 2. 동기전동기

① 동기전동기 특징
- 정속도 전동기(속도 조정 어려움)
- 기동 어려움(자기기동법, 기동전동기법(극수가 2극 적은 유도기를 기동기로 사용))
- 난조 발생 우려
- 역률 1.0으로 운전 가능(유도기에 비해 효율이 우수)
- 저속도 대용량의 전동기 : 대형 송풍기, 압축기, 압연기, 분쇄기

② 동기전동기 제동권선
- 난조 방지
- 기동토크 발생

③ 동기전동기의 위상 특성 곡선(V곡선)
- $I_a$(전기자 전류)와 $I_f$(계자전류) 관계 곡선(출력 P는 일정)
- 과여자 : 앞선 역률(진상), 콘덴서로 작용
  부족여자 : 늦은 역률(지상), 리액터로 작용
- 역률 $\cos\theta = 1$ 일 때, 전기자 전류 최소

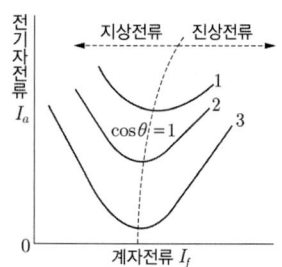

## 3. 반작용 전동기(reaction motor)
- 원리 : 고정자 회전자계의 자기유도에 의해 돌극 부분에서 발생하는 회전자계를 이용하는 동기전동기
- 특징 : 토크가 작고 역률이나 효율이 나쁘지만 구조가 간단하고 직류여자가 필요하지 않다.
- 응용 분야 : 팩시밀리의 드럼구동용, 공업계기의 차트지, 발송용의 소용량 모터

## 4. 초동기 전동기(reaction motor)
기동 토크가 크고 기동 전류가 적은 것이 특징이며, 단점으로는 2중 베어링 장치와 브레이크 밴드 등의 특수 구조가 있어 고속 운전에는 부적당하다.

### 주요 문제

**01** 동기발전기에 회전계자형을 사용하는 이유로 틀린 것은?
① 기전력의 파형을 개선한다.  ② 절연이 용이하다.
③ 고주파 발전기로 사용할 수 있다.  ④ 회전자 관성을 줄일수 있다.

**Explanation**

동기발전기 : 회전 계자형
- 계자는 기계적으로 튼튼하고 구조가 간단하여 회전 유리
- 계자회로는 직류로 소요 전력이 적다.
- 절연이 용이

동기발전기의 기전력 파형 개선법은 분포권과 단절권이다.  【답】①

**02** 동기발전기에 유도자형을 사용하는 이유로 옳은 것은?
① 고주파 발전기로 사용할 수 있다  ② 회전자 관성을 크게 하기 쉽다.
③ 기전력의 파형을 좋게 할 수 있다.  ④ 절연이 용이하다.

**Explanation**

유도자형 : 계자극과 전기자를 함께 고정시키고 그 중앙에 유도자라고 하는 권선이 없는 회전자를 갖춘 것으로 수백~수만 [Hz] 정도의 고주파 발전기로 사용  【답】①

**03** 중부하에서도 기동하도록 하고 회전계자형의 동기전동기에 고정자인 전기자 부분이 회전자의 주위를 회전할 수 있도록 2중 베어링의 구조를 가지고 있는 전동기는?
① 반작용 전동기  ② 유도자형 전동기
③ 유도 동기 전동기  ④ 초동기 전동기

**Explanation**

초동기 전동기
중부하에서도 기동되도록 하고 회전계자형의 동기전동기에 고정자인 전기자 부분이 회전자의 주위를 회전할 수 있도록 2중 베어링의 구조  【답】④

**04** 동기발전기의 권선을 분포권으로 하면?
① 난조를 방지한다.  ② 파형이 좋아진다.
③ 권선의 리액턴스가 커진다.  ④ 집중권에 비하여 합성 유도 기전력이 높아진다.

**Explanation**

분포권 : 매극매상의 도체를 각각의 슬롯에 분포시켜 감아주는 권선법
- 고조파 제거에 의해 기전력의 파형을 개선
- 누설 리액턴스를 감소
- 집중권에 비해 유기기전력이 $K_d$배로 감소  【답】②

**05** 3상 동기발전기의 매극 매상의 슬롯수를 3이라고 하면 분포계수는?
① $\sin\dfrac{2}{3}\pi$
② $\sin\dfrac{3}{2}\pi$
③ $6\sin\dfrac{\pi}{18}$
④ $\dfrac{1}{6\sin\dfrac{\pi}{18}}$

**Explanation**

분포권 계수 $K_d = \dfrac{\sin\dfrac{\pi}{2m}}{q\sin\dfrac{\pi}{2mq}} = \dfrac{\sin\dfrac{\pi}{2\times 3}}{3\sin\dfrac{\pi}{2\times 3\times 3}} = \dfrac{1}{6\sin\dfrac{\pi}{18}}$

【답】④

## 06 코일피치와 자극피치의 비를 $\beta$라 하면 기본파기전력에 대한 단절계수는?

① $\sin\beta\pi$
② $\cos\beta\pi$
③ $\sin\dfrac{\beta\pi}{2}$
④ $\cos\dfrac{\beta\pi}{2}$

### Explanation

- 단절권
  - 고조파를 제거하여 기전력의 파형을 개선
  - 코일의 길이, 동량이 절약
- 단절권 계수 $K_s = \sin\dfrac{\beta\pi}{2}$

【답】③

## 07 동기기의 전기자 권선법 중 단절권과 분포권을 사용하는 이유 중 가장 중요한 목적은?

① 높은 전압을 얻기 위해서
② 효율을 좋게 하기 위해서
③ 일정한 주파수를 얻기 위해서
④ 좋은 파형을 얻기 위해서

### Explanation

동기기 전기자 권선법(고조파를 제거하여 기전력의 파형을 개선)
- 분포권
- 단절권

【답】④

## 08 3상 동기 발전기에서 그림과 같이 1상의 권선을 서로 똑같은 2조로 나누어서 그 1조의 권선전압을 $E$[V], 각 권선의 전류를 $I$[A]라 하고 2중 Y형(double star)으로 결선한 경우 선간전압[V], 선전류[A], 피상전력[W]은?

① $3E$, $I$, $5.19EI$
② $\sqrt{3}\,E$, $2I$, $6EI$
③ $E$, $2\sqrt{3}\,I$, $6EI$
④ $\sqrt{3}\,E$, $\sqrt{3}\,I$, $5.19EI$

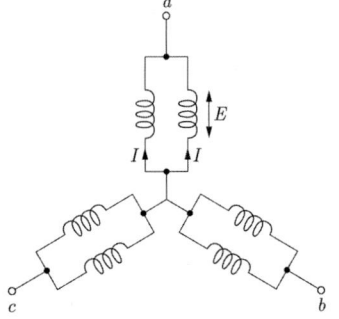

### Explanation

2개의 권선이 병렬 연결
→ 전압은 동일, 임피던스는 $\dfrac{1}{2}$

Y결선
$V_l = \sqrt{3}\,V_p$ 에서 선간전압 $V_l = \sqrt{3}\,E$
$I_p = I_l = \dfrac{V_p}{Z}$ 에서 $I_l = \dfrac{E}{\dfrac{Z}{2}} = 2I$

피상전력 $P_a = \sqrt{3}\,V_l I_l = \sqrt{3}\times\sqrt{3}\,E\times 2I = 6EI$

【답】②

## 주요 문제

**09** 3상 동기발전기에 평형 3상 전류가 흐를 때 전기자 반작용은 이 전류가 기전력에 대하여 ( A ) 때 감자작용이 되고 ( B ) 때 증자작용이 된다.

① A : 90° 뒤질, B : 90° 앞설
② A : 90° 앞설, B : 90° 뒤질
③ A : 90° 뒤질, B : 동상일
④ A : 동상일    B : 90° 앞설

**Explanation**

동기발전기의 전기자 반작용
- 횡축 반작용 (교차자화작용) : 전기자 전류가 유기기전력과 동위상. 크기 : $I\cos\theta$
- 직축 반작용
  감자작용 : 전기자 전류가 유기 기전력보다 위상이 $\pi/2$ 뒤질 때
  증자작용 : 전기자 전류가 유기기전력보다 위상이 $\pi/2$ 앞설 때
  (단자전압 상승)

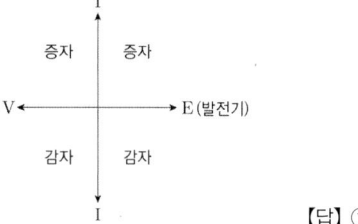

【답】①

**10** 동기 발전기의 단자 부근에서 단락이 일어났다고 할 때 단락전류에 대한 설명으로 옳은 것은?

① 서서히 증가한다.
② 처음은 크나 점차로 감소한다.
③ 처음부터 일정한 큰 전류가 흐른다.
④ 발전기는 즉시 정지한다.

**Explanation**

단락 초기에는 전기자 반작용이 순간적으로 나타나지 않기 때문에 막대한 과도전류가 흐르고, 수 초 후에는 영구단락전류 값에 이르게 된다.
- 돌발단락전류 : 누설 리액턴스가 제한
- 지속단락전류 : 동기 리액턴스가 제한

【답】②

**11** 동기발전기의 병렬운전에 필요한 조건이 아닌 것은?

① 기전력의 크기가 같을 것
② 기전력의 위상이 같을 것
③ 기전력의 주파수가 같을 것
④ 임피던스 및 상회전 방향과 각 변위가 같을 것

**Explanation**

동기 발전기의 병렬 운전 조건

| 병렬운전 조건 | 문제점 |
|---|---|
| 기전력의 크기가 같을 것 | 무효순환전류(무효횡류) |
| 기전력의 위상이 같을 것 | 동기화 전류(유효횡류) |
| 기전력의 주파수가 같을 것 | 난조발생 |
| 기전력의 파형이 같을 것 | 고조파 무효순환전류 |
| 상회전 방향이 같을 것 | |

【답】④

**12** 2대의 동기발전기를 병렬 운전할 때, 무효횡류(무효순환전류)가 흐르는 경우는?

① 부하분담의 차가 있을 때
② 기전력의 위상차가 있을 때
③ 기전력의 파형에 차가 있을 때
④ 기전력의 크기에 차가 있을 때

**Explanation**

### 주요 문제

동기 발전기의 병렬 운전 조건
- 기전력의 크기가 같을 것 : 다를 경우 무효순환전류(무효횡류)

【답】 ④

**13** 동일 정격의 3상 동기발전기 2대를 무부하로 병렬 운전하고 있을 때, 두 발전기의 기전력 사이에 30°의 위상차가 있으면 한 발전기에서 다른 발전기에 공급되는 유효전력은 몇 [kW]인가? (단, 각 발전기의(1상의) 기전력은 1,000[V], 동기 리액턴스는 4[Ω]이고, 전기자 저항은 무시한다)

① 62.5
② $62.5 \times \sqrt{3}$
③ 125.5
④ $125.5 \times \sqrt{3}$

**Explanation**

동기 발전기 병렬 운전 시 두 발전기 사이의 기전력의 위상차가 발생하면 동기화전류(유효 순환전류)가 흐르며, 위상이 앞서는 발전기에서 위상이 늦은 발전기로 수수전력이 발생

수수전력 $P = \dfrac{E^2}{2Z_s} \sin\delta = \dfrac{1,000^2}{2 \times 4} \times \sin 30° \times 10^{-3} = 62.5[\text{kW}]$

【답】 ①

**14** 극수 6, 회전수 1,200[rpm]의 교류발전기와 병행 운전하는 극수 8의 교류발전기의 회전수는 몇 [rpm]이어야 하는가?

① 800
② 900
③ 1,050
④ 1,100

**Explanation**

병행 운전 시 주파수가 일치하여야 하므로

$N_s = \dfrac{120f}{p}$ 에서 주파수를 구하면

$f = \dfrac{p N_s}{120} = \dfrac{6 \times 1,200}{120} = 60[\text{Hz}]$

따라서 극수8의 교류발전기 회전수 $N = \dfrac{120 \times 60}{8} = 900[\text{rpm}]$

【답】 ②

**15** 동기발전기를 병렬 운전하기 위해 동기화 회로로 구성하여 동기검정등을 관찰할 때 완전히 두 발전기가 일치하는 순간을 바르게 표현한 것은?

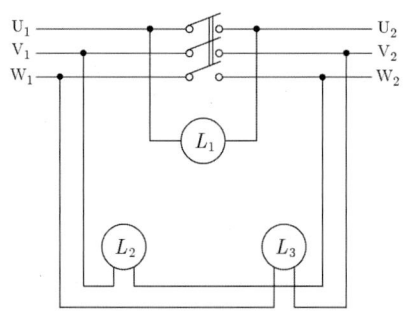

① 전등불이 L1, L2, L3 순으로 밝게 된다.
② 모든 전등불이 ON, OFF를 반복한다.
③ 전등불이 L1, L3, L2 순으로 밝게 된다.
④ 전등불이 L1은 꺼지고, L2, L3는 같은 밝기의 빛을 낸다.

**Explanation**

### 주요 문제

**동기화 검정 장치**
두 발전기의 위상 차를 확인하는 장치를 동기화 검정 장치라고 하며, 동기 검정등과 지침 모양의 동기 검정기로 이루어진다. 주파수, 위상에 차이가 있으면 왼쪽으로 또는 오른쪽으로 전등이 깜박이며, 그 차이가 줄어들면 속도가 느려진다. 주파수와 위상이 일치했을 때 L1은 꺼지고, L2, L3는 같은 밝기의 빛을 낸다.  【답】④

**16** 여자 전류 및 단자 전압이 일정한 비돌극형 동기발전기의 출력과 부하각 $\delta$와의 관계를 나타낸 것은?(단, 전기자 저항은 무시한다)

① $\delta$에 반비례
② $\delta$에 비례
③ $\sin\delta$에 비례
④ $\cos\delta$에 비례

**Explanation**

비돌극기의 1상의 출력 $P = \dfrac{EV}{x_s}\sin\delta$ [W]  【답】③

**17** 동기발전기의 단락비나 동기임피던스를 산출하는 데 필요한 특성곡선은?

① 부하 포화곡선과 3상 단락곡선
② 단상 단락곡선과 3상 단락곡선
③ 무부하 포화곡선과 3상 단락곡선
④ 무부하 포화곡선과 외부특성곡선

**Explanation**

단락비 계산 : 무부하 포화 시험, 3상 단락시험  【답】③

**18** 정격 용량 12,000[kVA], 정격 전압 6,600[V]의 3상 교류 발전기가 있다. 무부하 곡선에서의 정격 전압에 대한 계자 전류는 280[A], 3상 단락 곡선에서의 계자 전류 280[A]에서의 단락 전류는 920[A]이다. 이 발전기의 단락비는 얼마인가?

① 1.14
② 0.88
③ 1.45
④ 0.67

**Explanation**

정격전류 $I_n = \dfrac{P}{\sqrt{3}\,V} = \dfrac{12,000 \times 10^3}{\sqrt{3} \times 6,600} \fallingdotseq 1,050$

단락비 $K_s = \dfrac{I_s}{I_n} = \dfrac{920}{1,050} = 0.88$  【답】②

**19** 단락비 1.2인 동기발전기의 퍼센트 동기임피던스는 약 몇 [%]인가?

① 100
② 83
③ 60
④ 45

**Explanation**

단락비 $K_s = \dfrac{1}{Z_s'[PU]}$

$Z_s'[PU] = \dfrac{1}{K_s} = \dfrac{1}{1.2} = 0.83 \times 100 = 83[\%]$  【답】②

## 주요 문제

**20** 단락비가 큰 동기 발전기에 대한 설명으로 틀린 것은?
① 과부하 용량이 크다.
② 전압변동률이 크다.
③ 전기자 반작용이 적다.
④ 동기 임피던스가 적다.

**Explanation**

단락비가 큰 동기기
- 전기자 반작용이 작다.
- 동기 임피던스가 작다
- 과부하 내량이 크다.
- 기계의 중량이 무겁고 고가이다.
- **전압 변동률이 작다.**
- 송전 선로의 충전 용량이 크다.
- 안정도가 우수하다.
- 극수가 적은 저속기(수차형)

【답】②

**21** 병렬운전 중인 A, B 두 동기발전기 중 A발전기의 여자를 B발전기보다 증가시키면 A발전기는?
① 동기화 전류가 흐른다.
② 부하전류가 증가한다.
③ 90° 진상전류가 흐른다.
④ 90° 지상전류가 흐른다.

**Explanation**

동기발전기 병렬운전 시
- A발전기 여자전류 증가 : A발전기에는 지상전류가 흘러 A발전기의 역률이 저하되며 B발전기에는 진상전류가 흘러 B발전기의 역률은 좋아지게 된다.

【답】④

**22** 동기기의 과도 안정도를 증가시키는 방법이 아닌 것은?
① 속응 여자방식을 채용한다.
② 동기 탈조계전기를 사용한다.
③ 동기화 리액턴스를 작게 한다.
④ 회전자의 플라이휠 효과를 작게 한다.

**Explanation**

동기기의 안정도 증진법
- 동기 리액턴스를 작게 할 것
- **회전자의 플라이휠 효과를 크게 할 것(관성 모멘트를 크게)**
- 속응 여자방식을 채용
- 발전기의 조속기 동작을 신속히 할 것
- 동기 탈조 계전기를 사용
- 역상, 영상 임피던스를 크게 할 것

【답】④

**23** 3상 동기기에서 제동권선의 주 목적은?
① 출력 개선
② 효율 개선
③ 역률 개선
④ 난조 방지

**Explanation**

제동 권선의 역할
- **난조 방지**
- 기동토크 발생(동기전동기)

【답】④

### 주요 문제

**24** 동기발전기가 난조를 일으키는 원인으로 틀린 것은?

① 부하가 급격히 변화하는 경우
② 회전자의 관성 모멘트가 작은 경우
③ 발전기의 전기적 저항이 작은 경우
④ 원동기의 토크에 고조파가 포함되어 있는 경우

**Explanation**

난조(hunting) : 발전기의 부하가 급변하는 경우 회전자 속도가 동기 속도를 중심으로 진동하는 현상
① 난조의 원인
  • 원동기의 조속기 감도가 너무 예민할 때
  • 전기자 저항이 너무 클 때
  • 부하의 급변
  • 원동기 토크에 고조파가 포함될 때
  • 관성모멘트가 작은 경우

【답】③

**25** 터빈발전기 출력 1,350[kVA], 2극, 3,600[rpm], 11[kV]일 때 역률 80[%]에서 전부하 효율이 96[%]라 하면 이 때의 손실전력[kW]은?

① 36.5
② 45
③ 56.6
④ 65

**Explanation**

$$\eta = \frac{출력}{출력 + 손실} \times 100[\%]$$

$$손실 = \frac{출력}{\eta} - 출력$$

$$= \frac{1,350 \times 0.8}{0.96} - 1,350 \times 0.8 = 45[kW]$$

【답】②

**26** 동기전동기의 특징으로 틀린 것은?

① 속도가 일정하다.
② 역률을 조정할 수 없다.
③ 직류전원을 필요로 한다.
④ 난조를 일으킬 염려가 있다.

**Explanation**

동기전동기의 특징

| 장점 | 단점 |
| --- | --- |
| ① 속도가 $N_s$로 일정 | ① 기동토크가 작다. |
| ② **역률 1로 조정 가능** | ② 속도 제어가 어렵다. |
| ③ 효율이 좋다. | ③ 직류 여자가 필요 |
| ④ 공극이 크고 기계적으로 튼튼하다. | ④ 난조가 일어나기 쉽다. |

【답】②

**27** 동기전동기의 위상특성곡선(V곡선)에 대한 설명으로 옳은 것은?

① 출력을 일정하게 유지할 때 부하전류와 전기자전류의 관계를 나타낸 곡선
② 역률을 일정하게 유지할 때 계자전류와 전기자전류의 관계를 나타낸 곡선
③ 계자전류를 일정하게 유지할 때 전기자전류와 출력사이의 관계를 나타낸 곡선
④ 공급전압 V와 부하가 일정할 때 계자전류의 변화에 대한 전기자전류의 변화를 나타낸 곡선

**Explanation**

## 주요 문제

동기 전동기의 위상 특성 곡선(V곡선)
- $I_a$와 $I_f$ 관계곡선 (P는 일정)
- 계자전류의 변화에 대한 전기자 전류의 변화를 나타낸 곡선
- 과여자 : 앞선 역률(진상)
- 부족여자 : 늦은 역률(지상)

역률 $\cos\theta = 1$ 일 때, 전기자 전류 최소

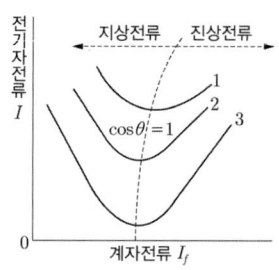

【답】④

**28** 송전선로에 접속된 동기 조상기의 설명 중 가장 옳은 것은?
① 과여자로 운전하면 앞선 전류가 흐르므로 리액터 역할을 한다.
② 과여자로 운전하면 뒤진 전류가 흐르므로 콘덴서 역할을 한다.
③ 부족여자로 운전하면 앞선 전류가 흐르므로 리액터 역할을 한다.
④ 부족여자로 운전하면 송전선로의 자기여자작용에 의한 전압상승을 방지한다.

**Explanation**

동기조상기 : 무부하 운전 중인 동기 전동기를 과여자 또는 부족여자 운전하여 역률을 제어할 수 있는 기기
- 과여자 : 콘덴서 $C$로 작용, 위상이 앞선 전류가 흐른다.
- 부족여자 : 인덕턴스 $L$로 작용, 위상이 뒤진 전류가 흐른다.

【답】④

**29** 역률 0.85의 부하 350[kW]에 50[kW]를 소비하는 동기전동기를 병렬로 접속하여 합성 부하의 역률을 0.95로 개선하려면 전동기의 진상 무효 전력은 약 몇 [kVar]인가?
① 68
② 72
③ 80
④ 85

**Explanation**

동기전동기로 진상무효전력을 공급하면
합성 유효전력 $P = 50 + 350 = 400$[kW]

합성 무효전력 $Q = P\tan\theta - Q_c = 350 \times \dfrac{\sqrt{1-0.85^2}}{0.85} - Q_c = 216.92 - Q_c$[kVar]

따라서 역률 0.95로 하려면

$\cos\theta = \dfrac{P}{P_a} = \dfrac{400}{\sqrt{400^2 + (216.92 - Q_c)^2}} = 0.95$

따라서 진상무효전력 $Q_c = 85.45$[kVar]

【답】④

**30** 특수 동기기에 대한 설명 중 틀린 것은?
① 정현파 발전기는 부하에 관계없이 정현파 기전력을 발생한다.
② 동기 주파수변환기는 조작이 간편하고 효율이 좋다.
③ 유도 동기전동기는 기동 토크와 인입 토크가 크다.
④ 반작용 전동기는 역률이 좋다.

**Explanation**

반작용 전동기(reaction motor), 릴럭턴스 모터(reluctance motor)
① 특징 : 토크가 작고 역률이나 효율이 나쁘지만 구조가 간단하고 직류여자가 필요하지 않다.
② 응용 분야 : 팩시밀리의 드럼구동용, 공업계기의 차트지 발송용의 소용량 모터

【답】④

## 3 변압기

※ 정격 : 변압기 명판의 기재사항

### 1. 권수비

$$a = \frac{N_1}{N_2} = \frac{E_1}{E_2} = \frac{V_1}{V_2} = \frac{I_2}{I_1} = \sqrt{\frac{Z_1}{Z_2}} = \sqrt{\frac{R_1}{R_2}} = \sqrt{\frac{L_1}{L_2}}$$

### 2. 절연유의 구비조건
① 절연내력이 클 것
② 비열이 크고, 점도가 낮고, 냉각효과가 클 것
③ 인화점은 높고, 응고점은 낮을 것
④ 고온에서 산화하지 않고, 석출물이 생기지 않을 것

### 3. 절연열화 방지대책
① 콘서베이터(conservator) 설치
② 질소 봉입 방식
③ 흡착제 방식

### 4. 유기기전력

$$E = 4.44 f N \phi_m = 4.44 f N B_m S [V]$$   여기서, $B_m$은 최대자속밀도

### 5. 무부하 전류

$$I_o = Y_o V_1 = I_i + jI_\phi = \sqrt{I_i^2 + I_\phi^2} \, [A]$$

여기서, 자화전류 $I_\phi = \sqrt{I_0^2 - I_i^2} = \sqrt{I_0^2 - \left(\frac{P_i}{V_1}\right)^2} \, [A]$  (자속만을 공급)

### 6. 변압기 등가회로(2차를 1차로 환산)
① 등가회로 작성을 위한 시험 : 무부하 시험, 단락시험, 권선저항측정
- 단락 시험 : 임피던스 전압, 임피던스 와트, 동손
- 무부하 시험 : 여자 전류, 철손, 여자 어드미턴스

② 2차를 1차로 환산한 등가 임피던스

$$Z_{21} = Z_1 + Z_2' = r_{21} + jx_{21} = \sqrt{r_{21}^2 + x_{21}^2} = \sqrt{(r_1 + a^2 r_2)^2 + (x_1 + a^2 x_2)^2} \, [\Omega]$$

### 7. 백분율 강하
① %저항강하

$$p = \frac{I_{1n} r_{21}}{V_{1n}} \times 100 = \frac{P_s}{P_n} \times 100 [\%]$$   여기서, $P_s$는 임피던스 와트(동손)[W]

② %리액턴스 강하

$$q = \frac{I_{1n}x_{21}}{V_{1n}} \times 100 = \frac{I_{2n}x_{12}}{V_{2n}} \times 100 = \sqrt{Z^2 - p^2}\,[\%]$$

③ %임피던스(전압) 강하

$$\%Z = \frac{I_{1n}Z_{21}}{V_{1n}} \times 100 = \frac{V_{1s}}{V_{1n}} \times 100 = \frac{I_{1n}(r_{21}+jx_{21})}{V_{1n}} \times 100 = \frac{I_n}{I_s} \times 100\,[\%]$$

여기서, $V_{1s}$ : 임피던스 전압[V]

※ 임피던스 전압 : 정격전류가 흐를 때 변압기 내 전압 강하

④ 단락전류 $I_s = \dfrac{100}{\%Z}I_n\,[A]$

8. 전압변동률 : 전부하 시와 무부하 시의 2차 단자전압이 다른 정도

전압변동률 $\epsilon = \dfrac{V_{20} - V_{2n}}{V_{2n}} \times 100\,[\%]$

$\qquad\qquad\quad = p\cos\theta \pm q\sin\theta$  여기서, + : 지상, - : 진상

9. 변압기 결선(단상 변압기 이용)

① Y, △결선 : $P_{Y,\triangle} = 3K$  여기서, $K$는 변압기 1대 용량

② V결선 : $P_V = \sqrt{3}\,K$

- 이용률 $= \dfrac{\sqrt{3}\,K}{2K} \times 100 = 86.6\,[\%]$

- 출력비 $= \dfrac{\sqrt{3}\,K}{3K} \times 100 = 57.7\,[\%]$

10. 변압기 상수 변환

① 3상 - 2상 : scott(스코트) 결선(=T결선, 권수비 $\dfrac{\sqrt{3}}{2}a$)

$\qquad\qquad\quad$ Meyer(메이어) 결선

$\qquad\qquad\quad$ wood bridge(우드 브리지) 결선

② 3상 - 6상 : Fork 결선, 2중 성형 결선, 환상 결선, 대각 결선, 2중 △결선


11. 변압기 병렬운전

① 병렬운전 조건
- 극성이 같을 것
- 1, 2차 정격전압 및 권수비가 같을 것(용량, 출력 무관)
- % 강하가 같을 것(임피던스 전압이 같을 것)
- 내부저항과 리액턴스의 비가 같을 것

② 부하분담
- 누설임피던스에는 역비례하고 변압기의 용량에는 비례

- $\dfrac{P_a}{P_b} = \dfrac{P_A}{P_B} \times \dfrac{\%Z_b}{\%Z_a}$

## 12. 단권변압기

① 특징
- 1, 2차 권선을 하나로 사용
  - 철량과 동량이 적고 손실이 적으며 효율이 우수
  - 1, 2차 간의 절연이 어렵다.
- 1, 2차 권선을 하나로 사용하므로 누설자속이 없어 누설리액턴스가 감소
  - 전압변동이 적고 안정도가 우수
  - 누설리액턴스가 적어 단락 시 대전류 발생
- 자기용량에 비해 큰 부하용량을 사용
- 단상과 3상 모두 사용

② $\dfrac{V_h}{V_l} = \dfrac{n_1 + n_2}{n_1} = \left(1 + \dfrac{n_2}{n_1}\right) = \left(1 + \dfrac{1}{a}\right)$

$\dfrac{\text{자기용량}}{\text{부하용량}} = \dfrac{e_2 I_2}{V_h I_2} = \dfrac{e_2}{V_h} \fallingdotseq \dfrac{V_h - V_l}{V_h}$, 부하용량 = 자기용량 $\times \dfrac{V_h}{e_2}$

## 13. 변압기의 손실과 효율

① 변압기의 손실
- 동손 : 부하손($I^2 R$에 의한 손실)
- 철손 : 히스테리시스손+와류손($P_i = k\dfrac{E^2}{f}$), 와류손은 인가전압이 일정하면 $P_e \propto V^2$

② 효율
- 전부하 시 효율

  $\eta = \dfrac{\text{출력}}{\text{출력}+\text{손실}} \times 100 = \dfrac{P_n \cos\theta}{P_n \cos\theta + P_i + P_c} \times 100[\%]$   여기서, $P_n$ : 변압기 용량

- $\dfrac{1}{m}$ 부하 시 효율

  $\eta_{\frac{1}{m}} = \dfrac{\dfrac{1}{m}P_n\cos\theta}{\dfrac{1}{m}P_n\cos\theta + P_i + \left(\dfrac{1}{m}\right)^2 P_c} \times 100[\%]$

- 최대효율조건
  - $P_i = P_c$(철손=동손) : 전부하시
  - $P_i \neq P_c$(철손≠동손) : $\dfrac{1}{m}$ 부하 시  $P_i = \left(\dfrac{1}{m}\right)^2 P_c$

    최대 효율 부하 : $\dfrac{1}{m} = \sqrt{\dfrac{P_i}{P_c}}$

- 최대효율

$$\eta_{\max} = \frac{\frac{1}{m}P_n\cos\theta}{\frac{1}{m}P_n\cos\theta + 2P_i} \times 100[\%]$$

## 14. 변압기 보호
① 전기적인 보호 방식 : 비율 차동 계전기
② 기계적인 보호 방식 : 부흐홀츠 계전기, 충격압력계전기, 방압안전장치, 유온계(온도계전기)

## 15. 변압기 온도시험
① 실부하법
② 반환부하법 : 일반적인 방법(효율 우수)

### 주요 문제

**01** 변압기의 철심으로 갖추어야 할 성질이 아닌 것은?
① 전기 저항이 작을 것
② 투자율이 클 것
③ 성층 철심으로 할 것
④ 히스테리시스 계수가 작을 것

**Explanation**

변압기 철심의 구비조건
- 투자율이 클 것
- 전기 저항이 클 것
- 히스테리시스 계수가 작을 것
- 성층 철심으로 할 것

【답】①

**02** 어느 변압기의 1차 권수가 1,500인 변압기의 2차측에 접속한 20[Ω]의 저항은 1차측으로 환산했을 때 8[kΩ]으로 되었다고 한다. 이 변압기의 2차 권수는?
① 400
② 250
③ 150
④ 75

**Explanation**

$a = \dfrac{n_1}{n_2} = \dfrac{V_1}{V_2} = \sqrt{\dfrac{Z_1}{Z_2}}$ 에서

$a = \sqrt{\dfrac{Z_1}{Z_2}} = \sqrt{\dfrac{8,000}{20}} = 20$

2차측 권수 $n_2 = \dfrac{n_1}{a} = \dfrac{1,500}{20} = 75$

【답】④

**03** 변압기에서 권수가 2배가 되면 유기기전력은 몇 배가 되는가?
① 1
② 2
③ 4
④ 8

**Explanation**

변압기 유기기전력 $E_1 = 4.44 f \phi_m N_1$ 에서 기전력과 권수는 비례
따라서 $E \propto N \propto 2$배

【답】②

**04** 변압기유로 쓰이는 절연유에 요구되는 특성이 아닌 것은?
① 점도가 클 것
② 절연 내력이 클 것
③ 응고점이 낮을 것
④ 인화점이 높을 것

**Explanation**

절연유의 구비조건(절연+냉각)
- 절연내력이 클 것
- 점도가 낮고 비열이 커서 냉각 효과가 클 것
- 인화점은 높고, 응고점은 낮을 것

【답】①

**05** 변압기에 콘서베이터를 설치하는 목적은?
① 통풍 방지
② 코로나 방지
③ 오일의 열화 방지
④ 오일의 강제 순환

**Explanation**

## 주요 문제

절연열화 방지대책
- 콘서베이터(보조탱크) 설치
- 질소 봉입 방식
- 흡착제 방식

【답】③

**06** 대형 변압기에서 변압기의 호흡작용으로 절연내력이 저하되는 절연열화를 방지할 목적으로 기름과 공기의 접촉을 방지하기 위해 봉입하는 기체는?

① 질소
② 탄산가스
③ 오존
④ 아르곤

**Explanation**

절연열화 방지대책
- 콘서베이터(보조탱크) 설치
- 질소 봉입
- 흡착제 방식

【답】①

**07** 다음 그림은 변압기 무부하 벡터도를 표시한 것이다. 그림에서 "C"는 무엇을 의미하는가?

① 자화전류
② 여자전류
③ 부하전류
④ 철손전류

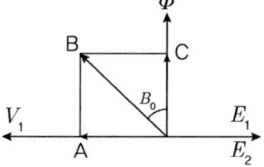

**Explanation**

- A : 철손전류
- B : 무부하전류(여자전류)
- C : 자화전류

【답】①

**08** 변압기의 등가회로를 작성하기 위하여 필요한 시험은?

① 권선저항측정, 무부하시험, 단락시험
② 상회전시험, 절연내력시험, 권선저항측정
③ 온도상승시험, 절연내력시험, 무부하시험
④ 온도상승시험, 절연내력시험, 권선저항측정

**Explanation**

변압기의 등가회로를 그리기 위한 시험
- 단락시험 : 임피던스 전압, 임피던스 와트, 동손
- 무부하시험 : 여자전류, 철손, 여자 어드미턴스
- 각 권선의 저항측정

【답】①

**09** 변압기의 개방회로 시험으로 구할 수 없는 것은?

① 동손
② 히스테리시스손실
③ 무부하 전류
④ 와류손

**Explanation**

변압기의 시험
- 무부하시험(개방시험) : 여자 어드미턴스, 철손, 무부하전류
- 단락시험 : 임피던스 와트, 임피던스 전압, 동손, 전압변동률

【답】①

## 주요 문제

**10** 변압기 단락시험과 관계없는 것은?
① 전압 변동률
② 임피던스 와트
③ 임피던스 전압
④ 여자 어드미턴스

**Explanation**

변압기의 시험
- 단락시험 : 임피던스 전압, 임피던스 와트, 동손
- 무부하 시험 : 여자 전류, 철손, 여자 어드미턴스

【답】④

**11** 10[kVA], 2,000/100[V] 변압기에서 1차에 환산한 등가 임피던스는 $6.2 + j7$[Ω]이다. 이 변압기의 %리액턴스 강하는?
① 3.5
② 0.175
③ 0.35
④ 1.75

**Explanation**

변압기 1차 정격전류 $I_{1n} = \dfrac{P}{V_{1n}} = \dfrac{10 \times 10^3}{2,000} = 5[A]$

%리액턴스 강하 $q = \dfrac{I_{1n} x_{21}}{V_{1n}} \times 100 = \dfrac{5 \times 7}{2,000} \times 100 = 1.75[\%]$

【답】④

**12** 3,300/210[V], 5[kVA] 단상변압기의 퍼센트 저항강하는 2.4[%], 퍼센트 리액턴스강하는 1.8[%]이다. 임피던스 와트[W]는?
① 90
② 120
③ 240
④ 320

**Explanation**

저항강하 $p = \dfrac{I_{1n} r}{V_{1n}} \times 100 = \dfrac{I_{1n}^2 r}{V_{1n} I_{1n}} \times 100 = \dfrac{P_c}{P_n} \times 100 [\%]$

동손(임피던스 와트) $P_c = \dfrac{\%p \times P_n}{100} = \dfrac{2.4 \times 5 \times 10^3}{100} = 120[W]$

【답】②

**13** 임피던스 전압강하 4[%]의 변압기가 운전 중 단락되었을 때 단락전류는 정격전류의 몇 배가 흐르는가?
① 15
② 20
③ 25
④ 30

**Explanation**

단락전류 $I_s = \dfrac{100}{\%Z} I_n = \dfrac{100}{4} \times I_n = 25 I_n$

【답】③

**14** 어떤 변압기의 백분율 저항 강하가 2[%], 백분율 리액턴스 강하가 3[%]라 한다. 이 변압기로 역률이 80[%]인 부하에 전력을 공급하고 있다. 이 변압기의 전압변동률은 몇 [%]인가?
① 2.4
② 3.4
③ 3.8
④ 4.0

**Explanation**

## 주요 문제

$$c = \frac{V_{20} - V_{2n}}{V_{2n}} \times 100 = p\cos\theta \pm q\sin\theta(\text{지상}: +, \text{진상}: -)$$
$$= 2 \times 0.8 + 3 \times 0.6 = 3.4[\%]$$

【답】②

**15** 변압기의 병렬운전 조건에 해당하지 않는 것은?
① 각 변압기의 극성이 같을 것
② 각 변압기의 정격출력이 같을 것
③ 각 변압기의 백분율 임피던스 강하가 같을 것
④ 각 변압기의 권수비가 같고 1차 및 2차의 정격전압이 같을 것

**Explanation**

변압기 병렬운전 조건
- 극성, 권수비, 1, 2차 정격전압이 같을 것(용량은 무관)
- 각 변압기의 저항과 리액턴스비가 같을 것
- 내부저항과 리액턴스의 비가 같을 것

【답】②

**16** 3상-2상간 상수 변환이 가능한 변압기 결선 방식이 아닌 것은?
① 메이어 결선　　② 우드브리지 결선
③ T결선　　　　　④ 포크 결선

**Explanation**

변압기 상수 변환법
- 3상에서 2상변환: scott 결선(=T결선), Meyer 결선, wood bridge 결선
- 3상에서 6상변환: Fork 결선, 2중 성형 결선 환상 결선, 대각 결선, 2중△결선

【답】④

**17** 단상변압기 2대를 사용하여 3,150[V]의 평형 3상에서 210[V]의 평형 2상으로 변환하는 경우에 각 변압기의 1차 전압과 2차 전압은 얼마인가?

① 주좌 변압기 : 1차 3,150[V], 2차 210[V], T좌 변압기 : 1차 3,150[V], 2차 210[V]

② 주좌 변압기 : 1차 3,150[V], 2차 210[V], T좌 변압기 : 1차 $3,150 \times \frac{\sqrt{3}}{2}$[V], 2차 210[V]

③ 주좌 변압기 : 1차 $3,150 \times \frac{\sqrt{3}}{2}$[V], 2차 210[V], T좌 변압기 : 1차 $3,150 \times \frac{\sqrt{3}}{2}$[V], 2차 210[V]

④ 주좌 변압기 : 1차 $3,150 \times \frac{\sqrt{3}}{2}$[V], 2차 210[V], T좌 변압기 : 1차 3,150[V], 2차 210[V]

**Explanation**

스코트 결선(T결선) T좌 변압기의 권선비 : $a_T = \frac{\sqrt{3}}{2}a$
- 주좌 변압기 : 1차 3,150[V], 2차 210[V]
- T좌 변압기 : 1차 $3,150 \times \frac{\sqrt{3}}{2}$[V], 2차 210[V]

【답】②

**18** △ 결선 변압기의 한 대가 고장으로 제거되어 V결선으로 공급할 때 공급할 수 있는 전력은 고장 전 전력에 대하여 몇 [%]인가?
① 57.7　　　　　　　　② 66.7
③ 75.0　　　　　　　　④ 86.3

> **Explanation**
>
> V결선 출력비 $= \dfrac{V\text{결선의 출력}}{\triangle\text{결선의 출력}} = \dfrac{\sqrt{3}K}{3K} = \dfrac{\sqrt{3}}{3} \times 100 = 0.577 \times 100 = 57.7[\%]$
>
> 【답】①

**19** 용량 1[kVA], 3,000/220[V]의 단상변압기를 단권변압기로 연결해서 승압기로 사용할 때, 1차 측에 3,000[V]를 가할 경우 부하용량은 약 몇 [kVA]인가?

① 1
② 10
③ 15
④ 16

> **Explanation**
>
> 승압된 전압 $V_h = V_l\left(1+\dfrac{1}{a}\right) = 3{,}000\left(1+\dfrac{220}{3{,}000}\right) = 3{,}220[\text{V}]$
>
> $\dfrac{\text{자기용량}}{\text{부하용량}} = \dfrac{e_2 I_2}{V_h I_2} = \dfrac{e_2}{V_h} \fallingdotseq \dfrac{V_h - V_l}{V_h}$
>
> 부하용량 $= \dfrac{V_h}{e_2} \times \text{자기용량}$
> $= \dfrac{3{,}220}{220} \times 1 = 14.64[\text{kVA}]$
>
> 【답】③

**20** 와전류손을 줄이기 위한 대책으로 틀린 것은?

① 고유 저항이 높은 철심을 사용한다.
② 자속밀도를 낮게 한다.
③ 주파수를 크게 한다.
④ 철판 두께를 얇게 한다.

> **Explanation**
>
> 와류손 $P_e = \sigma_e(t \cdot f \cdot K_f \cdot B_m)^2$    여기서, $t$ : 철심의 두께, $K_f$는 파형률
> 와류손은 주파수에 비례하므로, 와류손을 줄이려면 주파수를 작게 해야 한다.
>
> 【답】③

**21** 변압기의 표유 부하손이란?

① 부하전류 중 누전에 의한 손실
② 무부하시 여자전류에 의한 동손
③ 누설자속에 의하여 외함, 기타 철물에 생기는 손실
④ 1차, 2차 권선 간의 누설자속에 의하여 생기는 손실

> **Explanation**
>
> 변압기의 부하손
> • 동손 : 권선에 의한 손실
> • 표유 부하손 : 권선 이외 부분의 누설자속에 의한 손실
>
> 【답】③

**22** 변압기의 부하가 증가할 때의 현상으로서 틀린 것은?

① 동손이 증가한다.
② 온도가 상승한다.
③ 철손이 증가한다.
④ 여자전류는 변함없다.

> **Explanation**
>
> 변압기의 손실
> • 부하손 : 동손
> • 무부하손 : 철손(히스테리시스손 + 와류손)
> 부하가 증가하면 동손은 증가하지만 철손은 무부하손이므로 변함없다.
>
> 【답】③

## 주요 문제

**23** 용량 150[kVA]의 단상 변압기의 철손이 1[kW], 전부하 동손이 4[kW]이다. 이 변압기의 최대효율은 몇 [kVA]에서 나타나는가?

① 50　　　　② 75　　　　③ 100　　　　④ 150

**Explanation**

$\frac{1}{m}$ 부하의 경우 최대 효율이 된다고 하면 $\left(\frac{1}{m}\right)^2 P_c = P_i$

∴ $\frac{1}{m} = \sqrt{\frac{P_i}{P_c}} = \sqrt{\frac{1}{4}} = \frac{1}{2}$ 이므로

변압기의 최대효율이 걸리는 부하는 $150 \times \frac{1}{2} = 75[\text{kVA}]$

【답】②

**24** 변압기의 내부고장으로 압력이 증가할 때 동작하는 계전기로서 가장 적당한 것은?

① 과전류 계전기　　　　② 과전압 계전기
③ 비율차동 계전기　　　④ 브흐홀츠 계전기

**Explanation**

변압기 내부 고장 보호용
- 전기적인 보호 : 비율 차동 계전기
- 기계적인 보호 : **부흐홀츠 계전기**, 유온계(온도 계전기), 유위계, 충격압력 계전기

【답】④

**25** 변압기 온도시험을 하는 데 가장 좋은 방법은?

① 실 부하법　　　　② 반환 부하법
③ 단락 시험법　　　④ 내전압 시험법

**Explanation**

변압기 온도시험
- 실 부하법
- 반환 부하법 : 일반적인 방법(효율 우수), 홉킨스법, 블론델법, 카프법

【답】②

**26** 주상 변압기의 고압측에는 설치하는 탭의 용도는?

① 단자고장의 예비　　　② 선로의 역률개선
③ 선로전류의 조정　　　④ 선로전압조정

**Explanation**

변압기 탭(tap)조정
- 변압기 2차 측의 전압조정을 위하여 1차측 탭을 조정

【답】④

**27** 변압기의 정격을 정의한 것 중 옳은 것은?

① 전부하의 경우 1차 단자전압을 정격 1차 전압이라 한다.
② 정격 2차 전압은 명판에 기재되어 있는 2차 권선의 단자 전압이다.
③ 정격 2차 전압을 2차 권선의 저항으로 나눈 것이 정격 2차 전류이다.
④ 2차 단자 간에서 얻을 수 있는 유효전력을 [kW]로 표시한 것이 정격출력이다.

**Explanation**

변압기의 정격 : 변압기 명판에 기재되어 있는 사항

【답】②

## 4 유도기

### 1. 슬립과 전부하 속도

① 슬립 : $s = \dfrac{N_s - N}{N_s}$

② 전부하속도 : $N = (1-s)N_s$

③ 슬립에 따른 특성
- 유도전동기 : $0 < s < 1$
- 유도발전기($N_s < N$) : $s < 0$
- 유도제동기(역회전, 역상제동) : $1 < s < 2$

### 2. 회전 시 슬립과의 관계

① 회전 시 2차 주파수 : $f_{2s} = sf_1$

② 회전 시 2차 유도기전력 : $E_{2s} = sE_2$

### 3. 등가회로

① 등가저항
- $R = \dfrac{1-s}{s}r_2'\,[\Omega]$
- 등가저항은 기계적인 2차 출력을 발생시키는 상수

② 3상 출력 : $P_0 = 3I_1^2 R\,[\text{W}]$

### 4. 전력변환

① 출력($P_0$) = 2차 입력($P_2$) - 2차 동손($P_{c2}$)

② $P_0 = P_2 - P_{c2} = P_2 - sP_2 = (1-s)P_2$

$P_2 = \dfrac{P_0}{1-s}$ 이며 $P_{c2} = sP_2$ 이므로 2차 동손 $P_{c2} = \dfrac{s}{1-s}P_0$

cf) 만약 기계손($P_m$)이 있다면 2차 동손 $P_{c2} = \dfrac{s}{1-s}(P_0 + P_m)$

③ 2차 효율 $\eta_2 = \dfrac{P_0}{P_2} = \dfrac{(1-s)P_2}{P_2} = 1 - s = \dfrac{N}{N_s} = \dfrac{\omega}{\omega_s}$

### 5. 토크(회전력)

① $\tau = 0.975 \times \dfrac{P_2}{N_s}\,[\text{kg}\cdot\text{m}]$, 동기와트 : $P_2 = 1.026\,N_s\tau\,[\text{W}]$

② $\tau = 0.975 \times \dfrac{P_0}{N}\,[\text{kg}\cdot\text{m}]$

③ $\tau \propto V^2$, $s \propto \dfrac{1}{V^2}$

④ 최대 토크가 되기 위한 슬립 : $s_{Tm} = \dfrac{r_2}{x_2}$

기동 시에 최대 토크를 발생하기 위해서 삽입하여야 할 저항

$$R_s' = \sqrt{r_1^2 + (x_1 + x_2')^2} - r_2' = \sqrt{(x_1 + x_2')^2} - r_2'$$

## 6. 비례추이(권선형 유도전동기)

① 2차 합성저항의 변화에 따라 슬립이 변화. 기동 시 기동토크가 크고 기동전류가 감소 최대토크는 불변

② $\dfrac{r_2}{s_1} = \dfrac{r_2 + R}{s_2}$

## 7. 원선도(지름 : $\dfrac{E}{x}$ 에 비례)

원선도를 그리기 위한 시험
- 저항 측정
- 무부하(개방) 시험 : 철손, 여자전류
- 구속(단락) 시험 : 동손, 임피던스 전압, 단락전류

## 8. 유도전동기 기동법

① 농형 유도전동기의 기동법
- 전전압 기동(직입기동) : 5 [kW] 이하의 소형
- Y-△기동 : 기동전류 제한을 위해(5~15[kW] 정도)
- 기동 보상기법 : 단권변압기를 이용한 감전압 기동, 15[kW] 이상
- 리액터 기동 : 리액터에 의한 감전압 기동

② 권선형 전동기의 기동법
- 2차 저항기동법 : 비례추이 이용

## 9. 유도전동기 속도 제어

| | 특징 |
|---|---|
| 농형 | ① 주파수 변환법<br>• 역률이 양호하며 연속적인 속도 제어가 되지만, 전용 전원이 필요<br>• 인견·방직 공장의 포트 모터, 선박의 전기추진장치<br>② 극수 변환법<br>③ 전압 제어법 : 전원 전압의 크기를 조절하여 속도 제어 |
| 권선형 | ① 2차 저항법 : 비례추이를 이용한 것<br>② 2차 여자법 : 회전자 기전력과 같은 주파수 전압을 인가하여 속도 제어<br>③ 종속접속법 |

## 10. 단상 유도전동기(기동토크가 큰 순서)

반발기동형 > 반발유도형 > 콘덴서기동형 > 분상기동형 > 셰이딩코일형 > 모노사이클릭형

## 11. 유도 전압조정기

| 종류 | 단상 유도 전압조정기 | 3상 유도 전압조정기 |
|---|---|---|
| 전압조정 범위 | $V_2 = V_1 + E_2 \cos\theta [\text{V}]$ | $V_2 = \sqrt{3}\,(V_1 \pm E_2)[\text{V}]$ |
| 조정 용량 | $P_2 = E_2 I_2 \times 10^{-3}[\text{kVA}]$ | $P_2 = \sqrt{3}\,E_2 I_2 \times 10^{-3}[\text{kVA}]$ |
| 특징 | • 단권변압기의 원리(교번자계)<br>• 입력과 출력 위상차 없음<br>• 단락권선 필요 | • 3상 유도전동기의 원리(회전자계)<br>• 입력과 출력 위상차 있음<br>• 단락권선 필요 없음 |

## 12. 제동법

① 발전제동 : 운전 중의 전동기를 전원에서 분리하여 단자에 적당한 저항을 접속하고 이것을 발전기로 동작시켜 저항에서 열로 소비하여 제동

② 회생제동 : 전동기를 발전기로 동작시켜 그 유도기전력을 전원 전압보다 크게 함으로써 전력을 전원에 되돌려 보내면서 제동시키는 경제적인 방법

③ 역상 제동(플러깅) : 3상 중 2상의 접속을 변경하여 회전 방향과 반대의 토크를 발생시켜, 갑자기 정지 또는 역전시키는 방법

> **주요 문제**

**01** 유도전동기 슬립 $s$의 범위는?

① $1 < s$
② $s < -1$
③ $-1 < s < 0$
④ $0 < s < 1$

**Explanation**

슬립 $s = \dfrac{N_s - N}{N_s}$

- $0 < s < 1$ : 유도 전동기
- $1 < s < 2$ : 유도 제동기
- $s < 0$ : 유도 발전기(비동기 발전기)

【답】④

**02** 주파수 60[Hz], 슬립 3[%], 회전수 1,164[rpm]인 유도전동기의 극수는?

① 4
② 6
③ 8
④ 10

**Explanation**

회전자 속도 $N = (1-s)N_s$에서 고정자 속도 $N_s = \dfrac{N}{1-s} = \dfrac{1,164}{1-0.03} = 1,200\,[\text{rpm}]$

$N_s = \dfrac{120f}{p}$에서 극수 $p = \dfrac{120f}{N_s} = \dfrac{120 \times 60}{1,200} = 6$

【답】②

**03** 60[Hz], 4극 유도전동기의 슬립이 4[%]인 때의 회전수[rpm]는?

① 1,728
② 1,738
③ 1,748
④ 1,758

**Explanation**

고정자 속도 $N_s = \dfrac{120f}{p} = \dfrac{120 \times 60}{4} = 1,800\,[\text{rpm}]$

회전자 속도 $N = (1-s)N_s$에서
$N = (1-s)N_s = (1-0.04) \times 1,800 = 1,728\,[\text{rpm}]$

【답】①

**04** 4극 3상 유도전동기를 60[Hz]의 전원에 접속하여 운전하고 있다. 회전자의 주파수가 3[Hz]일 때 회전자 속도[rpm]는?

① 1,700
② 1,710
③ 1,720
④ 1,730

**Explanation**

회전 시 주파수 $f_{2s} = sf_1$에서 슬립 $s = \dfrac{f_{2s}}{f_1} = \dfrac{3}{60} = 0.05$

$N = (1-s)N_s = (1-s)\dfrac{120f}{p} = (1-0.05) \times \dfrac{120 \times 60}{4} = 1,710\,[\text{rpm}]$

【답】②

**05** 슬립이 5[%]인 유도전동기의 등가 부하저항은 2차 저항의 몇 배인가?

① 36
② 25
③ 19
④ 20

> **Explanation**
>
> 등가저항 $R' = \dfrac{1-s}{s} r_2' = \dfrac{1-0.05}{0.05} \times r_2' = 19\,[\Omega]$
>
> 【답】③

**06** 3상 유도전동기의 슬립이 $s$, 2차 입력이 $P_2$일 때 2차 동손은?

① $\dfrac{P_2}{s}$  
② $sP_2$  
③ $\dfrac{(1-s)P_2}{s}$  
④ $(1-s)P_2$

> **Explanation**
>
> 2차 동손 $P_{c2} = sP_2$
>
> 【답】②

**07** 220[V], 60[Hz], 8극, 15[kW]의 3상 유도전동기에서 전부하 회전수가 864[rpm]이면 이 전동기의 2차 동손은 몇 [W]인가?

① 435  
② 537  
③ 625  
④ 723

> **Explanation**
>
> 고정자 속도 $N_s = \dfrac{120f}{p} = \dfrac{120 \times 60}{8} = 900\,[\text{rpm}]$
>
> 슬립 $s = \dfrac{N_s - N}{N_s} = \dfrac{900 - 864}{900} = 0.04$
>
> $P_0 = (1-s)P_2$에서 $P_2 = \dfrac{P_0}{1-s}$
>
> 2차 동손 $P_{c2} = sP_2$이므로
>
> 따라서 2차 동손 $P_{c2} = \dfrac{s}{1-s} P_0 = \dfrac{0.04}{1-0.04} \times 15{,}000 = 625\,[\text{W}]$
>
> 【답】③

**08** 220[V] 3상 유도전동기의 전부하 슬립이 4[%]이다. 공급 전압이 10[%] 저하된 경우의 전부하 슬립은?

① 4[%]  
② 5[%]  
③ 6[%]  
④ 7[%]

> **Explanation**
>
> 슬립과 전압과의 관계 $s \propto \dfrac{1}{V^2}$
>
> $s' = s \times \left(\dfrac{V}{V'}\right)^2 = s \times \left(\dfrac{V}{V \times 0.9}\right)^2 = 0.04 \times \left(\dfrac{220}{220 \times 0.9}\right)^2 = 0.05 = 5[\%]$
>
> 【답】②

**09** 3상 유도전동기의 운전 중 전압을 80[%]로 낮추면 부하 회전력은 몇 [%]로 감소되는가?

① 94  
② 80  
③ 72  
④ 64

> **Explanation**
>
> 유도전동기의 토크는 전압의 제곱에 비례 : $T \propto V^2$
>
> $T' \propto (0.8)^2 = 0.64\,T$
>
> 【답】④

## 주요 문제

**10** 유도전동기를 6극에서 운전할 때 토크를 $\tau$라 하면 12극으로 운전할 때의 토크($\tau$)는?

① $\tau$
② $2\tau$
③ $0.5\tau$
④ $4\tau$

**Explanation**

$N_s = \dfrac{120f}{p}$

$\tau = 0.975 \times \dfrac{P_2}{N_s} = 0.975 \times \dfrac{P_2\, p}{120f}$ 이므로 $\tau \propto p$

토크는 극수에 비례하므로 극수가 2배가 되면 토크도 2배가 된다.

【답】②

**11** 3상 유도전동기의 전원주파수와 전압의 비가 일정하고 정격속도 이하로 속도를 제어하는 경우 전동기의 출력 $P$와 주파수 $f$와의 관계는?

① $P \propto f$
② $P \propto \dfrac{1}{f}$
③ $P \propto f^2$
④ $P$는 $f$에 무관

**Explanation**

유도전동기 토크 $T = \dfrac{P_0}{\omega} = \dfrac{P_0}{2\pi \dfrac{N}{60}} = \dfrac{P_0}{\dfrac{2\pi}{60}(1-s)N_s} = \dfrac{P_0}{(1-s)\dfrac{2\pi}{60} \times \dfrac{120}{p}f}$

$= \dfrac{P_0}{(1-s)\dfrac{4\pi f}{p}}$ [N·m] $= 0.975 \dfrac{P_0}{N}$ [kg·m]

출력 $P_0 = (1-s)\dfrac{4\pi f}{p} T$ 이므로 $P_0 \propto f$

【답】①

**12** 4극 60[Hz]인 3상 유도전동기가 있다. 2차 1상의 저항을 0.15[$\Omega$], 전동기 정지 시 2차 1상의 리액턴스를 0.5[$\Omega$]이라 한다면 이 유도전동기가 최대토크를 발생하게 되는 회전속도[rpm]는?

① 1,260
② 1,345
③ 1,475
④ 1,420

**Explanation**

최대 토크를 발생하는 슬립 $s_t = \dfrac{r_2'}{\sqrt{r_1^2 + (x_1 + x_2')^2}} \fallingdotseq \dfrac{r_2}{x_2} = \dfrac{0.15}{0.5} = 0.3$

회전속도 $N = (1-s_t)N_s = (1-0.3) \times \dfrac{120 \times 60}{4} = 1,260$ [rpm]

【답】①

**13** 3상 유도전동기의 2차 저항을 $n$배로 하면 동일하게 $n$배로 되는 것은?

① 역률
② 전류
③ 슬립
④ 토크

**Explanation**

비례추이의 원리 : 권선형 유도전동기

- 최대 토크는 불변, 최대 토크의 발생 슬립은 변화
  (2차 저항이 증가하면 토크 곡선 등이 슬립이 증가하는 방향으로 2차 저항에 비례하여 이동)
- 기동 전류는 감소하고, 기동 토크는 증가

- $\dfrac{r_2}{s} = \dfrac{r_2 + R}{s'}$

【답】③

## 14 권선형 유도전동기에서 2차 저항을 변화시켜서 속도제어를 하는 경우 최대 토크는?

① 항상 일정하다.
② 2차 저항에만 비례한다.
③ 최대 토크가 생기는 점의 슬립에 비례한다.
④ 최대 토크가 생기는 점의 슬립에 반비례한다.

**Explanation**

비례 추이의 원리 : 권선형 유도전동기
- 최대 토크는 불변
- 기동 전류는 감소하고, 기동 토크는 증가
- $\dfrac{r_2}{s} = \dfrac{r_2 + R}{s'}$

【답】①

## 15 3상 유도전동기의 원선도 작성에 필요한 기본량이 아닌 것은?

① 저항 측정
② 슬립 측정
③ 구속 시험
④ 무부하 시험

**Explanation**

유도전동기 원선도
- 저항측정
- 무부하(개방) 시험
- 구속(단락) 시험

【답】②

## 16 유도 전동기 원선도에서 원의 지름은? (단, $E$를 1차 전압, $r$는 1차로 환산한 저항, $x$를 1차로 환산한 누설 리액턴스라 한다)

① $rE$에 비례
② $rxE$에 비례
③ $\dfrac{E}{r}$에 비례
④ $\dfrac{E}{x}$에 비례

**Explanation**

유도전동기 원선도 : 전류에 의한 궤적

$I_{2s} = \dfrac{E_{2s}}{Z_{2s}} = \dfrac{sE_2}{r_2 + jsx_2} = \dfrac{E_2}{\sqrt{\left(\dfrac{r_2}{s}\right)^2 + x_2^2}} \fallingdotseq \dfrac{E_2}{x_2}$   ∴ 지름 $\propto \dfrac{E}{x}$

【답】④

## 17 3상 유도전동기를 기동할 때 슬롯수가 적당하지 않을 때 발생되는 기자력의 고조파 성분에 의해 발생되는 현상은?

① 크롤링 현상
② 게르게스 현상
③ 토크 증가 현상
④ 제동 토크의 증가 현상

**Explanation**

크롤링 현상
3상 유도전동기에서 고조파에 의해 기동 시 낮은 속도의 어느 점에서 회전자가 걸려 안정하게 되어 더 이상 가속이 되지 않는 현상을 크롤링 현상(Crawling)이라고 한다. 주로 슬롯수가 적고 용량이 낮은 농형유도전동기에서 발생하기 쉬우며, 사구 슬롯을 사용하여 예방할 수 있다.

【답】①

## 주요 문제

**18** 3상 유도 전동기에 불평형 3상 전압을 가한 경우 다음 전동기의 특성 중 옳은 것은?
① 영상 전압은 거의 고려할 필요가 없다.
② 영상 전압은 고려하여야 한다.
③ 정상 전압과 역상 전압에 의한 회전 자계의 방향은 같다.
④ 직렬 운전 상태에서 역상분은 제동 작용을 하지 않는다.

**Explanation**

전동기는 불평형 전압이 가해져도 중성점이 접지되어 있지 않아 영상분이 존재하지 않으므로, 영상전압은 고려하지 않는다.
【답】①

**19** 3상 권선형 유도전동기의 기동법은?
① 기동보상기법
② Y-△ 기동법
③ 리액터 기동법
④ 2차 저항기동법

**Explanation**

권선형 전동기 기동법 : 2차 저항기동법, 게르게스법
【답】④

**20** 3상 유도전동기의 기동법으로 옳지 않은 것은?
① 전력 기동법
② 전전압 기동법
③ 단권 변압기 기동법
④ Y-△ 기동법

**Explanation**

3상 농형 유도 전동기 기동법
① 전전압 기동(직입기동) : 5[HP] 이하(3.7[kW])
② Y-△기동(5~15[kW])급 : 전류 1/3배, 전압 $1/\sqrt{3}$ 배
③ 기동 보상기법 : 15[kW] 초과 단권변압기를 사용하여 감전압기동
【답】①

**21** 농형 유도전동기의 속도제어법이 아닌 것은?
① 극수 변환
② 1차 저항 변환
③ 전원전압 변환
④ 전원주파수 변환

**Explanation**

농형 유도전동기 속도제어법
- 주파수 변환법
- 극수 변환법
- 전압 제어법
【답】②

**22** 유도전동기의 회전자에 슬립 주파수의 전압을 공급하여 속도를 제어하는 방법은?
① 2차 저항법
② 2차 여자법
③ 직류 여자법
④ 주파수 변환법

**Explanation**

2차 여자법(슬립 제어) : 유도전동기 회전자의 외부에서 슬립링을 통하여 슬립 주파수 전압을 인가하여 회전자 슬립에 의한 속도를 제어하는 방식
【답】②

### 주요 문제

**23** 3상 유도전동기의 속도제어법이 아닌 것은?
① 극수변환법
② 1차 여자제어
③ 2차 저항제어
④ 1차 주파수제어

**Explanation**

유도 전동기의 속도제어

| | 특징 |
|---|---|
| 농형<br>유도 전동기 | ① 주파수 변환법<br>② 극수 변환법<br>③ 전압 제어법 |
| 권선형<br>유도 전동기 | ① 2차 저항법<br>② 2차 여자법<br>③ 종속접속법 |

【답】②

**24** 유도전동기의 슬립이 $s > 1$ 인 영역을 갖는 것은?
① 회생제동
② 역상제동
③ 회전제동
④ 발전제동

**Explanation**

슬립 $s = \dfrac{N_s - N}{N_s}$

- $0 < s < 1$ : 유도 전동기
- $1 < s < 2$ : 유도 제동기(역상제동)
- $s < 0$ : 유도 발전기(비동기 발전기)

【답】②

**25** 유도전동기의 제동법이 아닌 것은?
① 회생제동
② 발전제동
③ 역전제동
④ 3상제동

**Explanation**

유도전동기 제동법
- 발전제동 : 전동기를 발전기로 적용하여 생긴 유기기전력을 저항을 통하여 열로 소비하는 제동법
- 회생제동 : 유도전동기를 유도발전기로 적용하여 생긴 유기기전력을 전원을 궤한시키는 제동법
- 역상제동(플러깅, 역전제동) : 3선 중 2선의 접속을 변경하여 역토크에 의해 제동하는 것, 비상시 사용

【답】④

**26** 3상 유도전동기에 직결된 펌프가 있다. 펌프 출력은 80[kW], 효율 74.6[%], 전동기의 효율과 역률은 94[%]와 90[%]라고 하면 전동기의 입력은 약 몇 [kVA]인가?
① 95.74
② 104.4
③ 121.1
④ 126.7

**Explanation**

펌프 입력 = 전동기 출력

효율 $\eta = \dfrac{출력}{입력} \times 100$ 에서

펌프 입력(전동기 출력) $P_i = \dfrac{P_0}{\eta_p} = \dfrac{80}{0.746} = 107.24$[kW]

따라서 전동기의 입력 $P_i = \dfrac{P}{\eta_m \cos\theta} = \dfrac{107.24}{0.94 \times 0.9} = 126.76$[kVA]

【답】④

### 주요 문제

**27** 단상 유도전동기의 기동 방법 중 기동토크가 가장 큰 것은?

① 반발 기동형
② 반발 유도형
③ 콘덴서 기동형
④ 분상 기동형

**Explanation**

단상유도전동기 기동토크가 큰 순서
반발 기동형 > 반발 유도형 > 콘덴서 기동형 > 분상 기동형 > 셰이딩코일형 > 모노사이클릭형

【답】①

**28** 단상 유도전동기의 기동 토크가 큰 순서로 배열한 것은?

| ⓐ 반발유도형 | ⓑ 반발기동형 | ⓒ 콘덴서기동형 |
| ⓓ 분상기동형 | ⓔ 셰이딩코일형 | ⓕ 모노사이클릭형 |

① ⓐ > ⓑ > ⓒ > ⓓ
② ⓑ > ⓐ > ⓒ > ⓕ
③ ⓑ > ⓒ > ⓐ > ⓓ
④ ⓐ > ⓕ > ⓓ > ⓔ

**Explanation**

단상유도전동기 기동토크가 큰 순서
반발 기동형 > 반발 유도형 > 콘덴서 기동형 > 분상 기동형 > 셰이딩코일형 > 모노사이클릭형

【답】②

**29** 단락사고에 대한 전동기의 과전류 보호기기가 아닌 것은?

① OCR
② MC
③ PF
④ MCCB

**Explanation**

전동기의 과전류 보호기기
- PF : 전력퓨즈
- OCR : 과전류 계전기
- MCCB(NFB) : 배선용 차단기

여기서, MC(Magnetic Contact)는 전자개폐기

【답】②

**30** 유도전동기에 전력용 커패시터를 사용하는 주된 목적은?

① 역률 개선을 위하여
② 이상전압을 막기 위하여
③ 과부하를 막기 위하여
④ 과전류를 막기 위하여

**Explanation**

전력용 콘덴서 : 역률개선
전동기의 경부하 운전 시에 역률이 저하되므로 이를 보상하기 위하여 전동기에 전력용 콘덴서를 병렬로 설치

【답】①

**31** 유도 발전기에 대한 설명으로 틀린 것은?

① 농형 회전자를 사용할 수 있으므로 구조가 간단하고 가격이 싸다.
② 선로에 단락이 생기면 여자가 없어지므로 동기 발전기에 비해 단락 전류가 적다.
③ 공극이 크고 역률이 동기기에 비해 좋다.
④ 유도 발전기는 여자기로서 동기 발전기가 필요하다.

**Explanation**

유도발전기 : 고정자 권선을 전원에 연결하고 회전자를 원동기로 회전시키면 회전자 속도가 회전자계 속도($N_s$)보다 빠르게 회전하여 발전기로 동작
문제에서, 유도 발전기는 동기기(동기기는 역률 1로 운전 가능)에 비하여 효율, **역률이 나쁘다**. 【답】③

## 32 단상 유도 전압 조정기에서 단락권선의 설치목적은?
① 분로권선에 직렬로 연결하여 파형을 개선한다.
② 직렬권선의 누설 리액턴스를 감소하여 전압강하를 적게 한다.
③ 직렬권선과 병렬로 연결하여 역률을 개선한다.
④ 분로권선에 병렬로 연결하여 고조파를 제거한다.

**Explanation**

단락권선의 역할
- 누설 리액턴스에 의한 2차 전압 강하 방지
- 단락 권선은 회전자 1차 권선과 직각으로 감는다. 【답】②

## 33 3상 유도전압조정기의 원리는 어느 것을 응용한 것인가?
① 3상 동기발전기  ② 3상 변압기
③ 3상 유도전동기  ④ 3상 교류자전동기

**Explanation**

3상 유도전압조정기 : 3상 유도전동기의 원리(회전자계) 【답】③

# 5 교류정류자기

## 1. 단상 정류자 전동기
① 반발 전동기 : 브러시를 단락시켜 기동하며 브러시를 이용하여 토크 및 속도 제어
  아트킨손형, 톰슨형, 데리형
② 단상 직권 정류자 전동기(만능 전동기(Universal motor))
- 직·교류 양용
- 종류 : 직권형, 보상형, 유도보상형
- 특징
  - 역률 및 정류 개선을 위해 약계자, 강전기자형으로 함
  - 역률 개선을 위해 보상권선 설치
  - 저항도선 : 단락전류 작게
- 용도 : 75[W] 미만의 가정용 미싱, 소형 공구, 치과 의료용 엔진 등에 사용

## 2. 3상 직권 정류자 전동기
① 3상 직권 정류자 전동기의 특징
- $T \propto I^2 \propto \dfrac{1}{N^2}$ 로서 변속도 특성
- 토크는 거의 전류의 제곱에 비례하며 기동 토크가 크다.
- 효율은 저속에서는 나쁘나 동기속도 근처에서 가장 좋다.
- 역률은 동기속도 근처나 그 이상에서는 매우 양호

② 중간 변압기를 사용하는 목적
- 전원 전압의 크기에 관계없이 정류자의 전압 조정이 가능
- 중간 변압기의 권수비를 조정하여 전동기 특성을 조정
- 경부하시 직권 특성($T \propto I^2 \propto \dfrac{1}{N^2}$)이므로 속도 상승을 억제
- 실효권수비 조정

## 3. 스텝 모터(Stepping Motor)
① 피드백 루프가 필요 없이 오픈 루프로 손쉽게 속도 및 위치 제어가 가능
② 디지털 신호를 직접 제어 가능, 디지털 기기와 인터페이스가 용이
③ 가속, 감속이 용이하며 정·역전 및 변속이 용이
④ 위치 제어를 할 때 각도 오차가 적음
⑤ 회전각과 속도는 펄스 수에 비례

## 4. 시라게 전동기(Schrage Motor)
교류전동기에서 브러시 이동으로 속도 변화가 용이한 전동기

### 주요 문제

**01** 브러시를 이용하여 회전속도를 제어하는 전동기는?
① 반발 전동기
② 단상 직권전동기
③ 직류 직권전동기
④ 반발기동형 단상유도전동기

**Explanation**

반발 전동기 : 기동토크가 크며 브러시를 단락하며 브러시를 이동하여 속도를 제어
- 종류 : 아트킨손형, 톰슨형, 데리형

【답】①

**02** 직류 및 교류 양용에 사용되는 만능 전동기는?
① 복권전동기
② 유도전동기
③ 동기전동기
④ 직권 정류자전동기

**Explanation**

단상 직권 정류자 전동기=만능 전동기(직·교류 양용)

【답】④

**03** 75[W] 이하의 소 출력으로 소형공구, 영사기, 치과 의료용 등에 널리 이용되는 전동기는?
① 단상 반발전동기
② 영구자석 스텝전동기
③ 3상 직권 정류자전동기
④ 단상 직권 정류자전동기

**Explanation**

단상 직권 정류자전동기=만능 전동기(직류·교류 양용)
- 종류 : 직권형, 보상형, 유도보상형
- 특징 : 성층 철심, 역률 및 정류 개선을 위해 약계자, 강전기자형으로 함
  역률 개선을 위해 보상권선 설치
  회전속도를 증가시킬수록 역률이 개선
- 용도 : 75[W] 정도 이하의 소형 공구, 영사기, 치과 의료용으로 사용

【답】④

**04** 단상 정류자 전동기에 보상권선을 사용하는 가장 큰 이유는 무엇인가?
① 역률 개선
② 정류 개선
③ 기동 토크 조절
④ 속도 제어

**Explanation**

단상 직권 정류자 전동기=만능 전동기(직·교류 양용)
- 종류 : 직권형, 보상형, 유도보상형
- 특징 : 성층 철심, 역률 및 정류 개선을 위해 약계자, 강전기자형으로 함.
  **역률 개선을 위해 보상권선 설치**
  회전속도를 증가시킬수록 역률이 개선됨

【답】①

**05** 교류전동기에서 브러시 이동으로 속도 변화가 용이한 전동기는?
① 동기전동기
② 시라게 전동기
③ 3상 농형 유도전동기
④ 2중 농형 유도전동기

**Explanation**

시라게 전동기(Schrage Motor)
- 권선형 유도 전동기로서 브러시 간격을 조정하여 속도 제어
- 3상 분권 정류자 전동기(직류 분권전동기와 특성이 유사)

【답】②

### 주요 문제

**06** 3상 직권 정류자 전동기에 대한 설명이 잘못된 것은?
① 고정자권선과 회전자권선은 중간변압기를 통해 직렬로 연결된다.
② 역률은 동기속도 근처나 그 이상에서는 매우 양호하다.
③ 효율은 고속도에서 거의 일정하다.
④ 기동토크가 크지 않고 속도제어범위가 넓지 않아도 되는 곳에 주로 사용한다.

**Explanation**

3상 직권 정류자 전동기
- $T \propto I^2 \propto \dfrac{1}{N^2}$ 로서 변속도 특성
- 토크는 거의 전류의 제곱에 비례하며 기동 토크가 크다.
- 효율은 저속에서는 나쁘나 동기속도 근처에서 가장 좋다.
- 역률은 동기속도 근처나 그 이상에서는 매우 양호하다.
- 고정자 권선과 회전자 권선은 중간 변압기를 거쳐 직렬로 접속

【답】④

**07** 3상 직권 정류자 전동기의 중간 변압기는 고정자 권선과 회전자 권선 사이에 직렬로 접속되는데 이 중간 변압기를 사용하는 중요한 이유는?
① 경부하 시 속도의 급상승 방지를 위하여
② 주파수 변동으로 속도를 조정하기 위하여
③ 회전자 상수를 감소하기 위하여
④ 역회전을 방지하기 위하여

**Explanation**

3상 직권 정류자 전동기에서 중간 변압기를 사용하는 목적
- 전원 전압의 크기에 관계없이 정류자 전압 조정
- 중간 변압기의 권수비를 조정하여 전동기 특성을 조정
- 경부하 시 직권 특성 $T \propto I^2 \propto \dfrac{1}{N^2}$ 이므로 속도가 크게 상승할 수 있어 중간 변압기를 사용하여 속도 상승을 억제
- 실효 권수비 조정

【답】①

**08** 스테핑 모터의 특징을 설명한 것으로 틀린 것은?
① 위치제어를 할 때 각도오차가 적고 누적되지 않는다.
② 속도제어 범위가 좁으며 초저속에서 토크가 크다.
③ 가속, 감속이 용이하며 정·역전 및 변속이 쉽다.
④ 피드백루프가 필요 없이 오픈 루프로 손쉽게 속도 및 위치제어를 할 수 있다.

**Explanation**

스테핑(Stepping) 모터
- 피드백 루프가 필요 없이 오픈 루프로 손쉽게 속도 및 위치 제어
- 디지털 신호를 직접 제어 할 수 있으므로 컴퓨터 등 다른 디지털 기기와 인터페이스가 용이
- 가속, 감속이 용이하며 정·역전 및 변속이 쉽다.
- 위치제어를 할 때 각도오차가 적다.
- 회전각과 속도는 펄스 수에 비례

【답】②

**09** 스테핑 전동기의 스텝 각이 3°이고, 스테핑 주파수(pulse rate)가 1,200[pps]이다. 이 스테핑 전동기의 회전속도[rps]는?
① 10
② 12
③ 14
④ 16

**Explanation**

### 주요 문제

스테핑 모터 속도 계산
- 스텝각×스테핑주파수=$3 \times 1{,}200 = 3{,}600$
- 스테핑의 회전속도 $n = \dfrac{3{,}600°}{360°} = 10 \,[\text{rps}]$

【답】①

# 6 정류기

## 1. 회전변류기

① 전류비 $\dfrac{I_a}{I_d} = \dfrac{2\sqrt{2}}{m \cdot \cos\theta}$

② 전압 조정법
- 직렬 리액터에 의한 방법
- 유도 전압조정기에 의한 방법
- 동기 승압기에 의한 방법
- 부하 시 전압조정 변압기에 의한 방법

## 2. 수은정류기

① 직류전압 $E_d = \dfrac{\sqrt{2}\,E\sin\dfrac{\pi}{m}}{\dfrac{\pi}{m}}$ [V]    여기서, $m$ : 상수

② 전류비 $\dfrac{I_a}{I_d} = \dfrac{1}{\sqrt{m}}$

③ 역호 : 음극에 대하여 부 전위로 있는 양극에 어떠한 원인에 의해 음극점이 형성되어 정류기의 밸브 작용이 상실

## 3. 정류기

① 다이오드
- 다이오드 : 정류용(제어 불능)
  - 직렬 연결 : 과전압 보호
  - 병렬 연결 : 과전류 보호
- 제너 다이오드 : 정전압용

② 서미스터 : 온도 보상용, 부(-)의 온도 계수

③ 바리스터(Varistor) : 서지(Surge) 전압에 대한 회로 보호용

## 4. 사이리스터 정리

① 반도체 소자(괄호 안은 극(단자) 수)
- 단방향성 : SCR(3), GTO(3), LASCR(3), SCS(4)
- 양방향성 : SSS(2), DIAC(2), TRIAC(3)

② SCR(Silicon Controlled Rectifier)

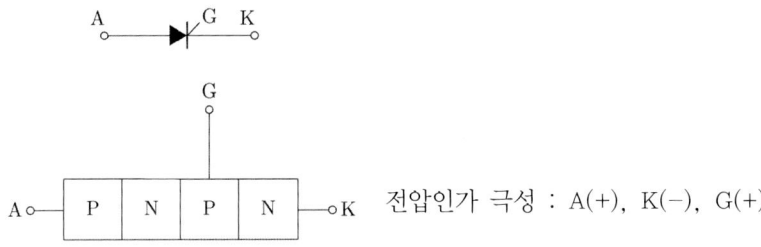

전압인가 극성 : A(+), K(−), G(+)

- 효율이 높고 고속 동작이 용이
- 소형이고 고전압 대전류에 적합한 대전력 정류기
- ON → OFF : 전원전압(애노드)을 음(−)으로 한다.
- turn on 상태 : 게이트 전류에 의해서
- 래칭전류 : SCR이 ON되기 위해 애노드에서 캐소드로 흘려야 할 최소 전류
- 주파수, 위상, 전압 제어용
- 단점 : 과전압에 약함

③ GTO : 게이트로 turn-off 가능(자기소호 기능)

④ TRIAC : SCR 역병렬 구조, 교류 전력 제어용

## 5. 다이오드를 이용한 정류회로 정리

- 단상 반파정류회로 : $E_{dc} = \dfrac{\sqrt{2}E}{\pi} - e = 0.45E - e$, 역첨두 전압 $PIV = \sqrt{2}E$

- 단상 전파정류회로 : $E_{dc} = \dfrac{2\sqrt{2}E}{\pi} - e = 0.9E - e$, 역첨두 전압 $PIV = 2\sqrt{2}E$

| 구분 | 단상 반파 | 단상 전파 | 3상 반파 | 3상 전파 |
|---|---|---|---|---|
| 직류전압 | $E_d = 0.45E$ | $E_d = 0.9E$ | $E_d = 1.17E$ | $E_d = 1.35E$ |
| 정류효율 | 40.6[%] | 81.2[%] | 96.5[%] | 99.8[%] |
| 맥동률 | 121[%] | 48[%] | 17[%] | 4[%] |

## 6. 사이리스터를 이용한 정류회로 정리

① 단상 반파정류회로 : $E_{d\alpha} = \dfrac{\sqrt{2}E}{\pi}\left(\dfrac{1+\cos\alpha}{2}\right) = E_{d0}\left(\dfrac{1+\cos\alpha}{2}\right)$

② 단상 전파정류회로(저항부하) : $E_{d\alpha} = \dfrac{2\sqrt{2}E}{\pi}\left(\dfrac{1+\cos\alpha}{2}\right) = E_{d0}\left(\dfrac{1+\cos\alpha}{2}\right)$

③ 단상 전파정류회로(유도성 부하, R-L부하) : $E_d = \dfrac{2\sqrt{2}E}{\pi}\cos\alpha = 0.9E\cos\alpha$

## 7. 전력변환장치

① 교류 → 가변주파수 교류 : 사이클로 컨버터

② 교류 → 직류 : 정류기(컨버터)

③ 직류 → 교류 : 인버터

④ 직류 → 직류 : 초퍼

## 주요 문제

**01** 회전 변류기의 전류비는 다음 중 어느 것인가? 단, $m$은 상수이고, $I_a$는 교류측 선전류, $I_d$는 직류측 선전류이다.

① $\dfrac{I_a}{I_d} = \dfrac{2\sqrt{2}}{m\sin\theta}$   ② $\dfrac{I_a}{I_d} = \dfrac{m\cos\theta}{2\sqrt{2}}$

③ $\dfrac{I_a}{I_d} = \dfrac{2\sqrt{2}\sin\theta}{m}$   ④ $\dfrac{I_a}{I_d} = \dfrac{2\sqrt{2}}{m\cos\theta}$

**Explanation**

회전 변류기
- 전압비  $\dfrac{E_a}{E_d} = \dfrac{1}{\sqrt{2}} \sin\dfrac{\pi}{m}$  여기서, $m$ : 상수
- 전류비  $\dfrac{I_a}{I_d} = \dfrac{2\sqrt{2}}{m \cdot \cos\theta}$

【답】④

**02** SCR의 특징이 아닌 것은?
① 아크가 생기지 않으므로 열의 발생이 적다.
② 도통시간이 짧다.
③ 전류가 흐르고 있을 때 양극 전압강하가 크다.
④ 과전압에 약하다.

**Explanation**

SCR(Silicon Controlled Rectifier) : 실리콘 제어 정류기
- 실리콘 정류 소자 역저지 3단자
- 동작 최고온도가 가장 높다( 200[℃] ).
- 정류기능의 단일 방향성 3단자 소자
- 위상 제어, 인버터, 쵸퍼 등에 사용
- 역방향 내전압 : 약 500~1,000[V](역방향 내전압이 가장 크다)
- 순방향 전압 강하는 보통 1.5[V]이하로 적다.
- 단점 : 과전압에 약하다.

【답】③

**03** 전력용반도체 중 2단자 양방향성 저항소자이며, TRIAC, SCR의 게이트 트리거용에 적합한 소자는?
① LASCR   ② UJT
③ DIAC   ④ SUS

**Explanation**

DIAC(Diode Alternating Current Switch)

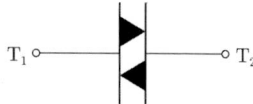

- 양방향 2단자
- 트리거와 스위칭 소자로서 주로 제어회로와 보호회로에 사용

【답】③

**04** 2방향성 3단자 사이리스터는?
① SCR   ② SSS
③ SCS   ④ TRIAC

**Explanation**

반도체 소자(괄호 안은 극(단자) 수)
- 단방향성 : SCR(3), GTO(3), LASCR(3), SCS(4)
- 양방향성 : SSS(2), DIAC(2), TRIAC(3)

【답】④

**05** 교류 전압제어기를 전원과 부하회로에 연결된 조광기에 교류 실효전압을 변화시켜서 사용할 수 있는 소자 중 가장 옳은 것은?
① TRIAC
② MOSFET
③ Diode
④ Power Transister

**Explanation**

TRIAC의 특징
- SCR 2개를 역병렬 접속한 것과 같은 것
- 교류전력 제어용

【답】①

**06** GTO의 특징으로 틀린 것은?
① 양(Positive)의 게이트 전류펄스로 턴 온 한다.
② 전압 전류 특성은 SCR과 유사하다.
③ 음(Negative)의 게이트 전류펄스로 턴 오프 한다.
④ 전류회로가 반드시 필요하다.

**Explanation**

GTO(Gate Turn-off Thyristor)
GTO(Gate Turn-off Thyristor)는 역저지 3극 사이리스터로서 게이트에 흐르는 전류를 점호할 때의 전류와 반대 방향의 전류를 흐르게 함으로서 소호가 가능하므로 자기소호 기능이 있는 사이리스터이다.

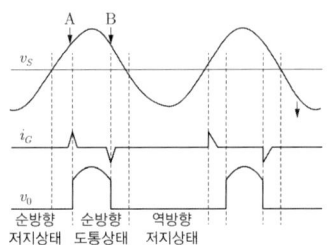

【답】④

**07** 전압이나 전류의 제어가 불가능한 소자는?
① IGBT
② GTO
③ Diode
④ SCR

**Explanation**

다이오드(Diode) : 정류용으로 전압이나 전류의 제어는 불가능하다.

【답】③

**08** 사이리스터에 의한 제어는 무엇을 제어하여 출력전압을 변환시키는가?
① 도크
② 위상각
③ 회전수
④ 주파수

**Explanation**

사이리스터(SCR)에 의한 제어 : 위상제어

【답】②

### 주요 문제

**09** 다이오드를 사용하는 단상반파 정류회로에서 입력 교류전압 대비 출력 직류전압 평균치는 얼마인가?

① 0.5배
② 0.45배
③ 1/0.45배
④ 1/0.5배

**Explanation**

정류회로 비교

| 구분 | 단상 반파 | 단상 전파 | 3상 반파 | 3상 전파 |
|---|---|---|---|---|
| 직류전압 | $E_d = 0.45E$ | $E_d = 0.9E$ | $E_d = 1.17E$ | $E_d = 1.35E$ |

【답】②

**10** 단상 반파 정류로 직류 전압 150[V]를 얻으려고 한다. 최대 역전압[Peak Inverse Voltage]이 몇 [V] 이상의 다이오드를 사용하여야 하는가? 단, 정류 회로 및 변압기의 전압 강하는 무시한다.

① 150
② 166
③ 333
④ 471

**Explanation**

단상 반파 정류
역첨두 전압 $PIV = \pi E_d = \pi \times 150 ≒ 471[V]$

【답】④

**11** 권수비가 1 : 3인 변압기(이상적인 변압기)를 사용하여 교류 100[V]의 입력을 가했을 때 전파 정류 하면 출력전압[V]의 평균치는 얼마인가?

① 300
② $300\sqrt{2}$
③ $300\sqrt{2}/\pi$
④ $600\sqrt{2}/\pi$

**Explanation**

권수비가 1:3인 변압기이므로 정류기의 입력은 300[V]가 되며
전파정류의 평균값 $E_{dc} = \dfrac{2\sqrt{2}}{\pi}E = \dfrac{2\sqrt{2}}{\pi} \times 300 = \dfrac{600\sqrt{2}}{\pi}$[V]

【답】④

**12** 2개의 사이리스터로 단상 전파정류를 하여 90[V]의 직류전압을 얻는 데 필요한 최대 첨두역전압은 약 얼마인가?

① 141[V]
② 283[V]
③ 365[V]
④ 400[V]

**Explanation**

단상 전파정류 회로
역첨두 전압 $PIV = \pi E_d = \pi \times 90 = 283[V]$

【답】②

**13** 단상 전파 제어 정류 회로에서 순저항 부하일 때의 평균 출력 전압은? 단, $V_m$은 인가 전압의 최대 값이고 점호각은 $\alpha$ 이다.

① $\dfrac{V_m}{\pi}(1+\cos\alpha)$
② $\dfrac{V_m}{\pi}(1+\tan\alpha)$
③ $\dfrac{2V_m}{\pi}(1+\cos\alpha)$
④ $\dfrac{2V_m}{\pi}(1+\tan\alpha)$

> **Explanation**

SCR 정류회로
- 전파정류 $E_d = \dfrac{\sqrt{2}E}{\pi}(1+\cos\alpha) = \dfrac{V_m}{\pi}(1+\cos\alpha)$

【답】 ①

**14** 다음의 정류 회로 중 가장 큰 출력값을 갖는 회로는?
① 단상 반파 정류 회로
② 3상 반파 정류 회로
③ 단상 전파 정류 회로
④ 3상 전파 정류 회로

> **Explanation**

정류회로 비교

| 구분 | 단상 반파 | 단상 전파 | 3상 반파 | 3상 전파 |
|---|---|---|---|---|
| 직류전압 | $E_d = 0.45E$ | $E_d = 0.9E$ | $E_d = 1.17E$ | $E_d = 1.35E$ |

따라서 정류 회로 중 가장 큰 출력값을 갖는 회로는 3상 전파정류이다.

【답】 ④

**15** 직류전압의 맥동률이 가장 작은 정류회로는? (단, 저항부하를 사용한 경우이다)
① 단상전파
② 단상반파
③ 3상반파
④ 3상전파

> **Explanation**

정류회로 비교

| 구분 | 단상 반파 | 단상 전파 | 3상 반파 | 3상 전파 |
|---|---|---|---|---|
| 직류전압 | $E_d = 0.45E$ | $E_d = 0.9E$ | $E_d = 1.17E$ | $E_d = 1.35E$ |
| 맥동률 | 121[%] | 48[%] | 17[%] | 4[%] |

【답】 ④

**16** 단상 다이오드 반파정류회로인 경우 정류효율은 약 몇 [%]인가?(단, 저항부하인 경우이다)
① 40.6
② 81.2
③ 60.6
④ 12.6

> **Explanation**

| 구분 | 단상 반파 | 단상 전파 | 3상 반파 | 3상 전파 |
|---|---|---|---|---|
| 직류전압 | $E_d = 0.45E$ | $E_d = 0.9E$ | $E_d = 1.17E$ | $E_d = 1.35E$ |
| 정류효율 | 40.6[%] | 81.2[%] | 96.5[%] | 99.8[%] |

【답】 ①

**17** 전원용으로 사용되고 있는 정류기나 컨버터의 주된 사용 용도는?
① 교류전원 전압의 변화를 직류 전압화시키기 위함이다.
② 직류 전원 전압을 직류인 출력으로 변화시키기 위함이다.
③ 교류 전원 전압을 교류인출력으로 변화시키기 위함이다.
④ 직류 전원 전압의 주파수를 변화시키기 위함이다.

> **Explanation**

- AC → DC : 정류기(컨버터)
- DC → AC : 인버터

### 주요 문제

- 사이클로 컨버터 : 주파수 변환기
- DC → DC : 초퍼

**【답】 ①**

**18** 다음 중 인버터(inverter)의 설명으로 바르게 나타낸 것은?

① 직류를 교류로 변환
② 교류를 교류로 변환
③ 직류를 직류로 변환
④ 교류를 직류로 변환

**Explanation**

- 사이클로 컨버터 : AC전력을 증폭(제어 정류기를 사용한 주파수 변환기)
- AC → DC : 정류기(컨버터)
- DC → AC : 인버터
- DC → DC : 초퍼

**【답】 ①**

# 04 회로이론

## 1 직류회로

### 1. 전기회로에 필요한 기본적인 전기량 요약

| | 기본식 | |
|---|---|---|
| | 직류 | 교류 |
| 전하량 | $Q = I \cdot t$ | $q = \int i\, dt$ |
| 전류 | $I = \dfrac{Q}{t}$ | $i = \dfrac{dq}{dt}$ |

### 2. 직·병렬 회로 요약

| 직렬회로(전압 분배) | 병렬회로(전류 분배) |
|---|---|
| 합성저항 $R_0 = R_1 + R_2$ <br> $V_1 = R_1 I = \dfrac{R_1}{R_1 + R_2} V$ <br> $V_2 = R_2 I = \dfrac{R_2}{R_1 + R_2} V$ | 합성저항 $R_0 = \dfrac{R_1 R_2}{R_1 + R_2}$ <br> $I_1 = \dfrac{V}{R_1} = \dfrac{R_2}{R_1 + R_2} I$ <br> $I_2 = \dfrac{V}{R_2} = \dfrac{R_1}{R_1 + R_2} I$ |

### 3. 배율기, 분류기

① 배율기 : 전압계의 측정범위를 확대하기 위해 내부저항 $R_a[\Omega]$의 전압계에 직렬로 연결하는 저항 $R_m[\Omega]$

  배율 : $m = 1 + \dfrac{R_m}{R_a}$

② 분류기 : 전류계의 측정범위를 확대하기 위해 내부저항 $R_a[\Omega]$의 전류계에 병렬로 연결하는 저항 $R_s[\Omega]$

  배율 : $n = 1 + \dfrac{R_a}{R_s}$

③ 브리지 회로의 평형 조건 : 대각(마주보는)의 저항을 곱하여 같다.

### 주요 문제

**01** 어떤 회로에서 $t=0$초에 스위치를 닫은 후 $i(t)=3t^2+2t$[A]의 전류가 1분 동안 흘렀다. 스위치를 통과한 총 전기량[Ah]은?

① 55
② 61
③ 65
④ 71

**Explanation**

전류 $i=\dfrac{dq}{dt}$에서 전하량 $q=\displaystyle\int_0^t i\,dt=\int_0^{60}(3t^2+2t)dt$
$=[(t^3+t^2)]_0^{60}=219,600[\text{A}\cdot\sec]=61[\text{Ah}]$

【답】②

**02** 그림의 회로에서 $R_2$ 양단의 전압 $V_2$[V]는?

① $\dfrac{R_1 R_2}{R_1+R_2}V$
② $\dfrac{R_1+R_2}{R_1 R_2}V$
③ $\dfrac{R_1}{R_1+R_2}V$
④ $\dfrac{R_2}{R_1+R_2}V$

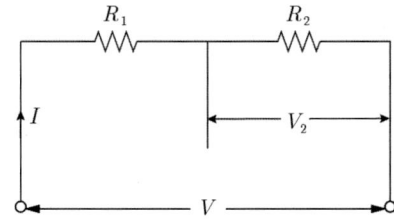

**Explanation**

직렬회로의 전압분배 : 저항의 크기에 비례
$V_2=\dfrac{R_2}{R_1+R_2}V$

【답】④

**03** 다음의 회로에서 $V_1$이 30[V]일 때, 저항 $R$은 몇 [Ω]인가?

① 3
② 6
③ 9
④ 12

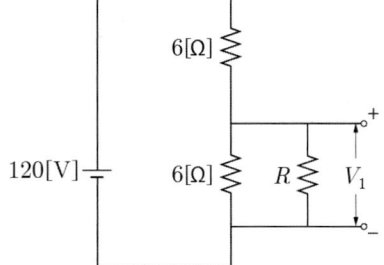

**Explanation**

$V_1=30$[V]이므로 앞에 연결된 6[Ω]에는 90[V]가 걸리므로
$V_1$에는 $6\times\dfrac{1}{3}=2[\Omega]$의 저항이 되어야 한다.
따라서 $\dfrac{6R}{6+R}=2$에서 $6R=12+2R$
저항 $R=3[\Omega]$

【답】①

## 주요 문제

**04** 다음과 같은 회로에서 단자 $a, b$ 사이의 합성 저항[Ω]은?

① $r$  ② $\dfrac{3}{2}r$

③ $\dfrac{1}{2}r$  ④ $3r$

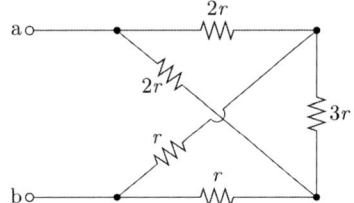

**Explanation**

브리지 회로의 평형 상태이므로
$R = \dfrac{3r \times 3r}{3r + 3r} = \dfrac{9r^2}{6r} = \dfrac{3}{2}r [\Omega]$

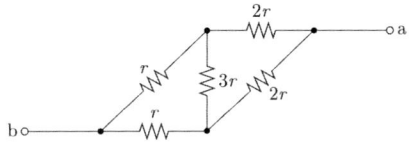

【답】②

**05** 다음과 같은 회로에서 a, b 양단의 전압은 몇 [V]인가?

① 1  ② 2
③ 2.5  ④ 3.5

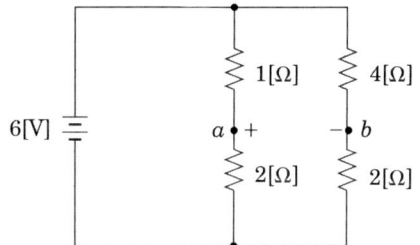

**Explanation**

$a, b$ 양단의 전압 $V_{ab} = \dfrac{4}{4+2} \times 6 - \dfrac{1}{1+2} \times 6 = 4 - 2 = 2[V]$

【답】②

**06** 다음의 건전지 결선 중에서 전구 ⓛ이 점등되지 않는 것은?

① 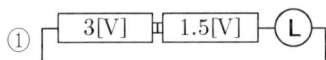   ②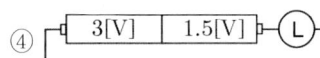

③ 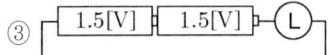   ④

**Explanation**

전원공급은 건전지인 경우 극성이 (−) (+) (−) (+)로 연결되어야 한다.
따라서 ②번의 경우는 (−) (+) (+) (−)로 같은 전압 1.5[V]가 연결되므로 전원이 공급되지 않는다.

【답】②

## 2 정현파교류

### 1. 교류의 표시

| 순시값 | $i(t) = I_m \sin\omega t \,[\text{A}]$<br>순시값 = 최대값 $\sin(\omega t + $ 위상$)$ |
|---|---|
| 평균값 | $I_{av} = \dfrac{1}{T}\displaystyle\int_0^T |i(t)|dt$ |
| 실효값 | $I = \sqrt{\dfrac{1}{T}\displaystyle\int_0^T i^2 dt} = \sqrt{1\text{주기 동안의 } i^2 \text{의 평균}}$ |

### 2. 교류의 페이저 표시

① 정현파 교류를 크기와 위상으로 표시

② 크기 : 실효값, 위상   $\dot{V} = \dfrac{v_m}{\sqrt{2}} \angle \theta$

### 3. 파형률과 파고율

① 파형률(form factor) = $\dfrac{\text{실효값}}{\text{평균값}}$

② 파고율(crest factor) = $\dfrac{\text{최대값}}{\text{실효값}}$ (구형파의 경우 1)

### 4. 각 파형의 평균값 및 실효값

| | 파형 | 실효값 | 평균값 |
|---|---|---|---|
| 정현파 | | $\dfrac{I_m}{\sqrt{2}}$ | $\dfrac{2}{\pi}I_m$ |
| 정현반파 | | $\dfrac{I_m}{2}$ | $\dfrac{1}{\pi}I_m$ |
| 삼각파 | | $\dfrac{I_m}{\sqrt{3}}$ | $\dfrac{I_m}{2}$ |
| 톱니파 | | $\dfrac{I_m}{\sqrt{3}}$ | $\dfrac{I_m}{2}$ |
| 구형파 | | $I_m$ | $I_m$ |
| 구형반파 | | $\dfrac{I_m}{\sqrt{2}}$ | $\dfrac{I_m}{2}$ |

## 주요 문제

**01** 정현파 교류전압 $v(t) = \sin(\omega t + \theta)$[V]의 평균치는 최대값의 약 몇 [%]인가?

① 41.4  ② 50
③ 63.7  ④ 70.7

**Explanation**

정현파의 실효값 $V = \dfrac{V_m}{\sqrt{2}} = 0.707 V_m$

평균값 $V_{av} = \dfrac{2}{\pi} V_m = 0.636 V_m$

【답】③

**02** 구형파의 파고율은 얼마인가?

① 1.0  ② 1.414
③ 1.732  ④ 2.0

**Explanation**

각 파형의 평균값 및 실효값

| | 파형 | 실효값 | 평균값 |
|---|---|---|---|
| 구형파 | $i(t)$, $I_m$, 0, $\pi$, $2\pi$, $3\pi$, $\omega t$, $-I_m$ | $I_m$ | $I_m$ |

- 구형파의 파고율 = $\dfrac{\text{최대값}}{\text{실효값}} = \dfrac{I_m}{I_m} = 1$

【답】①

**03** 파형의 파형률 값이 잘못된 것은?

① 정현파의 파형률은 1.414 이다.  ② 구형파의 파형률은 1.0 이다.
③ 전파 정류파의 파형률은 1.11 이다.  ④ 반파 정류파의 파형률은 1.571 이다.

**Explanation**

파형률 = $\dfrac{\text{실효값}}{\text{평균값}}$

정현파(전파정류)의 파형률 = $\dfrac{\dfrac{1}{\sqrt{2}} I_m}{\dfrac{2}{\pi} I_m} = \dfrac{\pi}{2\sqrt{2}} = 1.11$

【답】①

**04** 다음 중 실효치 100[V], 주파수 60[Hz]이고 $t = 0$에서 순시값이 $-50\sqrt{2}$[V]인 정현파 전압을 나타내는 식은?

① $100\sqrt{2} \sin(120\pi t + \dfrac{\pi}{6})$  ② $100\sqrt{2} \sin(120\pi t - \dfrac{\pi}{6})$

③ $100 \sin(120\pi t - \dfrac{\pi}{6})$  ④ $100\sqrt{2} \cos(120\pi t + \dfrac{\pi}{6})$

**Explanation**

실효치 100[V], 주파수 60[Hz]인 정현파 전압이 $t = 0$에서 순시치가 $-50\sqrt{2}$[V]인 경우

$v = 100\sqrt{2} \sin(120\pi t - \dfrac{\pi}{6})$

【답】②

## 3 기본교류회로

- 직류회로 $\dfrac{V}{I} = R[\Omega]$
- 교류회로 $\dfrac{V}{I} = R[\Omega]$ : 저항

$$\dfrac{V}{I} = j\omega L, \dfrac{1}{j\omega C}[\Omega] : 리액턴스$$

$$\dfrac{V}{I} = Z = R + jX[\Omega] : 임피던스$$

주의 : 임피던스는 저항, 리액턴스, 저항과 리액턴스 전부를 지칭하는 값

### 1. 단일소자

① 저항
- 전압, 전류 동위상
- $Z = R[\Omega]$

② 인덕턴스
- 전압이 전류보다 위상 90° 앞섬
- $Z = j\omega L[\Omega]$ (유도성 리액턴스)
- 인덕턴스에서의 에너지 $W = \dfrac{1}{2}LI^2[J]$(순시에너지 : $W = \dfrac{1}{2}LI^2(1-\cos 2\omega t)$

③ 커패시턴스
- 전류가 전압보다 위상 90° 앞섬
- $Z = \dfrac{1}{j\omega C} = -j\dfrac{1}{\omega C}[\Omega]$ (용량성 리액턴스)
- 콘덴서에서의 에너지 $W = \dfrac{1}{2}CV^2[J]$

### 2. 직렬회로(전압분배. 임피던스로 계산)

| 회로명 | 특징 |
|---|---|
| $R-L$ 직렬회로 | ① 임피던스 $\dot{Z} = R + j\omega L = R + jX_L$<br>　• 크기 : $Z = \sqrt{R^2 + X_L^2} = \sqrt{R^2 + (\omega L)^2}$<br>　• 위상 : $\theta = \tan^{-1}\dfrac{\omega L}{R}$<br>② $\dot{V} = \dot{V_R} + \dot{V_L} = \sqrt{V_R^2 + V_L^2}$<br>③ 역률 : $\cos\theta = \dfrac{R}{Z} = \dfrac{R}{\sqrt{R^2 + (\omega L)^2}}$ |
| $R-C$ 직렬회로 | ① 임피던스 $\dot{Z} = R - j\dfrac{1}{\omega C} = R - jX_C$<br>　• 크기 : $Z = \sqrt{R^2 + X_C^2} = \sqrt{R^2 + \left(\dfrac{1}{\omega C}\right)^2}$<br>　• 위상 : $\theta = -\tan^{-1}\dfrac{1}{\omega CR}$<br>② $\dot{V} = \dot{V_R} + \dot{V_C} = \sqrt{V_R^2 + V_C^2}$<br>③ 역률 : $\cos\theta = \dfrac{R}{Z} = \dfrac{R}{\sqrt{R^2 + \left(\dfrac{1}{\omega C}\right)^2}}$ |

| 회로명 | 특징 |
|---|---|
| $R-L-C$ 직렬회로 | ① 임피던스 $\dot{Z}= R+j(X_L-X_C) = R+j\left(\omega L - \dfrac{1}{\omega C}\right)$<br>• 크기 : $Z=\sqrt{R^2+(X_L-X_C)^2}=\sqrt{R^2+\left(\omega L - \dfrac{1}{\omega C}\right)^2}$<br>• 위상 : $\theta = \tan^{-1}\dfrac{\omega L - \dfrac{1}{\omega C}}{R}$<br>② $\dot{V}=\dot{V}_R+\dot{V}_L+\dot{V}_C=\sqrt{V_R^2+(V_L-V_C)^2}$<br>③ 역률 : $\cos\theta = \dfrac{R}{Z}=\dfrac{R}{\sqrt{R^2+\left(\omega L - \dfrac{1}{\omega C}\right)^2}}$ |

## 3. 병렬회로

| 회로명 | 특징 |
|---|---|
| $R-L$ 병렬회로 | ① $\dot{I}=\dot{I}_R+\dot{I}_L=\sqrt{I_R^2+I_L^2}$<br>② 역률 : $\cos\theta = \dfrac{\dfrac{1}{R}}{Y}=\dfrac{X_L}{\sqrt{R^2+X_L^2}}=\dfrac{\omega L}{\sqrt{R^2+(\omega L)^2}}$ |
| $R-C$ 병렬회로 | ① $\dot{I}=\dot{I}_R+\dot{I}_C=\sqrt{I_R^2+I_C^2}$<br>② 역률 : $\cos\theta = \dfrac{\dfrac{1}{R}}{Y}=\dfrac{1}{\sqrt{1+(\omega CR)^2}}$ |
| $R-L-C$ 병렬회로 | ① $\dot{I}=\dot{I}_R+\dot{I}_L+\dot{I}_C=\sqrt{I_R^2+(I_L-I_C)^2}$ |

## 4. 공진회로

|  | 직렬공진 | 병렬공진(반공진) |
|---|---|---|
| 공진 조건 | $\omega_r L = \dfrac{1}{\omega_r C}$ | $\omega_r C = \dfrac{1}{\omega_r L}$ |
| 공진주파수 | $f_r = \dfrac{1}{2\pi\sqrt{LC}}$ | $f_r = \dfrac{1}{2\pi\sqrt{LC}}$ |
| 임피던스 | 최소 | 최대 |
| 전류 | 최대 | 최소 |
| 양호도 | 전압확대율(선택도)<br>$Q=\dfrac{1}{R}\sqrt{\dfrac{L}{C}}$ | 전류확대율(선택도)<br>$Q=R\sqrt{\dfrac{C}{L}}$ |

## 주요 문제

**01** $L = 2$[H]인 인덕턴스에 $i(t) = 20e^{-2t}$[A]의 전류가 흐를 때 $L$의 단자전압[V]은?

① $80e^{-2t}$
② $-80e^{-2t}$
③ $40e^{-2t}$
④ $-40e^{-2t}$

**Explanation**

인덕턴스의 단자전압 $V_L = L\dfrac{di}{dt} = 2 \times \dfrac{d(20e^{-2t})}{dt} = -80e^{-2t}$[V]

【답】②

**02** 다음의 회로에서 전류 $i(t)$를 나타낸 식은?

① $i(t) = \dfrac{q(t)v(t)}{C}$
② $i(t) = C\dfrac{dq(t)}{dt}$
③ $i(t) = \dfrac{q(t)}{j\omega C}$
④ $i(t) = C\dfrac{v(t)}{dt}$

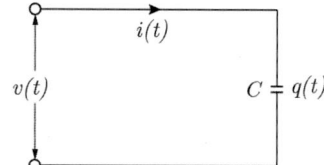

**Explanation**

콘덴서에서의 전압, 전류

- 전류 $i(t) = C\dfrac{v(t)}{dt}$
- 전압 $v(t) = \dfrac{1}{C}\int i(t)\,dt$

【답】④

**03** 정전용량 $C$만의 회로에서 100[V], 60[Hz]의 교류를 가했을 때 60[mA]의 전류가 흐른다면 $C$는 약 몇 [μF]인가?

① 5.26
② 4.32
③ 3.59
④ 1.59

**Explanation**

용량성 리액턴스 $X_c = \dfrac{V}{I} = \dfrac{100}{60 \times 10^{-3}} = \dfrac{10}{6} \times 10^3 = 1.66 \times 10^3$[Ω]

$X_c = \dfrac{1}{\omega C}$ 에서

$C = \dfrac{1}{\omega X_c} = \dfrac{1}{2 \times 3.14 \times 60 \times 1.66 \times 10^3} = 1.59 \times 10^{-6} = 1.59$[μF]

【답】④

**04** 콘덴서 양단의 전위차와 콘덴서에 축적되는 에너지와의 관계는?
 ① 전위차가 클수록 에너지는 작다.
 ② 전위차가 클수록 에너지는 크다.
 ③ 전위차에 관계없이 에너지는 항상 일정하다.
 ④ 에너지량에 관계없이 전위차는 항상 일정하다.

**Explanation**

콘덴서에서의 에너지

$W = \dfrac{1}{2}QV = \dfrac{Q^2}{2C} = \dfrac{1}{2}CV^2$[J]

콘덴서에서의 에너지는 전위차가 클수록 크다.

【답】②

## 주요 문제

**05** 인덕턴스가 100[mH]인 코일에 $220\sqrt{2}\sin(377t+30°)$[V]의 전압을 가할 때 유도성 리액턴스 $X_L$은 약 몇 [Ω]인가?

① 37.7
② 75
③ 75.4
④ 3.8

**Explanation**

유도성 리액턴스 $X_L = \omega L = 377 \times 100 \times 10^{-3} = 37.7[\Omega]$

【답】①

**06** 인덕턴스가 $L$인 유도기에 $i = \sqrt{2}I\sin\omega t$ [A]의 전류가 흐를 때 유도기에 축적되는 에너지 [J]는?

① $\frac{1}{2}LI^2\sin^2\omega t$
② $\frac{1}{2}LI^2(1-\cos 2\omega t)$
③ $\frac{1}{2}LI^2\cos 2\omega t$
④ $\frac{1}{2}LI^2\sin 2\omega t$

**Explanation**

순시에너지
$W = \frac{1}{2}Li^2 = \frac{1}{2}L(\sqrt{2}I\sin\omega t)^2 = \frac{1}{2}L(2I^2\sin^2\omega t) = LI^2\frac{1-\cos 2\omega t}{2} = \frac{1}{2}LI^2(1-\cos 2\omega t)$[J]

【답】②

**07** 2단자 회로 소자 중에서 인가한 전류파형과 동위상의 전압파형을 얻을 수 있는 것은?

① 저항
② 콘덴서
③ 인덕턴스
④ 저항 + 콘덴서

**Explanation**

- **저항 : 전압과 전류가 동위상**
- 인덕턴스 : 전압이 전류보다 위상이 90° 앞선다(지상, 유도성).
- 캐패시턴스 : 전압이 전류보다 위상이 90° 느리다(진상, 용량성).

【답】①

**08** 저항 $R_1 = 10[\Omega]$과 $R_2 = 40[\Omega]$이 직렬로 접속된 회로에 100[V], 60[Hz]인 정현파 교류전압을 인가할 때, 이 회로에 흐르는 전류로 옳은 것은?

① $\sqrt{2}\sin 377t$[A]
② $2\sqrt{2}\sin 377t$[A]
③ $\sqrt{2}\sin 422t$[A]
④ $2\sqrt{2}\sin 422t$[A]

**Explanation**

- 각주파수 $\omega = 2\pi f = 2\pi \times 60 = 377$
- 합성저항 $R = R_1 + R_2 = 10 + 40 = 50[\Omega]$
- 전압 $v = V_m\sin\omega t = \sqrt{2}V\sin\omega t = 100\sqrt{2}\sin 377t$[V]
- 전류 $i = \frac{v}{R} = \frac{100\sqrt{2}\sin 377t}{50} = 2\sqrt{2}\sin 377t$[A]

【답】②

**09** $R-L-C$ 직렬회로에 110[V], 60[Hz]의 교류 전원을 인가했을 때 이 회로에 흐르는 전류의 크기는 약 얼마인가?(단, $R = 8[\Omega]$, $L = 0.0531$[H], $C = 189.7[\mu F]$이다)

① 5.5
② 11
③ 15.5
④ 21.5

## 주요 문제

**Explanation**

유도성 리액턴스 $X_L = \omega L = 2\pi f L = 2\pi \times 60 \times 0.0531 = 20[\Omega]$

용량성 리액턴스 $X_c = \dfrac{1}{\omega C} = \dfrac{1}{2\pi f C} = \dfrac{1}{2\pi \times 60 \times 189.7 \times 10^{-6}} = 14[\Omega]$

임피던스 $Z = R + j(X_L - X_c) = 8 + j(20-14) = 8 + j6 = \sqrt{8^2 + 6^2} = 10[\Omega]$

전류 $I = \dfrac{V}{Z} = \dfrac{110}{10} = 11[A]$

【답】②

**10** 임피던스가 $Z = 8 + j6[\Omega]$인 회로에 공급전압 $v = 220\sqrt{2}\sin(\omega t + 60°)$인 경우 회로에 흐르는 전류는 약 얼마인가?

① $20.23 + j8.64$
② $8.64 + j20.23$
③ $20.23 + j20.23$
④ $8.64 + j8.64$

**Explanation**

전류 $I = \dfrac{V}{Z} = \dfrac{220\angle 60°}{\sqrt{8^2+6^2}\angle \tan^{-1}\frac{6}{8}} = \dfrac{220\angle 60°}{10\angle 36.87°} = 22\angle 23.13°$
$= 22(\cos 23.13° + j\sin 23.13°) = 20.23 + j8.64[A]$

【답】①

**11** 저항 $30[\Omega]$, 용량성 리액턴스 $40[\Omega]$의 병렬 회로에 $120[V]$의 정현파 교류전압을 가할 때 전체 전류는?

① $3[A]$
② $4[A]$
③ $5[A]$
④ $6[A]$

**Explanation**

$R-C$ 병렬 회로

- 전체 전류 $I = I_R + jI_c$
- 저항에 흐르는 전류 $I_R = \dfrac{V}{R} = \dfrac{120}{30} = 4[A]$
- 커패시터에 흐르는 전류 $I_c = \dfrac{120}{-jX_c} = j\dfrac{120}{40} = j3[A]$
- 전체 전류 $I = I_R + jI_c = 4 + j3$

따라서 전류의 크기 $|I| = \sqrt{4^2 + 3^2} = 5[A]$

【답】③

**12** $R-L-C$ 직렬공진회로에서 $R = 100[\Omega]$, $L = 314[mH]$, $C = 125.6[pF]$일 때 전압확대율(Q)은?

① 200
② 300
③ 400
④ 500

**Explanation**

직렬 공진회로

양호도(전압확대율) $Q = \dfrac{1}{R}\sqrt{\dfrac{L}{C}}$

따라서 $Q = \dfrac{1}{R}\sqrt{\dfrac{L}{C}} = \dfrac{1}{100}\sqrt{\dfrac{314 \times 10^{-3}}{125.6 \times 10^{-12}}} = 500$

【답】④

### 주요 문제

**13** 공진주파수가 $\omega_r = 1,000$[rad/sec], 저항 $R = 6[\Omega]$, $L = 15$[mH], $R-L-C$ 직렬공진회로에서 전압확대율($Q$)은?

① 2.5
② 3.3
③ 4.4
④ 6.5

**Explanation**

직렬 공진회로

양호도(전압확대율) $Q = \dfrac{V_R}{V} = \dfrac{\omega L}{R} = \dfrac{1,000 \times 15 \times 10^{-3}}{6} = 2.5$

【답】①

## 4 교류전력

### 1. 단상 교류 전력

| 저항 | 유효전력, 소비전력, 평균전력 | $P = VI\cos\theta = P_a\cos\theta = I^2R = \dfrac{V^2}{R}$ [W] <br> R-X직렬회로의 소비전력 <br> $P = I^2R = \left(\dfrac{V}{\sqrt{R^2+X^2}}\right)^2 R = \dfrac{V^2}{R^2+X^2}R$ |
|---|---|---|
| 리액턴스 | 무효전력 | $P_r = VI\sin\theta = P_a\sin\theta = I^2X = \dfrac{V^2}{X}$ [Var] |
| 임피던스 | 피상전력 | $P_a = VI = I^2Z = \dfrac{V^2}{Z}$ [VA] |

- 역률 : $\cos\theta = \dfrac{P}{P_a} \times 100 = \dfrac{P}{VI} \times 100 = \dfrac{R}{Z} \times 100 = \dfrac{G}{Y} \times 100\,[\%]$

　　　피상전력에 대한 유효전력의 백분율 값
　　　전압과 전류의 위상차의 여현값

### 2. 복소 전력

전압, 전류의 복소수를 이용

피상전력 　$P_a = VI^* = P \pm jP_r$

　여기서 $P_r < 0$ : 용량성 (진상회로), $P_r > 0$ : 유도성 (지상회로)

### 3. 최대 전력 전달조건

① 저항부하
- 최대 전력 조건 : $R_L = R_g$ (내부저항=부하저항)
- 최대 전력 : $P_{\max} = \dfrac{E^2}{4R_L}$

② 내부가 임피던스이며 부하도 임피던스 $Z_L$인 경우
- 최대 전력 조건 : $Z_g^* = Z_L$ (내부임피던스의 공액 = 부하임피던스)
- 최대전력 : $P_{\max} = \dfrac{E^2}{4R}$

## 주요 문제

**01** 어떤 부하에 $100\sin\left(100\omega t + \dfrac{\pi}{6}\right)$[V]의 전압을 가했을 때 흐르는 전류가 $10\cos\left(100\omega t - \dfrac{\pi}{3}\right)$ [A]이었다면 이 부하의 소비전력은?

① 250[W]  
② 433[W]  
③ 500[W]  
④ 866[W]

**Explanation**

전류 $i = 10\cos\left(100\pi t - \dfrac{\pi}{3}\right)$
$= 10\sin\left(100\pi t - \dfrac{\pi}{3} + \dfrac{\pi}{2}\right) = 10\sin\left(100\pi t + \dfrac{\pi}{6}\right)$

소비전력(유효전력, 평균 전력)
$P = VI\cos\theta = \dfrac{100}{\sqrt{2}} \times \dfrac{10}{\sqrt{2}} \cos 0° = 500$[W]

【답】③

---

**02** 역률 60[%] 부하의 유효전력이 120[kW]이면 무효전력은 몇 [kVar]인가?

① 40  
② 80  
③ 120  
④ 160

**Explanation**

피상전력 $P_a = VI = \dfrac{P}{\cos\theta} = \dfrac{120}{0.6} = 200$[kVA]

무효전력 $P_r = P_a \sin\theta = 200 \times 0.8 = 160$[kVar]

【답】④

---

**03** 어떤 회로에 $E = 100\angle 30°$의 전압을 가했을 때, 전류 $I = 5\angle -15°$가 흘렀다. 소비전력은?

① 250  
② 500  
③ 176  
④ 353

**Explanation**

소비전력 $P = VI\cos\theta = 100 \times 5 \times \cos(30° - (-15°)) = 353.55$[W]

【답】④

---

**04** $V = 50\sqrt{3} - j50$[V], $I = 15\sqrt{3} + j15$[A]일 때 유효전력 $P$[W]와 무효전력 $Q$[Var]는 각각 얼마인가?

① $P = 3,000,\ Q = -1,500$  
② $P = 1,500,\ Q = -1,500\sqrt{3}$  
③ $P = 750,\ Q = -750\sqrt{3}$  
④ $P = 2,250,\ Q = -1,500\sqrt{3}$

**Explanation**

복소전력 $P_a = VI^* = P \pm jP_r = (50\sqrt{3} - j50) \times (15\sqrt{3} - j15) = 1,500 - j1,500\sqrt{3}$ [VA]

유효전력 $P = 1,500$[W], 무효전력 $P_r = -1,500\sqrt{3}$ [Var]

【답】②

## 5 상호유도결합회로

### 1. 유기기전력

$$e_1 = -L_1 \frac{di_1}{dt} = -M \frac{di_2}{dt}$$

$$e_2 = -L_2 \frac{di_2}{dt} = -M \frac{di_1}{dt}$$

### 2. 인덕턴스 접속

| | 직렬접속 |
|---|---|
| 가동접속 | $L_0 = L_1 + L_2 + 2M$ |
| 차동접속 | $L_0 = L_1 + L_2 - 2M$ |

## 주요 문제

**01** 두 코일이 있다. 한 코일의 전류가 매초 40[A]의 비율로 변할 때 다른 코일에는 20[V]의 기전력이 발생하였다면 두 코일의 상호 인덕턴스는 몇 [H]인가?

① 0.2[H]  
② 0.5[H]  
③ 1.0[H]  
④ 2.0[H]

**Explanation**

유기기전력 $e = -M\dfrac{di(t)}{dt}$ 에서 $M = -\dfrac{e}{\dfrac{dt(t)}{dt}} = \dfrac{20}{40} = 0.5[H]$

【답】②

**02** 자기 인덕턴스가 100[mH]인 코일 2개를 감극성이 되게 직렬 접속하여 합성 인덕턴스를 20[mH]가 되게 하려면 두 코일 사이의 상호 인덕턴스[mH]는?

① 90  
② 110  
③ 120  
④ 125

**Explanation**

$L_1$과 $L_2$의 결합이 차동결합(감극성)

$L = L_1 + L_2 - 2M$에서 $M = \dfrac{1}{2}[L_1 + L_2 - L] = \dfrac{1}{2}[100 + 100 - 20] = 90[H]$

【답】①

**03** 두 개의 코일 a, b가 있다. 두 개를 직렬로 접속하였더니 합성 인덕턴스가 119[mH]이었고, 극성을 반대로 접속하였더니 합성 인덕턴스가 11[mH]이었다. 코일 a의 자기 인덕턴스가 20[mH]라면 결합계수 $K$는 얼마인가?

① 0.6  
② 0.7  
③ 0.8  
④ 0.9

**Explanation**

$L_1 + L_2 + 2M = 119$ ……①  
$L_1 + L_2 - 2M = 11$ ……②  
①과 ②에서 상호인덕턴스 $M = 27$이므로  
$119 = 20 + L_2 + 2 \times 27$에서 $L_2 = 45[mH]$  
따라서 결합계수 $k = \dfrac{M}{\sqrt{L_1 L_2}} = \dfrac{27}{\sqrt{20 \times 45}} = 0.9$

【답】④

**04** 다음과 같은 교류 브리지 회로에서 $Z_0$에 흐르는 전류가 0이 되기 위한 각 임피던스의 조건은?

① $Z_1 Z_2 = Z_3 Z_4$  
② $Z_1 Z_2 = Z_3 Z_0$  
③ $Z_2 Z_3 = Z_1 Z_0$  
④ $Z_2 Z_3 = Z_1 Z_4$

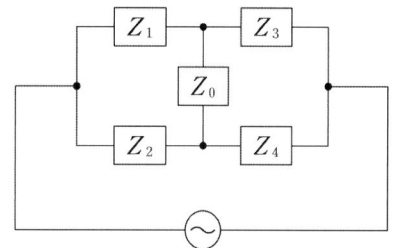

**Explanation**

브리지 회로이므로  
브리지 평형조건 : $Z_1 Z_4 = Z_2 Z_3$

【답】④

## 6 벡터궤적

이 장은 출제가 되지 않아 내용이 없습니다.

## 7 선형회로망

1. 전압원과 전류원

① 전압원 : 이상전압원은 내부 임피던스= 0
② 전류원 : 이상전류원은 내부 임피던스 ∞

2. 회로망의 여러 정리들

① 중첩의 정리(principle of superposition) : 선형회로
- 다수의 독립 전압원 및 전류원을 포함하는 회로
- 전압원은 단락(shot), 전류원은 개방(open)시켜 전류의 특성을 파악

② 테브난의 정리(Thevenin's theorem) : 등가 전압원의 원리
- 테브난 등가회로 구성
  - 개방단자 $a$, $b$에 나타나는 전압 : 테브난 전압($V_{TH}$)
  - 전압원 단락, 전류원 개방 후 개방단자에서 본 임피던스 : 테브난 임피던스($Z_{TH}$)
- 테브난 등가회로

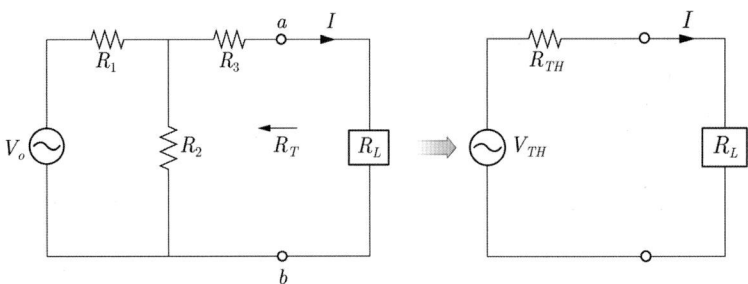

③ 밀만의 정리(Millman's theorem)
- 내부 임피던스를 갖는 여러 개의 전압원이 병렬로 접속된 경우 병렬 접속점에 나타나는 전압

$$V_{ab} = \frac{\frac{E_1}{Z_1}+\frac{E_2}{Z_2}+\cdots+\frac{E_n}{Z_n}}{\frac{1}{Z_1}+\frac{1}{Z_2}+\cdots+\frac{1}{Z_n}} = \frac{Y_1E_1+Y_2E_2+\cdots+Y_nE_n}{Y_1+Y_2+\cdots+Y_n}$$

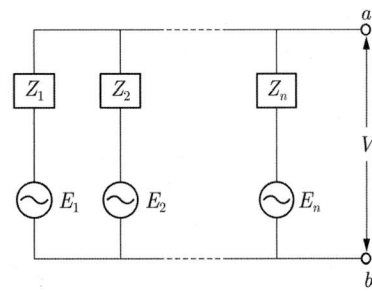

## 주요 문제

**01** 그림과 같은 회로망에서 전류를 계산하는데 옳게 표시된 것은?

① $I_1 + I_2 + I_3 + I_4 = 0$
② $I_1 + I_2 - I_3 + I_4 = 0$
③ $I_1 + I_4 = I_2 + I_3$
④ $I_1 + I_2 - I_4 = I_3$

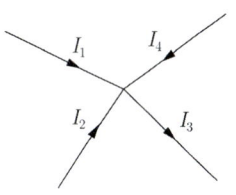

**Explanation**

키르히호프의 전류 법칙(제1법칙)
한 점을 기준으로 들어오는 전류와 나가는 전류의 대수합은 같다.
$I_1 + I_2 - I_3 + I_4 = 0$

【답】②

**02** 그림에서 10[Ω]의 저항에 흐르는 전류는 몇 [A]인가?

① 13
② 14
③ 15
④ 16

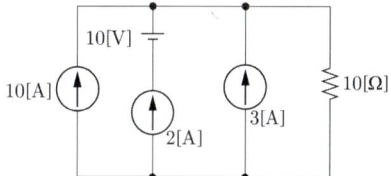

**Explanation**

중첩의 원리에 의해
- 전압원과 전류원이 단독 직렬 : 전압원 단락
- 전압원과 전류원이 단독 병렬 : 전류원 개방

따라서 10[Ω]의 저항에 흐르는 전류 $I_R = 10 + 2 + 3 = 15$[A]

【답】③

**03** 회로에서 저항 3[Ω] 양단의 전압[V]은?

① 0.67  ② 2
③ 3    ④ 5

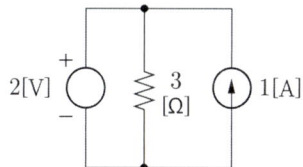

**Explanation**

중첩의 원리에 의해
- 전압원과 전류원이 단독 직렬 : 전압원 단락
- 전압원과 전류원이 단독 병렬 : 전류원 개방

따라서 전압원의 2[V]만 존재하므로 3[Ω] 양단의 전압은 2[V]이다.

【답】②

**04** 회로에서 저항 15[Ω]에 흐르는 전류는 몇 [A]인가?

① 8    ② 5.5
③ 2    ④ 0.5

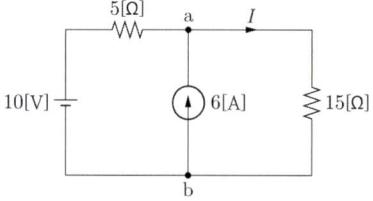

**Explanation**

> 주요 문제

중첩의 원리에 의하여

10[V]에 의한 전류(전류원 개방) : $I_1 = \dfrac{V}{R} = \dfrac{10}{5+15} = 0.5[A]$

6[A]에 의한 전류(전압원 단락) : $I_2 = \dfrac{R_1}{R_1+R_2}I = \dfrac{5}{5+15} \times 6 = 1.5[A]$

∴ $I = I_1 + I_2 = 0.5 + 1.5 = 2[A]$

【답】③

**05** 테브난의 정리를 이용하여 (a)회로를 (b)와 같은 등가 회로로 바꾸려고 한다. $V[V]$와 $R[\Omega]$의 값은?

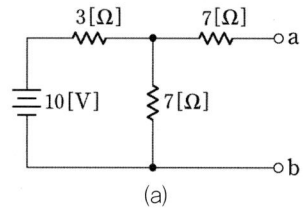
(a)

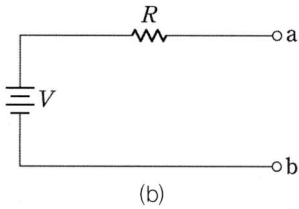
(b)

① 7[V], 9.1[Ω]
② 10[V], 9.1[Ω]
③ 7[V], 6.5[Ω]
④ 10[V], 6.5[Ω]

> Explanation

테브난 등가회로

- 테브난 저항 : $R_{Th} = 7 + \dfrac{3 \times 7}{3+7} = 9.1[\Omega]$
- 테브난 전압($E_{ab}$) : $V_{Th} = 10 \times \dfrac{7}{3+7} = 7[V]$

【답】①

**06** 그림에서 단자 ab에 나타나는 전압 $V_{ab}$는 약 몇 [V]인가?

① 2[V]
② 4.3[V]
③ 5.6[V]
④ 8[V]

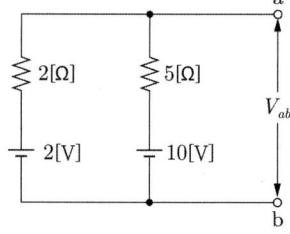

> Explanation

밀만의 정리를 적용하면 $V_{ab} = \dfrac{\dfrac{V_1}{R_1} + \dfrac{V_2}{R_2}}{\dfrac{1}{R_1} + \dfrac{1}{R_2}} = \dfrac{\dfrac{2}{2} + \dfrac{10}{5}}{\dfrac{1}{2} + \dfrac{1}{5}} = \dfrac{30}{7} = 4.3[V]$

【답】②

## 8 대칭 $n$상교류

### 1. Y ↔ △ 회로의 상호 변환

| Y → △ 변환(3배) | △ → Y 변환($\frac{1}{3}$배) |
|---|---|
| 저항, 임피던스, 선전류, 소비전력 ||

### 2. Y, △ 회로의 특징

① 대칭 $n$상 교류 회로

- 대칭 $n$상 Y결선 회로의 전압, 전류
  - $V_l = 2\sin\frac{\pi}{n} V_P \angle \frac{\pi}{2}\left(1-\frac{2}{n}\right)$, 대칭3상 : 30°, 대칭 5상 : 54°
  - $I_l = I_P$
- 대칭 $n$상 △결선 회로의 전압, 전류
  - $V_l = V_P$
  - $I_l = 2\sin\frac{\pi}{n} I_P \angle -\frac{\pi}{2}\left(1-\frac{2}{n}\right)$

② 3상 회로 Y, △ 회로

| Y 결선 특징 | △ 결선 특징 |
|---|---|
| ① $V_l = \sqrt{3} V_p \angle 30°$ <br> ② $I_l = I_p$ | ① $V_l = V_p$ <br> ② $I_l = \sqrt{3} I_p \angle -30°$ |

### 3. 3상 전력 계산

① 유효전력 : $P = 3V_p I_p \cos\theta = \sqrt{3} V_l I_l \cos\theta = 3I_p^2 R$ [W]

② 무효전력 : $P_r = 3V_p I_p \sin\theta = \sqrt{3} V_l I_l \sin\theta = 3I_p^2 X$ [Var]

③ 피상전력 : $P_a = 3V_p I_p = \sqrt{3} V_l I_l = 3I_p^2 Z$ [VA]

### 4. V 결선(단상 변압기 2대로 3상 공급)

① 출력 : $P_V = \sqrt{3} VI = \sqrt{3} K$  여기서, $K$는 변압기 1대 용량

② 출력비 : $\dfrac{V \text{ 결선출력}}{\triangle \text{ 결선출력}} = \dfrac{\sqrt{3} VI}{3VI} \times 100 = \dfrac{\sqrt{3}}{3} \times 100 = 57.7 [\%]$

③ 이용률 : $\dfrac{V \text{ 결선 허용용량}}{2\text{대 허용용량}} = \dfrac{\sqrt{3} VI}{2VI} \times 100 = \dfrac{\sqrt{3}}{2} \times 100 = 86.6 [\%]$

### 5. 2전력계법

① 소비전력(유효전력) : $P = P_1 + P_2$ [W]

② 무효전력 : $P_r = \sqrt{3}(P_1 - P_2)$ [Var]

③ 피상전력 : $P_a = \sqrt{P^2 + P_r^2} = 2\sqrt{P_1^2 + P_2^2 - P_1 P_2}$ [VA]

④ 역률  $\cos\theta = \dfrac{P}{P_a} = \dfrac{P_1 + P_2}{2\sqrt{P_1^2 + P_2^2 - P_1 P_2}}$

여기서, $P_1 = P_2$      $\cos\theta = 1$

$P_1 = 2P_2$      $\cos\theta = 0.866$

$P_1 = 3P_2$      $\cos\theta = 0.75$

$P_1 = 0$      $\cos\theta = 0.5$

※ 주의
- 3상 회로의 모든 계산은 상(phase)을 기준으로 계산
- 부하의 임피던스는 각 상에 있는 것으로 계산

$I_p = \dfrac{V_p}{Z}$

### 주요 문제

**01** 3상 Y결선의 전원에서 각 상전압의 크기가 220[V]일 때 선간전압의 크기는 약 몇 [V]인가?
① 127
② 220
③ 311
④ 381

**Explanation**

Y결선 $V_l = \sqrt{3}\, V_p$, $I_l = I_p$에서
선간전압 $V_l = \sqrt{3}\, V_p = \sqrt{3} \times 220 = 381[\text{V}]$

【답】④

**02** 대칭 6상 성형결선의 전원이 있다. 이 전원의 선간전압과 상전압의 위상차는?
① 30°
② 60°
③ 90°
④ 120°

**Explanation**

대칭 $n$상 Y결선 전압 전류 $V_l = 2\sin\dfrac{\pi}{n}\, V_p \angle \dfrac{\pi}{2}(1-\dfrac{2}{n})$, $I_l = I_p$

따라서 6상인 경우 위상차 $\theta = \dfrac{\pi}{2}(1-\dfrac{2}{n}) = \dfrac{\pi}{2}\left(1-\dfrac{2}{6}\right) = 60°$

【답】②

**03** 대칭 3상 Y결선에서 선간 전압이 $200\sqrt{3}$[V]이고 각 상의 임피던스 $Z = 30 + j40[\Omega]$의 평형 부하일 때 선전류 [A]는?
① 2
② $2\sqrt{3}$
③ 4
④ $4\sqrt{3}$

**Explanation**

Y결선에서 $V_l = \sqrt{3}\, V_p$, $I_l = I_p$ 이므로

상전류 $I_p = \dfrac{V_p}{Z} = \dfrac{\dfrac{200\sqrt{3}}{\sqrt{3}}}{\sqrt{30^2 + 40^2}} = 4$    따라서 $I_l = I_p = 4[\text{A}]$

【답】③

**04** 대칭 3상 Y결선 부하에서 각 상의 임피던스가 $16 + j12[\Omega]$이고 부하 전류가 10[A]일 때, 이 부하의 선간 전압은 약 몇 [V]인가?
① 152.6
② 229.1
③ 346.4
④ 445.1

**Explanation**

상전류 $I_p = \dfrac{V_p}{Z}$ 에서

상전압 $V_p = Z I_p = \sqrt{12^2 + 16^2} \times 10 = 200[\text{V}]$
Y결선이므로 선간전압 $V_l = \sqrt{3}\, V_p = 200 \times \sqrt{3} = 346.4[\text{V}]$

【답】③

**05** 평형 3상 3선식 회로에서 Y결선된 3상 부하의 선간전압이 $V_{ab} = 100\sqrt{3}$[V]이고 선전류가 $I_a = 20 \angle -120°$[A]이다. 이 3상 부하의 상당 임피던스[$\Omega$]는?
① $5\sqrt{3} \angle 90°$
② $5 \angle 90°$
③ $5\sqrt{3} \angle 60°$
④ $5 \angle 60°$

## 주요 문제

**Explanation**

임피던스 $Z = \dfrac{V_p}{I_p} = \dfrac{100\angle-30°}{20\angle-120°} = 5\angle 90°[\Omega]$

여기서 Y결선의 상전압 $V_p = \dfrac{V_l}{\sqrt{3}}\angle-30°$ 이므로

$V_p = \dfrac{100\sqrt{3}}{\sqrt{3}}\angle-30° = 100\angle-30°$

【답】②

**06** 그림과 같은 순저항만의 회로에 평형 3상 전압을 가했을 때 각 선에 흐르는 전류가 같으려면 $R$의 값은 몇 $[\Omega]$인가?

① 2.5
② 5
③ 7.5
④ 10

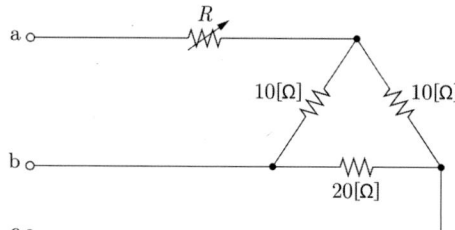

**Explanation**

각 선에 흐르는 전류가 같으려면 3상 △결선을 Y 결선으로 변환
* △결선 → Y 결선 변환 식

$R_a = \dfrac{R_{ab}\cdot R_{ca}}{R_{ab}+R_{bc}+R_{ca}} \quad R_b = \dfrac{R_{ab}\cdot R_{bc}}{R_{ab}+R_{bc}+R_{ca}} \quad R_c = \dfrac{R_{ac}\cdot R_{bc}}{R_{ab}+R_{bc}+R_{ca}}$

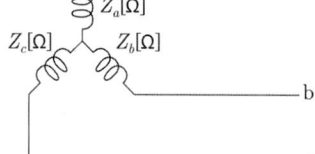

$Z_a = \dfrac{Z_{ab}\cdot Z_{ca}}{Z_{ab}+Z_{bc}+Z_{ca}} = \dfrac{10\times 10}{10+10+20} = 2.5[\Omega]$

$Z_b = \dfrac{Z_{ab}\cdot Z_{bc}}{Z_{ab}+Z_{bc}+Z_{ca}} = \dfrac{10\times 20}{10+10+20} = 5[\Omega]$

$Z_c = \dfrac{Z_{ac}\cdot Z_{bc}}{Z_{ab}+Z_{bc}+Z_{ca}} = \dfrac{10\times 20}{10+10+20} = 5[\Omega]$

∴ $Z_a + Z = 5[\Omega]$에서 $Z = 2.5[\Omega]$

【답】①

**07** 전원과 부하가 모두 △결선된 평형 3상 회로에서 전원 전압의 크기가 200[V], 부하 한 상의 임피던스가 $6+j8[\Omega]$인 경우 선전류의 크기는 몇 [A]인가?

① 20
② $20\sqrt{3}$
③ $\dfrac{20}{\sqrt{3}}$
④ $40\sqrt{3}$

**Explanation**

△결선 $I_l = \sqrt{3} I_p$

상전류 $I_p = \dfrac{V_p}{Z} = \dfrac{200}{\sqrt{6^2+8^2}} = 20[A]$

선전류 $I_l = \sqrt{3} I_p = \sqrt{3} \times 20 = 20\sqrt{3}[A]$

【답】②

**08** 3상 회로에 △결선된 평형 순저항 부하를 사용하는 경우 선간전압 220[V], 상전류가 7.33[A]라면 1상의 부하저항은 약 몇 [Ω]인가?

① 80
② 60
③ 45
④ 30

**Explanation**

△결선 $V_l = V_p$ 에서

임피던스 $Z = \dfrac{V_p}{I_p} = \dfrac{220}{7.33} = 30[\Omega]$

【답】④

**09** $r[\Omega]$인 6개의 저항을 그림과 같이 접속하고 평형 3상 전압 $E$를 가했을 때 전류 $I$는 몇 [A]인가? 단, $R=3[\Omega]$, $E=60[V]$이다.

① 8.66
② 9.56
③ 10.8
④ 12.6

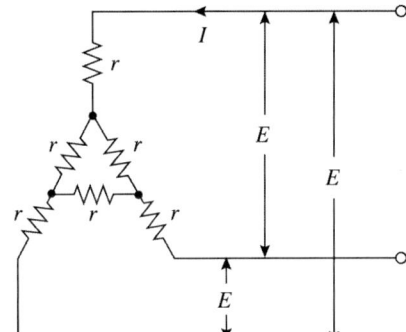

**Explanation**

우선 회로를 Y결선으로 전환하면

△ → Y로 변환 : 저항은 $\dfrac{1}{3}$이 되므로 $\dfrac{r}{3}$

따라서 전체 1상의 저항은 $R = r + \dfrac{r}{3} = \dfrac{4}{3} r$

$I_p = \dfrac{V_p}{Z} = \dfrac{\frac{E}{\sqrt{3}}}{\frac{4}{3}r} = \dfrac{3E}{4\sqrt{3}r} = \dfrac{\sqrt{3}E}{4r}$ 이므로 선전류 $I_l = \dfrac{\sqrt{3}E}{4r} = \dfrac{60\sqrt{3}}{4 \times 3} = 8.66[A]$

【답】①

### 주요 문제

**10** 그림의 성형 불평형 회로에 각 상전압이 $E_a$, $E_b$, $E_c$ [V]이고, 부하는 $Z_a$, $Z_b$, $Z_c$ [Ω]이라면 중성선 임피던스가 $Z_n$ [Ω]일 때 중성점간의 전위는 어떻게 되는가?

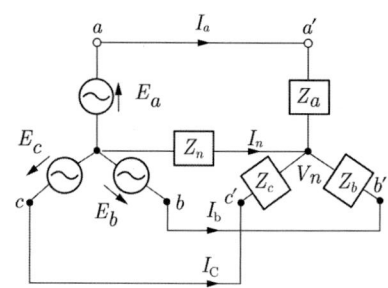

① $V_n = \dfrac{E_a + E_b + E_c}{Z_a + Z_b + Z_c}$

② $V_n = \dfrac{E_a + E_b + E_c}{Z_a + Z_b + Z_c + Z_n}$

③ $V_n = \dfrac{\dfrac{E_a}{Z_a} + \dfrac{E_b}{Z_b} + \dfrac{E_c}{Z_c}}{\dfrac{1}{Z_a} + \dfrac{1}{Z_b} + \dfrac{1}{Z_c} + \dfrac{1}{Z_n}}$

④ $V_n = \dfrac{\dfrac{E_a}{Z_a} + \dfrac{E_b}{Z_b} + \dfrac{E_c}{Z_c}}{\dfrac{1}{Z_a} + \dfrac{1}{Z_b} + \dfrac{1}{Z_c}}$

**Explanation**

밀만의 정리를 적용하면

$V_n = \dfrac{\dfrac{E_a}{Z_a} + \dfrac{E_b}{Z_b} + \dfrac{E_c}{Z_c}}{\dfrac{1}{Z_a} + \dfrac{1}{Z_b} + \dfrac{1}{Z_c} + \dfrac{1}{Z_n}}$

【답】③

**11** △ 결선된 3상 저항부하를 Y결선으로 바꾸면 소비 전력은 어떻게 되겠는가? 단, 선간 전압은 일정하고, $P_\triangle$는 △ 결선 시 소비전력, $P_Y$는 Y결선 시 소비전력이다.

① $P_Y = \dfrac{1}{3} P_\triangle$

② $P_Y = 3 P_\triangle$

③ $P_Y = \sqrt{3} P_\triangle$

④ $P_Y = \dfrac{1}{\sqrt{3}} P_\triangle$

**Explanation**

선전류, 소비전력

△→Y : $\dfrac{1}{3}$ 배

Y→△ : 3배

【답】①

**12** 저항 3개를 Y로 접속하고 이것을 선간전압 200[V]의 평형 3상 교류 전원에 연결할 때 선전류가 20[A] 흘렀다. 이 3개의 저항을 △로 접속하고 동일 전원에 연결하였을 때의 선전류는 몇 [A]인가?

① 30

② 40

③ 50

④ 60

**Explanation**

선전류, 소비전력
- △ → Y : $\frac{1}{3}$ 배
- Y → △ : 3배

△결선의 선전류는 Y결선의 3배이므로 $I_{\triangle l} = 3I_{Yl} = 3 \times 20 = 60$ [A]

【답】④

**13** 그림의 평형 3상 Y결선 회로에서 소비하는 유효전력[W]은?

① 512
② 768
③ 1,536
④ 2,304

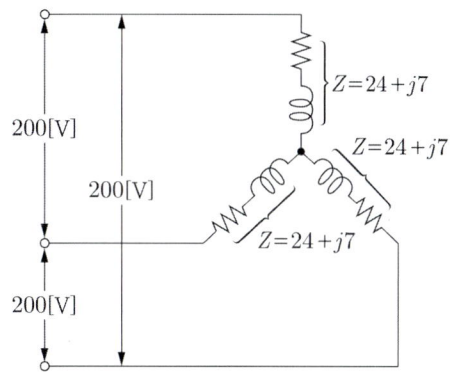

**Explanation**

3상 유효전력은 $P = 3V_p I_p \cos\theta = 3I_p^2 R$ [Var]

Y결선이므로 $I_l = I_p$

여기서, 상전류는 $I_p = \dfrac{V_p}{Z} = \dfrac{\frac{200}{\sqrt{3}}}{24+j7} = \dfrac{\frac{200}{\sqrt{3}}}{\sqrt{24^2+7^2}}$ [A]

3상 유효전력은 $P = 3I_p^2 R = 3 \times \left(\dfrac{\frac{200}{\sqrt{3}}}{\sqrt{24^2+7^2}}\right)^2 \times 24 = 1,536$ [W]

【답】③

**14** 3대의 단상변압기를 △ 결선으로 하여 운전하던 중 변압기 1대를 고장으로 제거하여 V결선으로 한 경우 공급할 수 있는 전력은 고장 전 전력의 몇 [%]인가?

① 57.7
② 50.0
③ 63.3
④ 67.7

**Explanation**

V결선 변압기 $P_V = \sqrt{3}K$    여기서, $K$는 변압기 1대 용량
△결선 변압기 $P_\triangle = 3K$

출력비 $= \dfrac{P_V}{P_\triangle} = \dfrac{\sqrt{3}K}{3K} = \dfrac{\sqrt{3}}{3} \times 100 = 57.7$ [%]

【답】①

**15** 20[kVA] 변압기 2대로 공급할 수 있는 최대 3상 전력[kVA]은?

① 20
② 17.3
③ 24.64
④ 34.64

**Explanation**

> V결선 변압기 $P_V = \sqrt{3}K$ 여기서, $K$는 변압기 1대 용량
> $\quad\quad\quad\quad\quad\;\; = \sqrt{3} \times 20 = 34.64 [\text{kVA}]$

【답】④

**16** 평형 3상 저항 부하가 3상 4선식 회로에 접속되어 있을 때 단상 전력계를 그림과 같이 접속했더니 그 지시값이 $W$[W]이었다. 이 부하의 3상 전력[W]은?

① $\sqrt{2}\,W$
② $2\,W$
③ $\sqrt{3}\,W$
④ $3\,W$

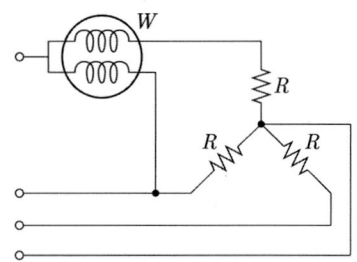

**Explanation**

2전력계법
$W = W_1 + W_2 = 2W_a$

【답】②

**17** 2개의 단상전력계를 이용하여 어떤 불평형 3상 부하의 전력을 측정한 결과 $P_1 = 6$[W], $P_2 = 12$ [W]일 때, 이 3상 부하의 역률은?

① $\dfrac{3}{5}$
② $\dfrac{4}{5}$
③ $\dfrac{1}{\sqrt{3}}$
④ $\dfrac{\sqrt{3}}{2}$

**Explanation**

2전력계법 : 전력계 2대를 이용하여 3상 전력을 측정하는 방법
① 소비전력(유효전력) : $P = P_1 + P_2$ [W]
② 무효전력 $\quad\quad\quad\;\;$ : $P_r = \sqrt{3}(P_1 - P_2)$ [Var]
③ 피상전력 $\quad\quad\quad\;\;$ : $P_a = 2\sqrt{P_1^2 + P_2^2 - P_1 P_2}$ [VA]
④ 역률 $\quad\quad\quad\quad\quad\;$ : $\cos\theta = \dfrac{P}{P_a} = \dfrac{P_1 + P_2}{2\sqrt{P_1^2 + P_2^2 - P_1 P_2}}$

여기서, $\quad P_1 = P_2 \quad\quad \cos\theta = 1$
$\quad\quad\quad\;\; P_1 = 2P_2 \quad\quad \cos\theta = \dfrac{\sqrt{3}}{2} = 0.866$
$\quad\quad\quad\;\; P_1 = 0 \quad\quad\quad \cos\theta = 0.5$

문제에서는 $P_1 = 3$[kW], $P_2 = 6$[kW] $\quad \therefore\; P_1 = 2P_2$이므로 $\cos\theta = \dfrac{\sqrt{3}}{2} = 0.866$

【답】④

## 9 대칭좌표법

3상 불평형 회로를 대칭성분으로 해석하는 방법
대칭좌표법의 구성 : 영상분(0), 정상분(1), 역상분(2)
※ 평형3상 : 영상분과 역상분은 0. 정상분만 남음

### 1. 불평형 회로의 해석

| 대칭성분을 이용한 각 상 표현 | 각 상을 이용한 대칭분 표현 |
|---|---|
| $\begin{bmatrix} V_a \\ V_b \\ V_c \end{bmatrix} = \begin{bmatrix} 1 & 1 & 1 \\ 1 & a^2 & a \\ 1 & a & a^2 \end{bmatrix} \begin{bmatrix} V_0 \\ V_1 \\ V_2 \end{bmatrix}$ | $\begin{bmatrix} V_0 \\ V_1 \\ V_2 \end{bmatrix} = \frac{1}{3} \begin{bmatrix} 1 & 1 & 1 \\ 1 & a & a^2 \\ 1 & a^2 & a \end{bmatrix} \begin{bmatrix} V_a \\ V_b \\ V_c \end{bmatrix}$ |

### 2. 발전기의 기본 식

① $V_0 = -Z_0 I_0$
② $V_1 = E_a - Z_1 I_1$
③ $V_2 = -Z_2 I_2$

### 3. 사고 해석

① 1선 지락 : $I_0 = I_1 = I_2$  ∴ $I_g = 3I_0 = \dfrac{3E_a}{Z_0 + Z_1 + Z_2}$

② 선간 단락 : $I_0 = 0, V_0 = 0$   $I_1 = -I_2,\ V_1 = V_2$

③ 3상 단락 : $I_1 = \dfrac{E_a}{Z_1}$

※ △결선 : 비접지식으로 영상전류는 흐르지 않는다.

### 4. 불평형률

불평형률 $= \dfrac{역상분}{정상분} \times 100 = \dfrac{V_2}{V_1} \times 100\,[\%]$

## 주요 문제

**01** 대칭좌표법에서 사용되는 용어 중 3상에 공통된 성분을 표시하는 것은?
① 공통분
② 정상분
③ 역상분
④ 영상분

**Explanation**

대칭좌표법
- **영상분** : 불평형에서 각 상의 공통성분
- **정상분** : 불평형에서 상회전 방향이 같은 성분
- **역상분** : 불평형에서 상회전 방향이 다른 성분

【답】④

**02** 불평형 3상 전류 $I_a = 15 + j2$[A], $I_b = -20 - j14$[A], $I_c = -3 + j10$[A]일 때 영상전류 $I_0$는 약 몇 [A]인가?
① $2.67 + j0.36$
② $15.7 - j3.25$
③ $-1.91 + j6.24$
④ $-2.67 - j0.67$

**Explanation**

영상분 $I_0 = \frac{1}{3}(I_a + I_b + I_c) = \frac{1}{3}(15 + j2 - 20 - j14 - 3 + j10) = \frac{1}{3}(-8 - j2) = -2.67 - j0.67$[A]

【답】④

**03** 3상 회로의 대칭분 전압이 $V_0 = -8 + j3$[V], $V_1 = 6 - j8$[V], $V_2 = 8 + j12$[V]일 때 $a$상의 전압[V]은?
① $5 - j6$
② $5 + j6$
③ $6 - j7$
④ $6 + j7$

**Explanation**

$a$상 전압 $V_a = V_0 + V_1 + V_2$
$= -8 + j3 + 6 - j8 + 8 + j12 = 6 + j7$[V]

【답】④

**04** $V_a$, $V_b$, $V_c$를 3상 불평형 전압이라 하면 정상(正相) 전압[V]은? (단, $a = -\frac{1}{2} + j\frac{\sqrt{3}}{2}$이다)
① $3(V_a + V_b + V_c)$
② $\frac{1}{3}(V_a + V_b + V_c)$
③ $\frac{1}{3}(V_a + a^2 V_b + a V_c)$
④ $\frac{1}{3}(V_a + a V_b + a^2 V_c)$

**Explanation**

- 영상분 $V_0 = \frac{1}{3}(V_a + V_b + V_c)$
- 정상분 $V_1 = \frac{1}{3}(V_a + a V_b + a^2 V_c)$
- 역상분 $V_2 = \frac{1}{3}(V_a + a^2 V_b + a V_c)$

【답】④

**05** 3상 불평형 전압에서 불평형률은?

① $\dfrac{영상전압}{정상전압} \times 100[\%]$

② $\dfrac{역상전압}{정상전압} \times 100[\%]$

③ $\dfrac{정상전압}{역상전압} \times 100[\%]$

④ $\dfrac{정상전압}{영상전압} \times 100[\%]$

**Explanation**

불평형률 $= \dfrac{역상전압}{정상전압} \times 100[\%]$

【답】②

**06** 3상 불평형 전압에서 역상 전압이 25[V]이고 정상 전압이 100[V], 영상전압이 10[V]라고 할 때 전압의 불평형률은 몇 [%]인가?

① 10  ② 25  ③ 30  ④ 40

**Explanation**

불평형률 $= \dfrac{역상분}{정상분} = \dfrac{25}{100} \times 100 = 25[\%]$

【답】②

**07** 대칭좌표법에 관한 설명이 아닌 것은?

① 대칭좌표법은 일반적인 비대칭 3상 교류회로의 계산에도 이용된다.
② 대칭 3상 전압의 영상분과 역상분은 0이고, 정상분만 남는다.
③ 비대칭 3상 교류회로는 영상분, 역상분 및 정상분의 3성분으로 해석한다.
④ 비대칭 3상 회로의 접지식 회로에는 영상분이 존재하지 않는다.

**Explanation**

대칭좌표법
- 비대칭 $n$ 상 회로 계산(불평형 회로 계산)
- 대칭 3상의 경우 영상분과 역상분은 0이고 정상분만 존재
- 접지식회로에만 영상분이 존재

【답】④

**08** 비접지 3상 Y부하의 각 선에 흐르는 비대칭 각 선전류를 $I_a$, $I_b$, $I_c$ 라 할 때 선전류의 영상분 $I_0$ 는?

① 1  ② $I_a + I_b + I_c$  ③ $\dfrac{1}{3}(I_a + aI_b + a^2 I_c)$  ④ 0

**Explanation**

영상분은 접지식 회로에서만 발생한다.
비접지식에서는 영상분은 0이다.

【답】④

**09** 불평형 회로 조건에서 영상분 회로가 존재하는 3상 변압기의 구성은?

① $\triangle - \triangle$ 결선의 3상 3선식
② $\triangle - Y$ 결선의 3상 3선식
③ $Y - \triangle$ 결선의 3상 3선식
④ $Y - Y$ 결선의 3상 4선식

**Explanation**

영상분은 접지식 회로에서만 발생
$Y - Y$ 결선의 3상 4선식은 중성점을 접지하므로 영상분이 존재한다.

【답】④

# 10 비정현파 교류

## 1. 비정현파의 푸리에 변환

비정현파 교류 = 직류분 + 기본파 + 고조파

$$f(t) = a_0 + \sum_{n=1}^{\infty} a_n \cos n\omega t + \sum_{n=1}^{\infty} b_n \sin n\omega t$$

## 2. 여러 파형의 푸리에 변환

| 기함수, 정현대칭 | sin항($n$ : 정수) | $f(t) = -f(-t)$ |
|---|---|---|
| 우함수, 여현대칭 | $a_0$ , cos항($n$ : 정수) | $f(t) = f(-t)$ |
| 반파대칭 | sin항과 cos항($n$ : 홀수항) | $f(t) = -f(t+\pi) = -f\left(\dfrac{T}{2}+t\right)$ |

※ 구형파의 경우 무수히 많은 주파수 포함

## 3. 비정현파의 실효값

각 파의 제곱의 합의 제곱근

$$V_{r.m.s} = \sqrt{V_0^2 + \left(\frac{V_{m1}}{\sqrt{2}}\right)^2 + \left(\frac{V_{m2}}{\sqrt{2}}\right)^2 + \left(\frac{V_{m3}}{\sqrt{2}}\right)^2 + \cdots} = \sqrt{V_0^2 + V_1^2 + V_2^2 + \cdots + V_n^2} \, [V]$$

## 4. 비정현파의 전력

① 유효(소비)전력 : $P = V_0 I_0 + \sum\limits_{n=1}^{\infty} V_n I_n \cos\theta_n$

비정현파의 소비전력 계산은 주파수가 같지 않으면 전력이 발생되지 않는다.

② 무효전력 : $P_r = \sum\limits_{n=1}^{\infty} V_n I_n \sin\theta_n$

③ 피상전력 : $P_a = VI = \sqrt{(V_0^2 + V_1^2 + V_2^2 + \cdots + V_n^2)} \sqrt{(I_0^2 + I_1^2 + I_2^2 + \cdots + I_n^2)}$

## 5. 비정현파의 임피던스

※ $R-L$ 회로에서 제3고조파 전류 $I_3 = \dfrac{V_3}{Z_3} = \dfrac{V_3}{\sqrt{R^2 + (3\omega L)^2}}$

## 6. 왜형률

① 비정현파에서 기본파에 대해 고조파 성분이 포함된 정도를 나타내는 값

② 왜형률($\epsilon$) $= \dfrac{\text{전고조파의 실효값}}{\text{기본파의 실효값}} = \dfrac{\sqrt{V_2^2 + V_3^2 + \cdots + V_n^2}}{V_1}$

## 주요 문제

**01** 주기함수 $f(t)$의 푸리에 급수 전개식으로 옳은 것은?

① $f(t) = \sum_{n=1}^{\infty} a_n \sin n\omega t + \sum_{n=1}^{\infty} b_n \sin n\omega t$

② $f(t) = b_o + \sum_{n=2}^{\infty} a_n \sin n\omega t + \sum_{n=2}^{\infty} b_n \cos n\omega t$

③ $f(t) = a_0 + \sum_{n=1}^{\infty} a_n \cos n\omega t + \sum_{n=1}^{\infty} b_n \sin n\omega t$

④ $f(t) = \sum_{n=1}^{\infty} a_n \cos n\omega t + \sum_{n=1}^{\infty} b_n \cos n\omega t$

**Explanation**

푸리에 급수
비정현파 = 직류분 + 기본파 + 고조파
$f(t) = a_0 + \sum_{n=1}^{\infty} a_n \cos n\omega t + \sum_{n=1}^{\infty} b_n \sin n\omega t$

【답】③

**02** $\phi$가 0에서 $\pi$까지는 $i = 20$[A], $\pi$에서 $2\pi$까지는 $i = 0$[A]인 파형을 푸리에 급수로 전개할 때 $a_0$는?

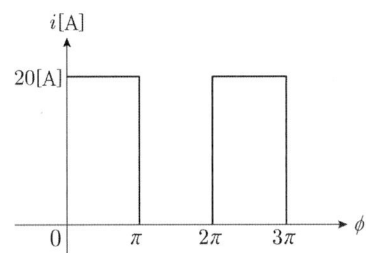

① 5
② 7.07
③ 10
④ 14.14

**Explanation**

푸리에 급수 전개에서 $a_0$는 평균값(직류값)
구형반파이므로 $a_0 = \dfrac{I_m}{2} = \dfrac{20}{2} = 10$[A]

【답】③

**03** 다음 중 비정현파에서 우함수 대칭의 조건은?

① $f(t) = -f(t)$
② $f(t) = f(-t)$
③ $f(t) = -f(-t)$
④ $f(t) = -f\left(t + \dfrac{T}{2}\right)$

**Explanation**

- 정현대칭(기함수) : $f(t) = -f(-t)$, sin성분
- 여현대칭(우함수) : $f(t) = f(-t)$, 직류분, cos성분
- 반파대칭 : $f(t) = -f\left(t + \dfrac{T}{2}\right)$, 홀수항

【답】②

### 주요 문제

**04** 주기적인 구형파 신호의 구성은?
① 직류성분만으로 구성된다.
② 기본파 성분만으로 구성된다.
③ 고조파 성분만으로 구성된다.
④ 직류 성분, 기본파 성분, 무수히 많은 고조파 성분으로 구성된다.

**Explanation**

구형파는 정현반파대칭이므로 홀수항의 sin항만 존재하며
$f(t) = \sin t + \sin 3t + \sin 5t + \cdots$ 의 형태이므로 무수히 많은 주파수 성분을 가지게 된다. 【답】④

**05** 다음과 같은 파형을 푸리에 급수로 전개하면?

① $y = \dfrac{A}{\pi} + \dfrac{\sin 2x}{2} + \dfrac{\sin 4x}{4} + \cdots$

② $y = \dfrac{4A}{\pi}(\sin\alpha \sin x + \dfrac{1}{9}\sin 3\alpha \sin 3x + \cdots)$

③ $y = \dfrac{4A}{\pi}(\sin x + \dfrac{1}{3}\sin 3x + \dfrac{1}{5}\sin 5x + \cdots)$

④ $y = \dfrac{4}{\pi}(\dfrac{\cos 2x}{1 \cdot 3} + \dfrac{\cos 4x}{3 \cdot 5} + \dfrac{\cos 6x}{5 \cdot 7} + \cdots)$

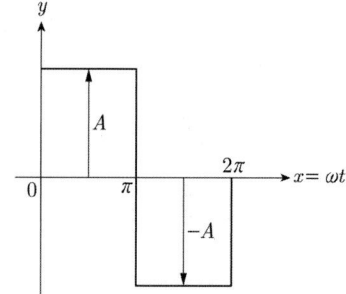

**Explanation**

구형파는 정현반파 대칭이므로 홀수항의 sin항만 존재하며
$f(t) = b_1 \sin t + b_3 \sin 3t + b_5 \sin 5t + \cdots$의 형태이므로 무수히 많은 주파수 성분을 가지게 된다.
따라서 $y = \dfrac{4A}{\pi}(\sin x + \dfrac{1}{3}\sin 3x + \dfrac{1}{5}\sin 5x + \cdots)$ 【답】③

**06** $i(t) = 100 + 50\sqrt{2}\sin\omega t + 20\sqrt{2}\sin(3\omega t + \dfrac{\pi}{6})$[A]로 표현되는 비정현파 전류의 실효값은 약 몇 [A]인가?
① 20　　② 50
③ 114　　④ 150

**Explanation**

비정현파의 실효값 : 각파의 실효값 제곱의 합의 제곱근
$I = \sqrt{I_0^2 + I_1^2 + I_2^2 + \cdots + I_n^2}$
$= \sqrt{100^2 + 50^2 + 20^2} = 114$[A] 【답】③

**07** 전압 $v = 10\sin 10t + 20\sin 20t$[V]이고, 전류 $i = 20\sin 10t + 10\sin 20t$[A]일 때 소비전력은 몇 [W]인가?
① 141　　② 200
③ 300　　④ 400

**Explanation**

유효전력(평균전력)은 주파수가 같을 때만 발생되므로
$P = V_1 I_1 \cos\theta_1 + V_2 I_2 \cos\theta_2$ 에서
$P = \dfrac{10}{\sqrt{2}} \times \dfrac{20}{\sqrt{2}} \cos 0° + \dfrac{20}{\sqrt{2}} \times \dfrac{10}{\sqrt{2}} \cos 0° = 200[\text{W}]$

【답】②

**08** 전류 $i = 5 + 10\sqrt{2} \sin 100t + 5\sqrt{2} \sin 200t$ 가 1[H]의 인덕터에 흐르고 있을 때 인덕터에 축적되는 에너지는 몇 [J]인가?

① 200
② 100
③ 75
④ 150

**Explanation**

비정현파 전류의 실효값
$I = \sqrt{5^2 + 10^2 + 5^2} = \sqrt{150}$ [A]
인덕터에서의 에너지
$W = \dfrac{1}{2} L I^2 = \dfrac{1}{2} \times 1 \times (\sqrt{150})^2 = 75$ [J]

【답】③

**09** $e = 100\sqrt{2} \sin\omega t + 75\sqrt{2} \sin 3\omega t + 20\sqrt{2} \sin 5\omega t$[V]인 비정현파 전압을 $R-L$ 직렬회로에 가할 때 제3고조파 전류의 실효값은? 단, $R = 4[\Omega]$, $\omega L = 1[\Omega]$이다.

① 15
② $15\sqrt{2}$
③ 20
④ $20\sqrt{2}$

**Explanation**

제3고조파에 대한 임피던스 $Z_3 = R + j3\omega L = 4 + j3 = \sqrt{4^2 + 3^2} = 5[\Omega]$
제3고조파 전류의 실효값 $I_3 = \dfrac{V_3}{Z_3} = \dfrac{75}{5} = 15$[A]

【답】①

**10** 비정현파 전압 $v = 100\sqrt{2} \sin\omega t + 50\sqrt{2} \sin 2\omega t + 30\sqrt{2} \sin 3\omega t$[V]의 왜형률은 약 얼마인가?

① 0.36
② 0.58
③ 0.87
④ 1.0

**Explanation**

왜형률 $= \dfrac{\text{각 고조파의 실효값의 합}}{\text{기본파의 실효값}}$
$= \dfrac{\sqrt{V_2^2 + V_3^2}}{V_1} = \dfrac{\sqrt{50^2 + 30^2}}{100} = 0.58$

【답】②

**11** 기본파의 30[%]인 제3고조파와 기본파의 20[%]인 제5고조파를 포함하는 전압파의 왜형률은?

① 0.21
② 0.31
③ 0.36
④ 0.42

**Explanation**

왜형률 $= \dfrac{\text{각 고조파의 실효값의 합}}{\text{기본파의 실효값}} = \dfrac{\sqrt{V_3^2 + V_5^2}}{V_1} = \dfrac{\sqrt{0.3^2 + 0.2^2}}{1} = 0.36$

【답】③

# 11 2단자망

## 1. 구동점 임피던스
① 저항 : $Z(s) = R$
② 인덕턴스 : $Z(s) = j\omega L = sL$
③ 커패시턴스 : $Z(s) = \dfrac{1}{j\omega C} = \dfrac{1}{sC}$

## 2. 정저항회로
주파수에 관계없는 일정한 저항 → 주파수에 무관한 회로

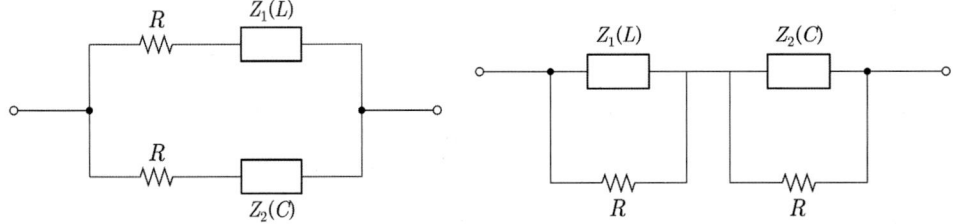

$$\therefore R = \sqrt{\dfrac{L}{C}}\,[\Omega]$$

## 3. 역회로(쌍대회로)

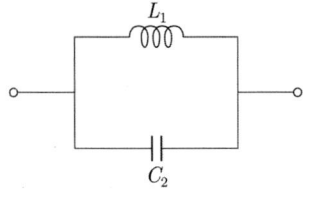

$$K^2 = \dfrac{L_1}{C_1} = \dfrac{L_2}{C_2}$$

## 주요 문제

**01** 임피던스가 $Z(s) = \dfrac{4s+2}{s}$ 로 표시되는 2단자 회로는? 단, $s = j\omega$ 이다.

① ○─4[Ω]─⟋⟍─$\frac{1}{2}$[H]─⟅⟆─○
② ○─4[Ω]─⟋⟍─$\frac{1}{2}$[F]─∥─○
③ ○─$\frac{1}{2}$[Ω]─⟋⟍─4[H]─⟅⟆─○
④ ○─$\frac{1}{2}$[Ω]─⟋⟍─4[F]─∥─○

**Explanation**

구동점 임피던스
① $R \to Z_R(s) = R$
② $L \to Z(s) = j\omega L = sL$
③ $C \to Z(s) = \dfrac{1}{j\omega C} = \dfrac{1}{sC}$

$Z(s) = \dfrac{4s+2}{s} = 4 + \dfrac{2}{s} = 4 + \dfrac{1}{\frac{1}{2}s}$  따라서 저항 4[Ω]과 정전용량 $\dfrac{1}{2}$[F]의 직렬 회로가 된다.

【답】 ②

**02** 그림과 같은 회로가 정저항 회로가 되기 위한 $R[\Omega]$의 값은 얼마인가?

① 200
② 2
③ $2 \times 10^{-2}$
④ $2 \times 10^{-4}$

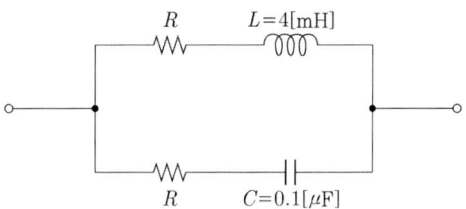

**Explanation**

정저항 회로 조건
$R = \sqrt{\dfrac{L}{C}} = \sqrt{\dfrac{4 \times 10^{-3}}{0.1 \times 10^{-6}}} = 200[\Omega]$

【답】 ①

**03** 그림과 같은 (a), (b)의 회로가 서로 역회로의 관계가 있으려면 $L$의 값[mH]은?

① 1
② 2
③ 3
④ 4

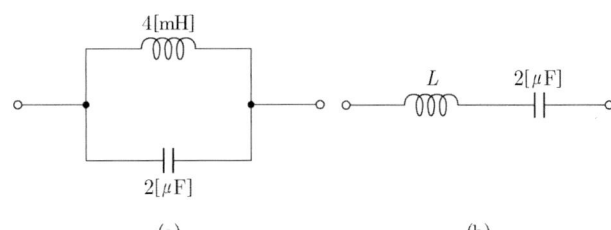

**Explanation**

역회로조건 : $K^2 = \dfrac{L_1}{C_1} = \dfrac{L_2}{C_2}$ 에서

$K^2 = \dfrac{L_1}{C_1} = \dfrac{4 \times 10^{-3}}{2 \times 10^{-6}} = 2 \times 10^3$

∴ $L_2 = K^2 C_2 = 2 \times 10^3 \times 2 \times 10^{-6} = 4 \times 10^{-3} = 4$ [mH]

【답】 ④

# 12 4단자망

## 1. 4단자망 회로

| ABCD 파라미터 | $\dot{V}_1 = \dot{A}\dot{V}_2 + \dot{B}\dot{I}_2$<br>$\dot{I}_1 = \dot{C}\dot{V}_2 + \dot{D}\dot{I}_2$ | A : 전압비, B : 임피던스<br>C : 어드미턴스, D : 전류비<br>선형조건 : $\dot{A}\dot{D} - \dot{B}\dot{C} = 1$ |
|---|---|---|

## 2. 임피던스 파라미터

임피던스 파라미터(T형 회로망)
$Z_{11} = Z_1 + Z_3$,
$Z_{12} = Z_{21} = Z_3$,
$Z_{22} = Z_2 + Z_3$

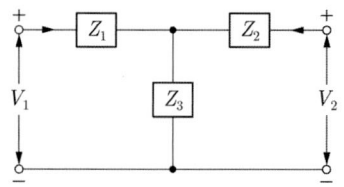

## 3. T형 회로의 ABCD파라미터

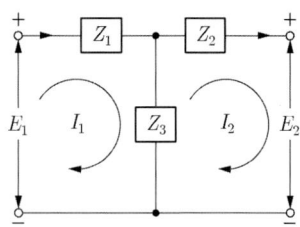

$$\begin{bmatrix} A & B \\ C & D \end{bmatrix} = \begin{bmatrix} 1 & Z_1 \\ 0 & 1 \end{bmatrix} \begin{bmatrix} 1 & 0 \\ \frac{1}{Z_3} & 1 \end{bmatrix} \begin{bmatrix} 1 & Z_2 \\ 0 & 1 \end{bmatrix} = \begin{bmatrix} 1 + \frac{Z_1}{Z_3} & Z_1 + Z_2 + \frac{Z_1 Z_2}{Z_3} \\ \frac{1}{Z_3} & 1 + \frac{Z_2}{Z_3} \end{bmatrix}$$

## 4. 영상 임피던스와 전달정수

| 영상 임피던스 $Z_{01}$, $Z_{02}$ | $Z_{01} = \sqrt{\dfrac{AB}{CD}}\,[\Omega]$, $Z_{02} = \sqrt{\dfrac{DB}{CA}}\,[\Omega]$ |
|---|---|
| 영상 임피던스 $Z_{01}$, $Z_{02}$의 관계 | $Z_{01}Z_{02} = \dfrac{B}{C}$, $\dfrac{Z_{01}}{Z_{02}} = \dfrac{A}{D}$ |
| 영상 전달정수 | $\theta = \log_e(\sqrt{AD} + \sqrt{BC})$ |

## 주요 문제

**01** 회로에서 단자 1-1′에서 본 구동점 임피던스 $Z_{11}$은 몇 [Ω]인가?

① 5 　　② 8
③ 10 　　④ 15

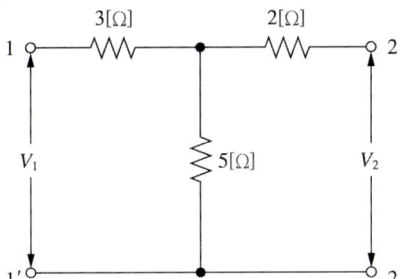

**Explanation**

임피던스 파라미터(T형 회로망)

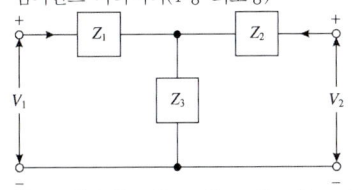

$Z_{11} = Z_1 + Z_3$, $Z_{12} = Z_{21} = Z_3$, $Z_{22} = Z_2 + Z_3$
따라서 $Z_{11} = 3 + 5 = 8\,[\Omega]$

【답】②

**02** 4단자 정수를 구하는 식 중 옳지 않은 것은?

① $A = \left(\dfrac{V_1}{V_2}\right)_{I_2 = 0}$ 　　② $B = \left(\dfrac{V_2}{I_2}\right)_{V_2 = 0}$

③ $C = \left(\dfrac{I_1}{V_2}\right)_{I_2 = 0}$ 　　④ $D = \left(\dfrac{I_1}{I_2}\right)_{V_2 = 0}$

**Explanation**

전송파라미터($ABCD$ 파라미터)
$V_1 = AV_2 + BI_2$
$I_1 = CV_2 + DI_2$
여기서,
$A = \dfrac{V_1}{V_2}\bigg|_{I_2=0}$ 전압비　　$B = \dfrac{V_1}{I_2}\bigg|_{V_2=0}$ 임피던스[Ω]
$C = \dfrac{I_1}{V_2}\bigg|_{I_2=0}$ 어드미턴스[℧]　　$D = \dfrac{I_1}{I_2}\bigg|_{V_2=0}$ 전류비

【답】②

**03** 그림의 T형 회로에 대한 4단자 정수 $A, B, C, D$로 틀린 것은?

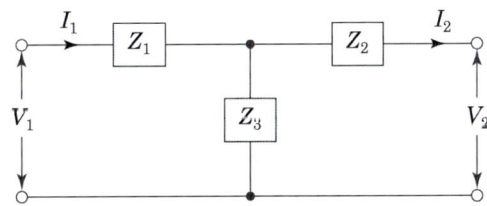

### 주요 문제

① $A = 1 + \dfrac{Z_1}{Z_3}$  ② $B = \dfrac{Z_1 Z_2}{Z_3} + Z_1 + Z_2$

③ $C = 1 + \dfrac{Z_3}{Z_2}$  ④ $D = 1 + \dfrac{Z_2}{Z_3}$

**Explanation**

$\begin{bmatrix} A & B \\ C & D \end{bmatrix} = \begin{bmatrix} 1 & Z_1 \\ 0 & 1 \end{bmatrix} \begin{bmatrix} 1 & 0 \\ \dfrac{1}{Z_3} & 1 \end{bmatrix} \begin{bmatrix} 1 & Z_1 \\ 0 & 1 \end{bmatrix}$

$= \begin{bmatrix} 1 + \dfrac{Z_1}{Z_3} & Z_1 + Z_2 + \dfrac{Z_1 Z_2}{Z_3} \\ \dfrac{1}{Z_3} & 1 + \dfrac{Z_2}{Z_3} \end{bmatrix}$

【답】 ③

**04** 그림과 같은 4단자 회로망의 4단자 정수는?(단, $\begin{bmatrix} V_1 \\ I_1 \end{bmatrix} = \begin{bmatrix} A & B \\ C & D \end{bmatrix} \begin{bmatrix} V_2 \\ I_2 \end{bmatrix}$)

① $\begin{bmatrix} 1 - \omega LC & 1 \\ 0 & 1 \end{bmatrix}$  ② $\begin{bmatrix} 1 & \omega^2 LC \\ j\omega C & 1 \end{bmatrix}$

③ $\begin{bmatrix} 1 - \omega^2 LC & j\omega C \\ j\omega L & 1 \end{bmatrix}$  ④ $\begin{bmatrix} 1 - \omega^2 LC & j\omega L \\ j\omega C & 1 \end{bmatrix}$

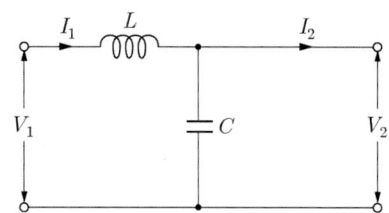

**Explanation**

$\begin{bmatrix} A & B \\ C & D \end{bmatrix} = \begin{bmatrix} 1 & j\omega L \\ 0 & 1 \end{bmatrix} \begin{bmatrix} 1 & 0 \\ j\omega C & 1 \end{bmatrix} = \begin{bmatrix} 1 - \omega^2 LC & j\omega L \\ j\omega C & 1 \end{bmatrix}$

【답】 ④

**05** 그림과 같은 회로의 영상 임피던스 $Z_{01}$과 $Z_{02}$의 값[Ω]은?

① $\sqrt{3}$, $\sqrt{\dfrac{16}{3}}$  ② $\sqrt{12}$, $\sqrt{\dfrac{16}{3}}$

③ $\sqrt{3}$, $\sqrt{\dfrac{4}{3}}$  ④ $\sqrt{12}$, $\sqrt{\dfrac{4}{3}}$

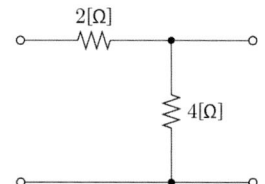

**Explanation**

T형 4단자 정수

$\begin{bmatrix} A & B \\ C & D \end{bmatrix} = \begin{bmatrix} 1 & 2 \\ 0 & 1 \end{bmatrix} \begin{bmatrix} 1 & 0 \\ \dfrac{1}{4} & 1 \end{bmatrix} = \begin{bmatrix} \dfrac{3}{2} & 2 \\ \dfrac{1}{4} & 1 \end{bmatrix}$

영상 임피던스

$Z_{01} = \sqrt{\dfrac{AB}{CD}} = \sqrt{\dfrac{\dfrac{3}{2} \times 2}{\dfrac{1}{4} \times 1}} = \sqrt{12}$

$Z_{02} = \sqrt{\dfrac{BD}{AC}} = \sqrt{\dfrac{2 \times 1}{\dfrac{3}{2} \times \dfrac{1}{4}}} = \sqrt{\dfrac{16}{3}}$

【답】 ②

**06** 그림과 같은 4단자망의 영상 전달 정수 $\theta$는?

① $\sqrt{5}$
② $\log_e \sqrt{5}$
③ $\log_e \dfrac{1}{\sqrt{5}}$
④ $5\log_e \sqrt{5}$

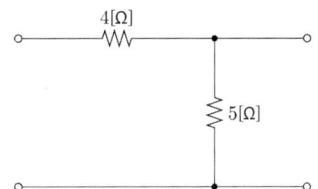

**Explanation**

$$\begin{bmatrix} A & B \\ C & D \end{bmatrix} = \begin{bmatrix} 1+\dfrac{4}{5} & 4 \\ \dfrac{1}{5} & 1 \end{bmatrix} = \begin{bmatrix} \dfrac{9}{5} & 4 \\ \dfrac{1}{5} & 1 \end{bmatrix}$$

영상전달정수 $\theta = \log_e(\sqrt{AD} + \sqrt{BC}) = \log_e\left(\sqrt{\dfrac{9}{5} \times 1} + \sqrt{4 \times \dfrac{1}{5}}\right)$

$= \log_e\left(\dfrac{3}{\sqrt{5}} + \dfrac{2}{\sqrt{5}}\right) = \log_e\left(\dfrac{5}{\sqrt{5}}\right) = \log_e \sqrt{5}$

【답】 ②

## 13 분포정수 회로

### 1. 분포정수 회로

① 특성 임피던스 : $Z_0 = \sqrt{\dfrac{Z}{Y}} = \sqrt{\dfrac{R+j\omega L}{G+j\omega C}}$

② 전파정수 : $\gamma = \sqrt{ZY} = \sqrt{(R+j\omega L)(G+j\omega C)} = \alpha + j\beta$

　여기서, $\alpha$ : 감쇠정수, $\beta$ : 위상정수

③ 전파속도 $v = f\lambda = \dfrac{\omega}{\beta} = \dfrac{2\pi f}{\beta}$ [m/sec]

④ 파장 $\lambda = \dfrac{2\pi}{\beta}$ [m]

### 2. 무손실 회로와 무왜형 회로

|  | 무손실 선로 | 무왜형 선로 |
|---|---|---|
| 조건 | $R=0,\ G=0$ | $\dfrac{R}{L} = \dfrac{G}{C}$ |
| 특성 임피던스 | $Z_0 = \sqrt{\dfrac{Z}{Y}} = \sqrt{\dfrac{L}{C}}$ | $Z_0 = \sqrt{\dfrac{Z}{Y}} = \sqrt{\dfrac{L}{C}}$ |
| 전파정수 | $\gamma = \sqrt{ZY},\ \alpha = 0,\ \beta = \omega\sqrt{LC}$ | $\gamma = \sqrt{ZY},\ \alpha = \sqrt{RG},\ \beta = \omega\sqrt{LC}$ (최소) |
| 전파속도 | $v = \dfrac{\omega}{\beta} = \dfrac{1}{\sqrt{LC}}$ | $v = \dfrac{\omega}{\beta} = \dfrac{1}{\sqrt{LC}}$ |

### 3. 반사계수와 투과계수

① 반사계수 $\rho = \dfrac{반사파}{입사파} = \dfrac{Z_L - Z_o}{Z_L + Z_o}$　　무반사 조건 : $Z_0 = Z_L$

② 투과계수 $\tau = \dfrac{투과파}{입사파} = \dfrac{2Z_L}{Z_o + Z_L}$

## 주요 문제

**01** 분포정수회로에서 직렬임피던스를 $Z$, 병렬어드미턴스를 $Y$라 할 때, 선로의 특성임피던스 $Z_0$는?

① $ZY$
② $\sqrt{ZY}$
③ $\sqrt{\dfrac{Y}{Z}}$
④ $\sqrt{\dfrac{Z}{Y}}$

**Explanation**

특성임피던스 $Z_0 = \sqrt{\dfrac{Z}{Y}} = \sqrt{\dfrac{R+j\omega L}{G+j\omega C}}$

【답】④

**02** 송전 선로가 무손실 선로일 때, $L = 96[\text{mH}]$이고 $C = 0.6[\mu\text{F}]$이면 특성 임피던스$[\Omega]$는?

① 100
② 200
③ 400
④ 600

**Explanation**

무손실 선로 조건 $R = G = 0$

특성 임피던스 $Z_0 = \sqrt{\dfrac{Z}{Y}} = \sqrt{\dfrac{R+j\omega L}{G+j\omega C}} = \sqrt{\dfrac{L}{C}} = \sqrt{\dfrac{96 \times 10^{-3}}{0.6 \times 10^{-6}}} = 400[\Omega]$

【답】③

**03** 분포정수 회로가 무왜선로로 되는 조건은? 단, 선로의 단위 길이당 저항은 $R$, 인덕턴스는 $L$, 정전용량은 $C$, 누설 컨덕턴스는 $G$이다.

① $RC = CG$
② $RC = LG$
③ $R = \sqrt{L/C}$
④ $R = \sqrt{LC}$

**Explanation**

무왜형선로(일그러짐이 없는 선로) : $RC = LG$

【답】②

**04** 분포정수회로에서 선로의 단위길이 당 저항을 $100[\Omega]$, 인덕턴스를 $200[\text{mH}]$, 누설 컨덕턴스를 $0.5[\mho]$라 할 때 일그러짐이 없는 조건을 만족하기 위한 정전 용량은 몇 $[\mu\text{F}]$인가?

① 0.001
② 0.1
③ 10
④ 1,000

**Explanation**

무왜형선로(일그러짐이 없는 선로) : $RC = LG$

$C = \dfrac{LG}{R} = \dfrac{200 \times 10^{-3} \times 0.5}{100}$
$= 1 \times 10^{-3} = 1,000[\mu\text{F}]$

【답】④

**05** 무손실 선로에 있어서 감쇠정수 $\alpha$, 위상정수를 $\beta$라 하면 $\alpha$와 $\beta$의 값은? 단, $R$, $G$, $L$, $C$는 선로 단위 길이당의 저항, 컨덕턴스, 인덕턴스, 커패시턴스이다.

① $\alpha = \sqrt{RG}$, $\beta = 0$
② $\alpha = 0$, $\beta = \dfrac{1}{\sqrt{LC}}$
③ $\alpha = 0$, $\beta = \omega\sqrt{LC}$
④ $\alpha = \sqrt{RG}$, $\beta = \omega\sqrt{LC}$

**Explanation**

**주요 문제**

- 무손실 선로 조건 $R = G = 0$
- 특성 임피던스 $Z_0 = \sqrt{\dfrac{Z}{Y}} = \sqrt{\dfrac{R+j\omega L}{G+j\omega C}} = \sqrt{\dfrac{L}{C}}$

전파정수 $\gamma = \sqrt{ZY} = \sqrt{(R+j\omega L)(G+j\omega C)} = j\omega\sqrt{LC} = \alpha + j\beta$      여기서, $\alpha$는 감쇠정수, $\beta$는 위상정수

$\alpha = 0$, $\beta = \omega\sqrt{LC}$

【답】③

**06** 위상정수가 $\dfrac{\pi}{8}$ [rad/m]인 선로의 1[MHz]에 대한 전파속도는 몇 [m/s]인가?

① $1.6 \times 10^7$  
② $3.2 \times 10^7$  
③ $5.0 \times 10^7$  
④ $8.0 \times 10^7$

**Explanation**

전파속도 $v = f\lambda$

위상정수 $\beta = \dfrac{2\pi}{\lambda}$ 에서 파장 $\lambda = \dfrac{2\pi}{\beta} = \dfrac{2\pi}{\dfrac{\pi}{8}} = 16$

전파속도 $v = f\lambda = 1 \times 10^6 \times 16 = 1.6 \times 10^7$ [m/s]

【답】①

## 14 과도현상과 시간응답

※ 시정수 : 목표값의 63.2(%)에 도달하는 시간(시정수가 크면 과도현상이 길어진다.)

1. $R-L$ 직렬회로($L$은 초기 : 개방, 최종 : 단락)

| $R-L$ 직렬회로 | 직류 기전력 인가 시(S/W on) |
|---|---|
| 전류 $i(t)$ | $i(t) = \dfrac{E}{R}(1-e^{-\frac{R}{L}t})$ |
| 시정수 | $\tau = \dfrac{L}{R}$[sec] (여기서, $L = \dfrac{N\phi}{I}$) |
| $V_L$ | $V_L = Ee^{-\frac{R}{L}t}$ [V] |

2. $R-C$ 직렬회로($C$는 초기 : 단락, 최종 : 개방)

| $R-C$ 직렬회로 | 직류 기전력 인가 시(S/W on) |
|---|---|
| 전류 $i(t)$ | $i = \dfrac{E}{R}e^{-\frac{1}{RC}t}$ [A] |
| 시정수 | $\tau = RC$[sec] |
| $V_C$ | $V_C = E\,(1-e^{-\frac{1}{RC}t})$ [V] |

3. $R-L-C$ 직렬회로

① 과제동(비진동적) : $R > 2\sqrt{\dfrac{L}{C}}$

② 임계 제동(임계적) : $R = 2\sqrt{\dfrac{L}{C}}$

③ 부족 제동(진동적) : $R < 2\sqrt{\dfrac{L}{C}}$

## 주요 문제

**01** 그림과 같은 회로에서 스위치 $S$를 닫았을 때 시정수[sec]의 값은? 단, $L = 10[\text{mH}]$, $R = 20[\Omega]$ 이다.

① 200   ② 2,000
③ $5 \times 10^{-3}$   ④ $5 \times 10^{-4}$

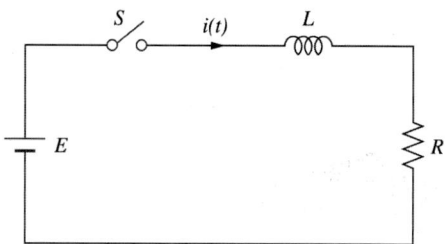

**Explanation**

$R-L$ 직렬회로의 시정수 $\tau = \dfrac{L}{R} = \dfrac{10 \times 10^{-3}}{20} = 5 \times 10^{-4}[\text{sec}]$

【답】 ④

**02** $R-L$ 직렬회로에서 시정수의 값이 클수록 과도현상은 어떻게 되는가?

① 없어진다.   ② 짧아진다.
③ 길어진다.   ④ 변화가 없다.

**Explanation**

시정수(Time constant) : 목표 값의 63.2[%]에 도달하는 시간으로 정의
시정수가 클수록 과도현상은 오래 지속된다.

【답】 ③

**03** 코일의 권수 $N=1,000$회이고, 코일의 저항 $R = 10[\Omega]$이다. 전류 $I = 10[A]$를 흘릴 때 코일의 권수 1회에 대한 자속이 $\phi = 3 \times 10^{-2}[\text{Wb}]$이라면 이 회로의 시정수[s]는?

① 0.3   ② 0.4
③ 3.0   ④ 4.0

**Explanation**

$R-L$ 직렬회로의 시정수 $\tau = \dfrac{L}{R}$ 에서

인덕턴스 $L = \dfrac{N\phi}{I} = \dfrac{1,000 \times 3 \times 10^{-2}}{10} = 3[\text{H}]$   $\therefore \tau = \dfrac{L}{R} = \dfrac{3}{10} = 0.3[\text{sec}]$

【답】 ①

**04** 다음과 같은 회로에서 $t = 0$인 순간에 스위치 $S$를 닫았다. 이 순간에 인덕턴스 $L$에 걸리는 전압 [V]은? 단, $L$의 초기 전류는 0이다.

① 0   ② $\dfrac{LE}{R}$
③ $E$   ④ $\dfrac{E}{R}$

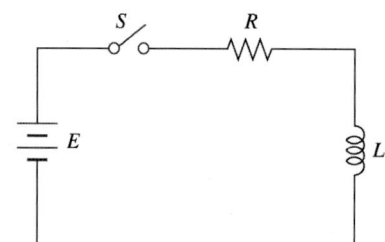

**Explanation**

인덕턴스의 전압 $v_L = Ee^{-\frac{R}{L}t} = Ee^{-\frac{R}{L} \times 0} = E[\text{V}]$

【답】 ③

## 주요 문제

**05** $Ri(t) + L\dfrac{di(t)}{dt} = E$ 에서 모든 초기값을 0으로 하였을 때의 $i(t)$의 값은?

① $\dfrac{E}{R}e^{-\frac{RL}{2}}$  
② $\dfrac{E}{R}e^{-\frac{L}{R}t}$  
③ $\dfrac{E}{R}(1-e^{-\frac{R}{L}t})$  
④ $\dfrac{E}{R}(1-e^{-\frac{L}{R}t})$  

**Explanation**

$R-L$ 직렬 회로의 전류 $i(t) = \dfrac{E}{R}\left(1-e^{-\frac{R}{L}t}\right)$ 【답】③

**06** 그림과 같은 회로에서 스위치 $S$를 t=0에서 닫았을 때 $v_L(t)|_{t=0} = 100[\text{V}]$, $\dfrac{di(t)}{dt}\bigg|_{t=0} = 400$ [A/s]이다. $L[\text{H}]$의 값은?

① 0.75  
② 0.5  
③ 0.25  
④ 0.1

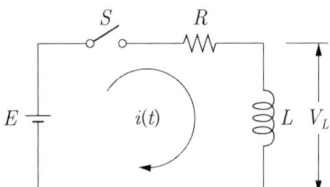

**Explanation**

인덕터의 단자전압 $V_L = L\dfrac{di}{dt}$ 에서 $100 = L \times 400$

인덕턴스 $L = \dfrac{100}{400} = 0.25[\text{H}]$ 【답】③

**07** 그림과 같은 $R-L$ 직렬 회로에 $t=0$에서 스위치 $S$를 닫아 직류전압 100[V]를 회로 양단에 급히 가한 후 $\dfrac{L}{R}$[s]일 때 전류값[A]은? 단, $R = 10[\Omega]$, $L = 0.1[\text{H}]$이다.

① 0.632  
② 6.32  
③ 36.8  
④ 63.2

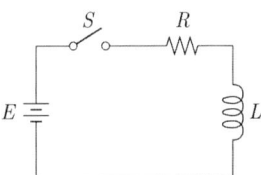

**Explanation**

$R-L$ 직렬 회로의 전류  
$i(t) = \dfrac{E}{R}\left(1-e^{-\frac{R}{L}t}\right)$ 에서  
$i(t) = \dfrac{E}{R}\left(1-e^{-\frac{R}{L}t}\right) = \dfrac{100}{10}\left(1-e^{-\frac{10}{0.1} \times \frac{0.1}{10}}\right) = 6.32[\text{A}]$ 【답】②

## 주요 문제

**08** 시정수 $\tau$를 갖는 $RL$ 직렬회로에 직류전압을 가할 때 $t=3\tau$가 되는 시점에 회로에 흐르는 전류는 정상상태 전류의 약 몇 [%]가 되는가?

① 98
② 86
③ 63
④ 95

**Explanation**

$R-L$ 직렬회로에서 직류 기전력 인가 시의 전류

$$i(t) = \frac{E}{R}(1-e^{-\frac{R}{L}t})\ [A]$$

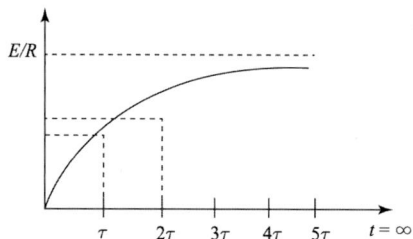

| 직류 기전력 인가 시 흐르는 전류 |
|---|
| $t=\tau\ \rightarrow\ i(t)=0.632\frac{E}{R}$ |
| $t=1.2\tau\ \rightarrow\ i(t)=0.7\frac{E}{R}$ |
| $t=3\tau\ \rightarrow\ i(t)=0.95\frac{E}{R}$ |

【답】④

**09** $R-C$ 직렬회로의 과도현상에 대한 설명으로 옳은 것은?

① $(R\times C)$의 값이 클수록 과도 전류는 빨리 사라진다.
② $(R\times C)$의 값이 클수록 과도 전류는 천천히 사라진다.
③ 과도 전류는 $(R\times C)$의 값에 관계가 없다.
④ $\dfrac{1}{R\times C}$의 값이 클수록 과도 전류는 천천히 사라진다.

**Explanation**

시정수(Time constant) : 목표 값에 63.2[%]에 도달하는 시간으로 정의
$R-C$ 직렬회로의 시정수 $\tau=RC$
시정수가 클수록 과도현상은 오래 지속된다.

【답】②

**10** $R-C$ 직렬회로에서 $t=0$에 직류 전압 10[V]를 인가하였다. 0.1초가 지났을 때 흐르는 전류는 약 몇 [mA]인가? (단, $R=1,000[\Omega]$, $C=50[\mu F]$이고, 커패시터의 초기 전하는 0[C]이다)

① 2.25
② 1.8
③ 1.35
④ 2.4

**Explanation**

$R-C$ 직렬회로에서의 전류 $i=\dfrac{E}{R}e^{-\frac{1}{RC}t}$에서 $t=0.1$이므로

$i=\dfrac{E}{R}e^{-\frac{1}{RC}t}=\dfrac{10}{1,000}e^{-\frac{0.1}{1,000\times 50\times 10^{-6}}} \fallingdotseq 1.35\ [mA]$

【답】③

## 주요 문제

**11** 회로에서 스위치를 닫았을 때 회로에 흐르는 전류 $i(t)$는?(단, 커패시터의 초기 전하를 무시한다)

① $\dfrac{V}{R}e^{-\frac{R}{C}t}$  
② $\dfrac{V}{R}e^{\frac{R}{C}t}$  
③ $\dfrac{V}{R}e^{-\frac{1}{RC}t}$  
④ $\dfrac{V}{R}e^{\frac{1}{RC}t}$

**Explanation**

| R-C 직렬회로 | 직류 기전력 인가 시(S/W on) |
|---|---|
| 전류 $i(t)$ | $i = \dfrac{E}{R}e^{-\frac{1}{RC}t}$ [A] |

【답】③

**12** $R=1[\mathrm{k}\Omega]$, $C=1[\mu\mathrm{F}]$가 직렬 접속된 회로에 스텝(구형파)전압 10[V]를 인가하는 순간에 커패시터 $C$에 걸리는 최대전압[V]은?

① 0  ② 3.72  
③ 6.32  ④ 10

**Explanation**

R-C 직렬회로 직류(구형파) 인가

캐패시터 양단의 전압 $V_c = E\left(1 - e^{-\frac{1}{RC}t}\right)$ [V]에서  
초기에는 $t=0$를 대입하면 전압은 0이다.

【답】①

**13** $R-L-C$ 직렬 회로에서 진동 조건은 어느 것인가?

① $R < 2\sqrt{\dfrac{L}{C}}$  
② $R < 2\sqrt{\dfrac{C}{L}}$  
③ $R < 2\sqrt{LC}$  
④ $R < \dfrac{1}{2\sqrt{LC}}$

**Explanation**

$R-L-C$ 직렬회로에서 직류전압 인가

- 비진동 조건 $R^2 > \dfrac{4L}{C}$, $R > 2\sqrt{\dfrac{L}{C}}$
- 임계적 조건 $R^2 = \dfrac{4L}{C}$, $R = 2\sqrt{\dfrac{L}{C}}$
- 진동적 조건 $R^2 < \dfrac{4L}{C}$, $R < 2\sqrt{\dfrac{L}{C}}$

【답】①

**14** $R-L-C$ 직렬회로에서 $R=100[\Omega]$, $L=5[\mathrm{mH}]$, $C=2[\mu\mathrm{F}]$일 때 이 회로는?

① 과제동이다.  
② 무제동이다.  
③ 임계제동이다.  
④ 부족제동이다.

**Explanation**

$R-L-C$ 직렬회로에서 직류전압 인가  
$R^2 - \dfrac{4L}{C} = 100^2 - 4 \times \dfrac{5 \times 10^{-3}}{2 \times 10^{-6}} = 0$ 이므로 임계제동

【답】③

## 15 라플라스 변환

### 1. 라플라스 변환의 정의

$$F(s) = \mathcal{L}[f(t)] = \int_0^\infty f(t)e^{-st}dt$$

### 2. 라플라스 변환표

| | $f(t)$ | $F(s)$ |
|---|---|---|
| 단위 임펄스 함수 | $\delta(t)$ | 1 |
| 단위 계단 함수 | $u(t)$ | $\dfrac{1}{s}$ |
| 단위 램프 함수 | $t$ | $\dfrac{1}{s^2}$ |
| | $t^n$ | $\dfrac{n!}{s^{n+1}}$ |
| 지수 감쇠 함수 | $e^{-at}$ | $\dfrac{1}{s+a}$ |
| 정현(여현)파 함수 | $\sin\omega t$ | $\dfrac{\omega}{s^2+\omega^2}$ |
| | $\cos\omega t$ | $\dfrac{s}{s^2+\omega^2}$ |

### 3. 라플라스 변환의 성질

| 선형 정리 | $\mathcal{L}[af_1(t)+bf_1(t)] = aF_1(s)+bF_2(s)$ |
|---|---|
| 시간추이 정리 | $\mathcal{L}[f(t-a)] = e^{-as}F(s)$ |
| 복소추이 정리 | $\mathcal{L}[e^{\pm at}f(t)] = F(s \mp a)$ |
| 초기값 정리 | $f(0_+) = \lim_{t\to 0} f(t) = \lim_{s\to\infty} sF(s)$ |
| 최종값 정리 | $f(\infty) = \lim_{t\to\infty} f(t) = \lim_{s\to 0} sF(s)$ |

### 4. 역 라플라스 변환 : $\mathcal{L}^{-1}[F(s)] = f(t)$

① 라플라스 변환표를 이용하는 방법
② 라플라스 변환된 함수가 유리수인 경우
  • 분모가 인수분해 되는 경우 : 부분분수 전개 방식
  • 분모가 인수분해 되지 않는 경우 : 완전제곱형

## 주요 문제

**01** 단위 계단 함수 $u(t)$의 라플라스 변환은?

① 1
② $\dfrac{1}{s}$
③ $\dfrac{1}{s^2}$
④ $\dfrac{1}{s^2}e^{-1}$

**Explanation**

기본함수 라플라스 변환표

|  | $f(t)$ | $F(s)$ |
| --- | --- | --- |
| 단위 임펄스 함수 | $\delta(t)$ | 1 |
| 단위 계단 함수 | $u(t)$ | $\dfrac{1}{s}$ |

【답】②

**02** $\cos\omega t$의 라플라스 변환은?

① $\dfrac{\omega}{s^2+\omega^2}$
② $\dfrac{\omega}{s^2-\omega^2}$
③ $\dfrac{s}{s^2+\omega^2}$
④ $\dfrac{s}{s^2-\omega^2}$

**Explanation**

라플라스 변환표

|  | $f(t)$ | $F(s)$ |
| --- | --- | --- |
| 정현(여현)파 함수 | $\sin\omega t$ | $\dfrac{\omega}{s^2+\omega^2}$ |
|  | $\cos\omega t$ | $\dfrac{s}{s^2+\omega^2}$ |

【답】③

**03** 다음 라플라스 변환식 중 옳지 않은 것은?

① $\mathcal{L}\,[\delta(t-T)] = e^{-Ts}$
② $\mathcal{L}\,[u(t-T)] = \dfrac{1}{s}e^{-Ts}$
③ $\mathcal{L}\,[t^n] = \dfrac{n!}{s}$
④ $\mathcal{L}\,[e^{-at}] = \dfrac{1}{s+a}$

**Explanation**

$\mathcal{L}\,[t^n] = \dfrac{n!}{s^{n+1}}$

【답】③

**04** $f(t) = 1 - \cos\omega t$를 라플라스 변환하면?

① $\dfrac{s}{s^2+\omega^2}$
② $\dfrac{\omega^2}{s(s^2+\omega^2)}$
③ $\dfrac{\omega}{s(s^2-\omega^2)}$
④ $\dfrac{s}{s(s^2-\omega^2)}$

**Explanation**

> 주요 문제

$f(t) = 1 - \cos\omega t$ 를 라플라스 변환하면
$$\mathcal{L}[1-\cos\omega t] = \frac{1}{s} - \frac{s}{s^2+\omega^2} = \frac{s^2+\omega^2-s^2}{s(s^2+\omega^2)} = \frac{\omega^2}{s(s^2+\omega^2)}$$

【답】②

**05** 그림과 같이 높이가 1인 펄스의 라플라스 변환은?

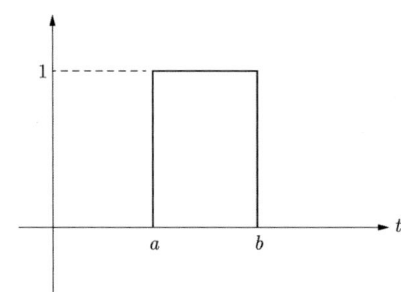

① $\frac{1}{s}(e^{-as} + e^{-bs})$
② $\frac{1}{a-b}(\frac{e^{-as}+e^{-bs}}{1})$
③ $\frac{1}{s}(e^{-as} - e^{-bs})$
④ $\frac{1}{a-b}(\frac{e^{-as}-e^{-bs}}{s})$

> Explanation

함수 $f(t) = u(t-a) - u(t-b)$ 이므로
$$\mathcal{L}[f(t)] = \mathcal{L}[u(t-a)-u(t-b)] = \left\{\frac{e^{-as}}{s} - \frac{e^{-bs}}{s}\right\} = \frac{1}{s}(e^{-as}-e^{-bs})$$

【답】③

**06** 어떤 제어계의 출력이 $C(s) = \dfrac{5}{s(s^2+s+2)}$ 로 주어질 때 출력의 시간함수 $c(t)$의 최종값은?

① 5
② 2
③ $\dfrac{2}{5}$
④ $\dfrac{5}{2}$

> Explanation

라플라스 변환의 최종값 정리를 이용
$f(\infty) = \lim_{t\to\infty} f(t) = \lim_{s\to 0} sF(s)$ 로부터
$$f(\infty) = \lim_{s\to 0} s\frac{5}{s(s^2+s+2)} = \lim_{s\to 0}\frac{5}{s^2+s+2} = \frac{5}{2}$$

【답】④

**07** $\dfrac{1}{s^2+2s+5}$ 의 라플라스 역변환 값은?

① $\dfrac{1}{2}e^{-t}\sin 2t$
② $\dfrac{1}{2}e^{-t}\sin t$
③ $e^{-2t}\cos 2t$
④ $\dfrac{1}{2}e^{-t}\cos 2t$

> Explanation

라플라스 역변환을 하면 분모가 인수분해 되지 않으므로 완전제곱식을 이용한다.
$$I(s) = \frac{1}{s^2+2s+5} = \frac{1}{2} \cdot \frac{2}{(s+1)^2+2^2}$$
역라플라스 변환하면 $i(t) = \mathcal{L}^{-1}[I(s)] = \frac{1}{2}e^{-t}\sin 2t$ 가 된다.

【답】①

**08** $F(s) = \dfrac{2}{(s+1)(s+3)}$ 의 역라플라스 변환은?

① $e^{-t} - e^{-3t}$
② $e^{-t} - e^{3t}$
③ $e^{t} - e^{3t}$
④ $e^{t} - e^{-3t}$

**Explanation**

분모가 인수분해가 가능하므로 $F(s) = \dfrac{2}{(s+1)(s+3)} = \dfrac{K_1}{s+1} + \dfrac{K_2}{s+3}$

$K_1 = \lim\limits_{s \to -1}(s+1) \cdot F(s) = \left[\dfrac{2}{s+3}\right]_{s=-1} = 1$

$K_2 = \lim\limits_{s \to -3}(s+3)F(s) = \left[\dfrac{2}{s+1}\right]_{s=-3} = -1$

$F(s) = \dfrac{1}{s+1} - \dfrac{1}{s+3}$

$\therefore f(t) = \mathcal{L}^{-1}\left[\dfrac{1}{s+1} - \dfrac{1}{s+3}\right] = e^{-t} - e^{-3t}$

【답】①

**09** $F(s) = \dfrac{s+1}{s^2+2s}$ 의 라플라스 역변환은?

① $\dfrac{1}{2}(1+e^{-2t})$
② $\dfrac{1}{2}(1-e^{-2t})$
③ $\dfrac{1}{2}(1+e^{t})$
④ $\dfrac{1}{2}(1-e^{-t})$

**Explanation**

라플라스 변환된 함수가 유리수인 경우
① 분모가 인수분해되는 경우 : 부분분수 전개
② 분모가 인수분해되지 않는 경우 : 완전제곱형
따라서 부분분수 전개로 역라플라스 변환하면
$$F(s) = \dfrac{s+1}{s^2+2s} = \dfrac{s+1}{s(s+2)} = \dfrac{k_1}{s} + \dfrac{k_2}{s+2}$$
여기서, $k_1 = \lim\limits_{s \to 0}\dfrac{(s+1)}{(s+2)} = \dfrac{1}{2}$, $k_2 = \lim\limits_{s \to -2}\dfrac{(s+1)}{s} = \dfrac{-1}{-2} = \dfrac{1}{2}$

따라서 $\mathcal{L}^{-1}\left[\dfrac{1}{2}\dfrac{1}{s} + \dfrac{1}{2}\dfrac{1}{s+2}\right] = \dfrac{1}{2}(1+e^{-2t})$

【답】①

## 16 전달함수 및 블록선도, 신호흐름선도

1. 전달함수

① 전달함수의 정의
- 모든 초기값을 0으로 했을 경우 입력에 대한 출력의 라플라스 변환 비
- 임펄스 응답의 라플라스 변환

$$G(s) = \frac{C(s)}{R(s)}$$

② 각 제어 요소의 전달함수

| 비례 요소 | $G(s) = K$ |
|---|---|
| 적분 요소 | $G(s) = \dfrac{K}{s}$ |
| 미분 요소 | $G(s) = Ks$ |
| 1차 지연 요소 | $G(s) = \dfrac{K}{1+Ts}$  $T$ : 시정수 |
| 2차 지연 요소 | $G(s) = \dfrac{\omega_n^2}{s^2 + 2\zeta\omega_n s + \omega_n^2}$<br>$\zeta$ : 제동비, $\omega_n$ : 고유 각주파수 |
| 부동작 시간요소 | $G(s) = Ke^{-Ts}$  $T$ : 지연 시간 |

③ 회로에서 전압비 전달함수
- 저항 : $R \to R$
- 인덕턴스 : $L \to j\omega L \to sL$
- 캐패시턴스 : $C \to \dfrac{1}{j\omega C} \to \dfrac{1}{sC}$

④ 미분방정식에 의한 전달함수
- 미분 기호 : $\dfrac{d}{dt} \to s$
- 적분 기호 : $\int dt \to \dfrac{1}{s}$

2. 보상회로

① 진상보상회로(미분회로)

$R-C$회로에서는 입력단에 "$C$"가 존재하는 경우.
과도특성개선(속응성, 진동억제, PD제어)

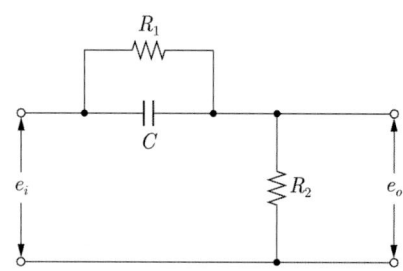

② 지상보상회로(적분회로)

$R-C$ 회로에서는 출력단에 "$C$"가 존재하는 경우
정상특성개선(잔류편차제거, PI제어)

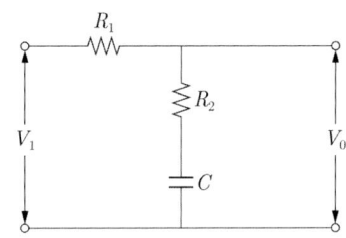

## 4. 각각에서의 전달함수(이득)

① 블록선도에서의 전달함수

$$G(s) = \frac{\Sigma G}{1 - \Sigma L_1 + \Sigma L_2}$$

여기서, $\Sigma L_1$ : 각각의 모든 폐루프 이득의 합
$\Sigma L_2$ : 서로 접촉하지 않는 2개의 폐루프 이득의 곱의 합
$\Sigma G$ : 각각의 전향 경로의 합

② 신호흐름선도에서의 전달함수 : 메이슨의 이득공식

$$M = \frac{y_{out}}{y_{in}} = \sum_{k=1}^{N} \frac{M_k \triangle_k}{\triangle} \quad 여기서, M_k = 전향 경로의 이득$$

$$\triangle = 1 - \sum_m P_{m1} + \sum_m P_{m2} - \sum_m P_{m3} + \cdots$$

$P_{mr}$ = $r$개 접촉 루프의 가능한 $m$번째 조합의 이득 곱

$\triangle$ = 1 - (모든 각각의 루프 이득의 합) + (2개의 비접촉 루프의 가능한 모든 조합의 이득 곱의 합)
  - (3개의 $\cdots$) + $\cdots$

$\triangle k$ = $k$번째 전향 경로와 접촉하지 않는 신호흐름선도 부분에 대한 $\triangle$값

## 주요 문제

**01** 전달 함수 출력(응답)식 $C(s) = G(s)R(s)$에서 입력함수 $R(s)$를 단위 임펄스 $\delta(t)$로 인가할 때 이 계의 출력은?

① $C(s) = G(s)\delta(s)$
② $C(s) = \dfrac{G(s)}{\delta(s)}$
③ $C(s) = \dfrac{G(s)}{s}$
④ $C(s) = G(s)$

**Explanation**

임펄스 응답(Impulse Response) : $r(t) = \delta(t)$
출력 $C(s) = G(s)R(s)$에서 입력 $r(t) = \delta(t)$를 라플라스 변환하면 $R(s) = 1$
∴ $C(s) = G(s)$

【답】④

**02** 1차 지연 요소의 전달 함수는?

① $K$
② $\dfrac{K}{s}$
③ $Ks$
④ $\dfrac{K}{1+Ts}$

**Explanation**

각 제어 요소의 전달 함수
- 비례 요소 : $K$
- 미분 요소 : $Ts$
- 적분 요소 : $\dfrac{1}{Ts}$
- 1차 지연 요소 : $\dfrac{K}{Ts+1}$

【답】④

**03** 부동작 시간(dead time) 요소의 전달함수는?

① $Ks$
② $\dfrac{K}{s}$
③ $Ke^{-Ls}$
④ $\dfrac{K}{Ts+1}$

**Explanation**

제어요소의 전달함수

| 부동작 시간 요소 | $G(s) = e^{-Ts}$ |
|---|---|

【답】③

## 주요 문제

**04** 그림과 같은 $R-C$ 회로에서 입력을 $e_i(t)$[V], 출력을 $e_o(t)$라 할 때 전달 함수는? 단, $T=RC$ 이다.

① $\dfrac{1}{Ts+1}$  ② $\dfrac{1}{Ts+2}$

③ $\dfrac{2}{Ts+3}$  ④ $\dfrac{1}{Ts+3}$

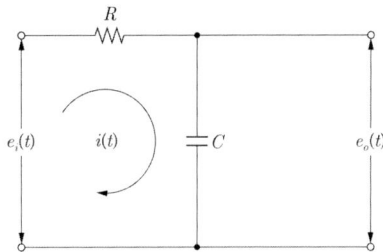

**Explanation**

전압비 전달 함수는 임피던스 비이므로

$G(s) = \dfrac{E_o(s)}{E_i(s)} = \dfrac{\dfrac{1}{Cs}}{R+\dfrac{1}{Cs}} = \dfrac{1}{RCs+1} = \dfrac{1}{Ts+1}$  여기서, 시정수 $T=RC$

【답】 ①

**05** 그림의 회로에서 전압 전달함수 $G(s) = \dfrac{V_2(s)}{V_1(s)}$ 는?

① $\dfrac{-RC}{s+\dfrac{1}{RC}}$  ② $\dfrac{\dfrac{1}{RC}}{s+\dfrac{1}{RC}}$

③ $\dfrac{1}{s+RC}$  ④ $\dfrac{1}{RC}$

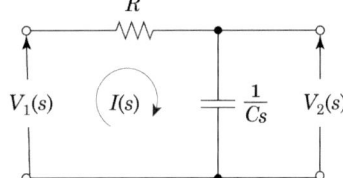

**Explanation**

전압비 전달함수는 임피던스비로 구하며

$G(s) = \dfrac{V_2(s)}{V_1(s)} = \dfrac{\dfrac{1}{sC}}{R+\dfrac{1}{sC}} = \dfrac{1}{RCs+1}$

【답】 ②

**06** 그림과 같은 회로의 전달 함수는? 단, 초기 조건은 0이다.

① $\dfrac{R_2+Cs}{R_1+R_2+Cs}$  ② $\dfrac{R_1+R_2+Cs}{R_1+Cs}$

③ $\dfrac{R_2Cs+1}{R_2Cs+R_1Cs+1}$  ④ $\dfrac{R_1Cs+R_2Cs+1}{R_2Cs+1}$

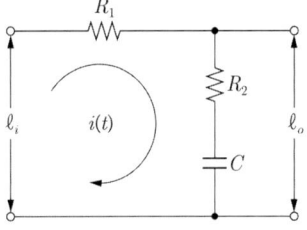

**Explanation**

전압비 전달 함수는 임피던스 비로 구하며

따라서 $G(s) = \dfrac{E_0(s)}{E_i(s)} = \dfrac{R_2+\dfrac{1}{Cs}}{R_1+R_2+\dfrac{1}{Cs}} = \dfrac{R_2Cs+1}{(R_1+R_2)Cs+1}$

【답】 ③

## 주요 문제

**07** 그림과 같은 회로의 출력전압 $e_o(t)$의 위상은 입력전압 $e_i(t)$의 위상보다 어떻게 되는가?

① 앞선다.
② 뒤진다.
③ 같다.
④ 앞설 수도 있고, 뒤질 수도 있다.

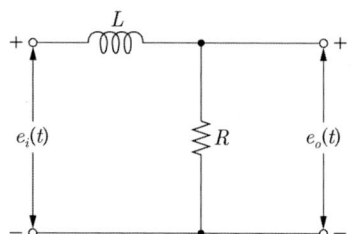

**Explanation**

입력전압은 저항과 리액턴스의 함수이며 출력전압은 저항만의 함수이므로 입력 전압의 위상이 앞선다.  【답】②

**08** $\dfrac{E_o(s)}{E_i(s)} = \dfrac{1}{s^2+3s+1}$ 의 전달함수를 미분방정식으로 표시하면?
(단, $\mathcal{L}^{-1}[E_o(s)] = e_o(t), \mathcal{L}^{-1}[E_i(s)] = e_i(t)$이다)

① $\dfrac{d^2}{dt^2}e_i(t) + 3\dfrac{d}{dt}e_i(t) + e_i(t) = e_o(t)$

② $\dfrac{d^2}{dt^2}e_o(t) + 3\dfrac{d}{dt}e_o(t) + e_o(t) = e_i(t)$

③ $\dfrac{d^2}{dt^2}e_i(t) + 3\dfrac{d}{dt}e_i(t) + \int e_i(t) = e_o(t)$

④ $\dfrac{d^2}{dt^2}e_o(t) + 3\dfrac{d}{dt}e_o(t) + \int e_o(t) = e_i(t)$

**Explanation**

$G(s) = \dfrac{E_o(s)}{E_i(s)} = \dfrac{1}{s^2+3s+1}$ 에서

$E_i(s) = s^2 E_o(s) + 3sE_o + E_o(s)$

미분방정식으로 표현하면 $e_i(t) = \dfrac{d^2}{dt^2}e_o(t) + 3\dfrac{d}{dt}e_o(t) + e_o(t)$  【답】②

**09** 그림과 같은 궤환 회로의 종합 전달 함수는?

① $\dfrac{1}{G_1} + \dfrac{1}{G_2}$
② $\dfrac{G_1}{1-G_1G_2}$
③ $\dfrac{G_1}{1+G_1G_2}$
④ $\dfrac{G_1G_2}{1+G_1G_2}$

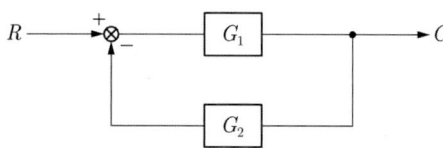

**Explanation**

블록선도의 전달 함수 $G(s) = \dfrac{\Sigma G}{1 - \Sigma L_1 + \Sigma L_2 + \cdots}$

여기서, $L_1$ : 각각의 모든 폐루프 이득의 합
　　　　$L_2$ : 서로 접촉하지 않는 2개의 폐루프 이득의 곱의 합
　　　　$\Sigma G$ : 각각의 전향 경로의 합

$G(s) = \dfrac{G_1}{1-(-G_1G_2)} = \dfrac{G_1}{1+G_1G_2}$  【답】③

# 05 전기설비기술기준

## 1 전기설비기술기준 총칙

### 1. 용어 정리
① 급전소 : 전력계통의 운용에 관한 지시 및 급전조작을 하는 곳
② 이웃 연결 인입선 : 한 수용장소의 인입선에서 분기하여 지지물을 거치지 아니하고 다른 수용장소의 인입구에 이르는 부분의 전선
③ 관등회로 : 방전등용 안정기 또는 방전등용 변압기로부터 방전관까지의 전로
④ 지중 관로 : 지중 전선로, 지중 약전류 전선로, 지중 광섬유 케이블 선로, 지중에 시설하는 수관 및 가스관과 이와 유사한 것 및 이들에 부속하는 지중함 등
⑤ 제2차 접근상태 : 가공전선이 다른 시설물과 접근하는 경우에 수평 거리로 3[m] 미만인 곳
⑥ 전압의 종별
- 저압 : 직류는 1.5[kV]이하, 교류는 1[kV] 이하인 것
- 고압 : 저압을 넘고 7[kV] 이하인 것
- 특고압 : 7[kV]를 초과하는 것
⑦ 전선
- 전선의 식별

| 상(문자) | 색상 |
|---|---|
| L1 | 갈색 |
| L2 | 검은색 |
| L3 | 회색 |
| N | 파란색 |
| 보호도체 | 녹색-노란색 |

- 전선의 접속 : 전선의 세기(인장하중)를 20[%] 이상 감소시키지 말 것
- 전선의 병렬 사용 : 동선 50[mm²] 이상 또는 알루미늄 70[mm²] 이상
  전자적 불평형 발생 금지
⑧ 계통접지 : 전력계통에서 돌발적으로 발생하는 이상현상에 대비하여 대지와 계통을 연결하는 것으로, 중성점을 대지에 접속하는 것

### 2. 전로의 절연
① 누설전류 : 사용전압이 저압인 전로에서 정전이 어려운 경우 등 절연저항 측정이 곤란한 경우 1[mA] 이하로 유지

② 절연 성능

| 전로의 사용전압[V] | DC 시험전압[V] | 절연저항[MΩ] |
|---|---|---|
| SELV 및 PELV | 250 | 0.5 |
| FELV, 500[V] 이하 | 500 | 1.0 |
| 500[V] 초과 | 1,000 | 1.0 |

【주】특별저압(Extra Low Voltage : 2차 전압이 AC 50[V], DC 120[V] 이하)으로 SELV(비접지회로 구성) 및 PELV(접지회로 구성)은 1차와 2차가 전기적으로 절연된 회로, FELV는 1차와 2차가 전기적으로 절연되지 않은 회로

③ 절연내력시험
- 고압 및 특고압의 전로, 변압기, 차단기 기타의 기구
  - 전로와 대지 사이에 연속하여 10분간
  - 케이블 사용하는 경우 : 교류 시험전압의 2배인 직류

| 구 분 | | 배율 | 최저 전압 |
|---|---|---|---|
| 중성점 접지식이 아닌 경우 | 7[kV] 이하 | 1.5 | 500[V] (전로제외) |
| | 7[kV] 초과 ~ 60[kV] 이하 | 1.25 | 10.5[kV] |
| | 60[kV] 초과(비접지식) | 1.25 | |
| 중성점 접지식 | 60[kV] 초과(중성점 접지식) (성형결선, 또는 스콧결선의 것에 한한다) | 1.1 | 75[kV] |
| 중성점 직접 접지식 | 7[kV] 초과 ~ 25[kV] 이하 (중성점 다중 접지식) | 0.92 | |
| | 60[kV] 초과 ~ 170[kV]까지 | 0.72 | |
| | 170[kV] 초과 | 0.64 | |

- 회전기

| 종 류 | | 시험 전압 | 시험 방법 |
|---|---|---|---|
| 회전기 | 발전기·전동기· 무효 전력 보상 장치·기타 회전기 (회전변류기를 제외한다) | 최대사용전압 7[kV] 이하 | 최대사용전압의 1.5배의 전압(500[V] 미만으로 되는 경우에는 500[V]) | 권선과 대지 사이에 연속하여 10분간 가한다. |
| | | 최대사용전압 7[kV] 초과 | 최대사용전압의 1.25배의 전압 (10.5[kV] 미만으로 되는 경우에는 10.5[kV]) | |

3. 접지시스템

① 접지시스템의 구분 및 종류
- 구분 : 계통접지, 보호접지, 피뢰시스템 접지
- 종류 : 단독접지, 공통접지, 통합접지
  - 공통접지 : 고압 및 특고압과 저압 전기설비의 접지극이 서로 근접하여 시설되어 있는 변전소 또는 이와 유사한 곳에 시설
  - 통합접지 : 전기설비의 접지설비, 건축물의 피뢰설비·전자통신설비 등의 접지극을 공용. 낙뢰에 의한 과전압 등으로부터 전기전자기기 등을 보호하기 위해 서지보호장치 설치

② 접지극과 접지도체 시설
- 접지극은 지하 0.75[m] 이상 깊이 매설
- 접지극을 지중에서 그 금속체로부터 1[m] 이상 떼어 매설할 것
- 접지도체의 지하 0.75[m]로부터 지표상 2[m]까지의 부분은 합성수지관 사용 덮을 것

③ 접지극 사용 : 수도관, 건물철골 접지
- 금속제 수도관로 : 3[Ω] 이하
- 건물의 철골 : 2[Ω] 이하

④ 접지도체
- 접지도체의 단면적[mm²]

| 접지도체의 종류 | 큰 고장전류가 접지도체를 통해 흐르지 않을 경우 | 접지도체에 피뢰시스템이 접속되는 경우 |
|---|---|---|
| 구리(동) | 6[mm²] 이상 | 16[mm²] 이상 |
| 철제 | 50[mm²] 이상 | 50[mm²] 이상 |

- 특고압·고압 전기설비용 접지도체 : 6[mm²] 이상의 연동선
- 중성점 접지용 접지도체 : 16[mm²] 이상의 연동선
  예외) 6[mm²] 이상의 연동선 사용
    ☞ 7[kV] 이하의 전로
    ☞ 사용전압이 25[kV] 이하인 특고압 가공전선로(중성선 다중접지식의 것)

⑤ 보호도체

| 선도체의 단면적 $S$ (mm², 구리) | 보호도체의 최소 단면적(mm², 구리) | |
|---|---|---|
| | 보호도체의 재질이 선도체와 같은 경우 | 보호도체의 재질이 선도체와 다른 경우 |
| 16[mm²] 이하 | $S$ | $(k_1/k_2) \times S$ |
| 16[mm²] 초과 35[mm²] 이하 | 16 | $(k_1/k_2) \times 16$ |
| 35[mm²] 초과 | $S/2$ | $(k_1/k_2) \times (S/2)$ |

- 보호도체의 단면적 계산 값(차단시간이 5초 이하인 경우) : $S = \dfrac{\sqrt{I^2 t}}{k}$ [mm²]

- 보호도체와 계통도체를 겸용
  - 중성선과 겸용(PEN) : 교류에서 중성선 겸용 보호도체
  - 선도체와 겸용(PEL) : 직류에서 선도체 겸용 보호도체
  - 중간도체와 겸용(PEM) : 직류에서 중간도체 겸용 보호도체
- 겸용도체(고정된 전기설비에서만 사용) : 구리 10[mm²], 알루미늄 16[mm²] 이상
- 보호도체가 케이블의 일부가 아니거나 선도체와 동일 외함에 설치되지 않는 경우
  - 기계적 손상에 대해 보호가 되는 경우 : 구리 2.5[mm²], 알루미늄 16[mm²] 이상
  - 기계적 손상에 대해 보호가 되지 않는 경우 : 구리 4[mm²], 알루미늄 16[mm²] 이상

⑥ 변압기 중성점접지 저항 값(변압기의 고압·특고압측)
- 일반적 : $\dfrac{150}{I_1}$ 이하   (여기서, $I_1$은 전로의 1선 지락전류)
- 1초 초과 2초 이내에 자동으로 차단하는 장치를 설치 : $\dfrac{300}{I_1}$ 이하
- 1초 이내에 자동으로 차단하는 장치를 설치 : $\dfrac{600}{I_1}$ 이하

⑦ 감전보호용 등전위본딩
- 구리도체 : 6[㎟] 이상, 알루미늄 도체 : 16[㎟] 이상, 강철 도체 : 50[㎟] 이상
- 보조 보호등전위본딩 도체
  - 기계적 보호가 된 것 : 구리도체 2.5[㎟] 이상, 알루미늄 도체 16[㎟] 이상
  - 기계적 보호가 없는 것 : 구리도체 4[㎟] 이상, 알루미늄 도체 16[㎟] 이상

## 4. 피뢰시스템

① 피뢰시스템의 적용
- 전기전자설비가 설치된 건축물·구조물로서 낙뢰로부터 보호가 필요한 것 또는 지상으로부터의 높이가 20[m] 이상인 것

② 외부피뢰시스템 : 수뢰부 시스템, 인하도선 시스템, 접지극 시스템
- 수뢰부 시스템 : 돌침, 수평도체, 그물망도체의 요소 중에 한 가지 또는 이를 조합

③ 내부피뢰시스템(전기전자설비 보호용)
- 피뢰시스템 : 뇌서지 보호(전기적 절연, 접지·본딩, 서지보호장치 시설)
- 서지보호장치 시설(피뢰등전위본딩의 상호 접속 중 본딩도체로 직접 접속할 수 없는 장소의 경우)

### 주요 문제

**01** 전력계통의 운용에 관한 지시 및 급전조작을 하는 곳은?
① 급전소　　② 개폐소　　③ 변전소　　④ 발전소

**Explanation**

(KEC 112조) 용어 정의
"급전소"라 함은 전력계통의 운용에 관한 지시 및 급전조작을 하는 곳을 말한다.　　【답】①

**02** 관등 회로에 대한 설명으로 옳은 것은?
① 분기점으로부터 안정기까지의 전로를 말한다.
② 스위치로부터 방전등까지의 전로를 말한다.
③ 스위치로부터 안정기까지의 전로를 말한다.
④ 방전등용 안정기 또는 방전등용 변압기로부터 방전관까지의 전로를 말한다.

**Explanation**

(KEC 112조) 용어 정의
"관등회로"란 방전등용 안정기 또는 방전등용 변압기로부터 방전관까지의 전로를 말한다.　　【답】④

**03** 한 수용장소의 인입선에서 분기하여 지지물을 거치지 않고 다른 수용 장소의 인입구에 이르는 부분의 전선을 무엇이라고 하는가?
① 가공인입선　　② 인입선　　③ 이웃연결인입선　　④ 옥측배선

**Explanation**

(KEC 221.1.2조) 이웃연결 인입선의 시설
한 수용 장소 인입구에서 분기하여 지지물을 거치지 아니하고 다른 수용 장소 인입구에 이르는 전선이며 시설 기준은 다음과 같다.
① 분기하는 점으로부터 100[m]를 초과하지 않을 것
② 폭 5[m]를 넘는 도로를 횡단하지 않을 것
③ 옥내를 관통하지 않을 것　　【답】③

**04** 전력계통에서 돌발적으로 발생하는 이상현상에 대비하여 대지와 계통을 연결하는 것으로, 중성점을 대지에 접속하는 것은?
① 계통접지　　② 단독접지　　③ 보호접지　　④ 피뢰시스템 접지

**Explanation**

(KEC 112조) 용어 정의
"계통접지"란 전력계통에서 돌발적으로 발생하는 이상현상에 대비하여 대지와 계통을 연결하는 것으로, 중성점을 대지에 접속하는 것을 말한다.　　【답】①

**05** 발전기가 정격운전상태에 있을 때, 동기기 단자에서의 전압을 무엇이라 하는가?
① 정격전압　　② 부족전압　　③ 동기전압　　④ 보호전압

**Explanation**

(KEC 112조) 용어 정의
정격전압 : 발전기가 정격운전상태에 있을 때, 동기기 단자에서의 전압　　【답】①

## 주요 문제

**06** 전선의 상(문자)과 색상이 바르게 연결된 것은?

① L3- 회색   ② L2- 적색   ③ N- 녹색   ④ L1- 파란색

**Explanation**

(KEC 121.2조) 전선의 식별

| 상(문자) | 색상 |
|---|---|
| L1 | 갈색 |
| L2 | 검은색 |
| L3 | 회색 |
| N | 파란색 |
| 보호도체 | 녹색-노란색 |

【답】①

**07** 22[kV] 전선로의 절연내력 시험은 전로와 대지 간에 시험전압을 연속하여 몇 분간 가하여 시험하게 되는가?

① 2   ② 4   ③ 8   ④ 10

**Explanation**

(KEC 132조) 전로의 절연저항 및 절연내력
최대 사용 전압에 배수를 곱하고 그 값의 전압으로 권선과 대지 간에 10분간 견딜 것

【답】④

**08** 절연내력시험은 전로와 대지 사이에 연속하여 10분간 가하여 절연내력을 시험하였을 때 이에 견디어야 한다. 최대 사용전압이 22.9[kV]인 중성선 다중 접지식 가공전선로의 전로와 대지 사이의 절연내력 시험전압은 몇 [kV]인가?

① 16,488   ② 21,068   ③ 22,900   ④ 28,625

**Explanation**

(KEC 132조) 고압·특고압의 전로의 절연내력

| 접지방식 | 최대 사용전압 | 시험 전압<br>(최대 사용전압 배수) | 최저 시험 전압 |
|---|---|---|---|
| 중성점 다중 접지 | 25[kV] 이하 | 0.92배 | |

절연내력시험전압= 22,900×0.92 = 21,068[V]

【답】②

**09** 최대 사용전압이 3,300[V]인 고압용 전동기가 있다. 이 전동기의 절연내력 시험전압은 몇 [V]인가?

① 3,630   ② 4,125   ③ 4,290   ④ 4,950

**Explanation**

(KEC 133조) 회전기 및 정류기의 절연내력

| 종류 | | | 시험전압 | 시험방법 |
|---|---|---|---|---|
| 회전기 | 발전기·전동기·무효 전력 보상 장치·기타회전기(회전변류기를 제외한다) | 최대 사용전압 7[kV] 이하 | 최대 사용전압의 1.5배의 전압<br>(500[V] 미만으로 되는 경우에는 500[V]) | 권선과 대지 사이에 연속하여 10분간 가한다. |
| | | 최대 사용전압 7[kV] 초과 | 최대 사용전압의 1.25배의 전압<br>(10,500[V] 미만으로 되는 경우에는 10,500[V]) | |

∴ 3,300×1.5=4,950[V]

【답】④

## 주요 문제

**10** 보호도체의 보호에 대한 설명으로 틀린 것은?
① 보호도체를 접속하는 나사는 다른 목적으로 겸용해서는 안 된다.
② 접속부는 납땜(soldering)하여 전기적 연속성을 유지한다.
③ 나사접속·클램프접속 등 보호도체 사이 또는 보호도체와 타 기기 사이의 접속은 전기적연속성 보장 및 충분한 기계적강도와 보호를 구비하여야 한다.
④ 기계적인 손상, 화학적·전기화학적 열화, 전기역학적·열역학적 힘에 대해 보호되어야 한다.

**Explanation**

(KEC 142.3.2조) 보호도체
① 기계적인 손상, 화학적·전기화학적 열화, 전기역학적·열역학적 힘에 대해 보호되어야 한다.
② 나사접속·클램프접속 등 보호도체 사이 또는 보호도체와 타 기기 사이의 접속은 전기적 연속성 보장 및 충분한 기계적 강도와 보호를 구비하여야 한다.
③ 보호도체를 접속하는 나사는 다른 목적으로 겸용해서는 안 된다.
④ 접속부는 납땜(soldering)으로 접속해서는 안 된다.  【답】②

**11** 접지시스템에서 선도체와 보호도체의 재질이 모두 구리이고 선도체의 단면적($S$)이 35[mm²]를 초과하는 경우 보호도체의 최소 단면적은 몇 [mm²]인가?
① S  ② 4  ③ 16  ④ S/2

**Explanation**

(KEC 142.3.2조) 보호도체

| 선도체의 단면적 S [mm²] | 대응하는 보호도체의 최소 단면적[mm²] | |
|---|---|---|
| | 보호도체의 재질이 선도체와 같은 경우 | 보호도체의 재질이 선도체와 다른 경우 |
| $S > 35$ | $\dfrac{S}{2}$ | $\dfrac{k_1}{k_2} \times \dfrac{S}{2}$ |

【답】④

**12** 중성점 접지용 접지도체는 연동선을 사용할 때 그 굵기는 최소 몇 [mm²] 이상인가?
① 2  ② 2.5  ③ 5  ④ 16

**Explanation**

(KEC 142.3.1.6조) 접지도체의 굵기
• 특고압·고압 전기설비용 접지도체 : 6[mm²] 이상의 연동선
• 중성점 접지용 접지도체 : 16[mm²] 이상의 연동선  【답】④

**13** 수도관 등을 접지극으로 사용하는 경우에 대한 내용들이다. ( ⓐ ), ( ⓑ ), ( ⓒ ) 안에 들어갈 숫자로 옳은 것은?

> 접지도체와 금속제 수도관로의 접속은 안지름 ( ⓐ )[mm] 이상인 부분 또는 여기에서 분기한 안지름 ( ⓑ )[mm] 미만인 분기점으로부터 5[m] 이내의 부분에서 하여야 한다. 다만, 금속제 수도관로와 대지 사이의 전기저항 값이 ( ⓒ )[Ω] 이하인 경우에는 분기점으로부터의 거리는 5[m]을 넘을 수 있다.

① ⓐ 50, ⓑ 75, ⓒ 3
② ⓐ 75, ⓑ 50, ⓒ 2
③ ⓐ 75, ⓑ 75, ⓒ 2
④ ⓐ 50, ⓑ 50, ⓒ 3

**Explanation**

### 주요 문제

(KEC 142.2조) 접지극의 시설 및 접지저항
접지도체와 금속제 수도관로의 접속은 안지름 75[mm] 이상인 부분 또는 여기에서 분기한 안지름 75[mm] 미만인 분기점으로부터 5[m] 이내의 부분에서 하여야 한다. 다만, 금속제 수도관로와 대지 사이의 전기저항 값이 2[Ω] 이하인 경우에는 분기점으로부터의 거리는 5[m]을 넘을 수 있다. 【답】③

**14** 피뢰등전위본딩의 상호 접속 중 본딩도체로 직접 접속할 수 없는 장소의 경우에 시설하는 것은?
① 과전류차단기  ② 지락보호장치  ③ 서지보호장치  ④ 개폐기

**Explanation**

(KEC 153.2조) 피뢰등전위본딩
① 자연적 구성부재의 전기적 연속성이 확보되지 않은 경우에는 본딩도체로 연결
② **본딩도체로 직접 접속할 수 없는 장소의 경우에는 서지보호장치를 이용**
③ 본딩도체로 직접 접속이 허용되지 않는 장소의 경우에는 절연방전갭(ISG)을 이용   【답】③

## 2 전기의 발전 및 운용 장소의 전기시설

### 1. 발전소 등의 울타리·담 등의 시설
① 울타리·담 등의 높이 : 2[m] 이상, 지표면 간격 : 0.15[m] 이하
② 울타리·담 등의 높이와 울타리·담 등으로부터 충전부분까지 거리의 합계

| 사용전압의 구분 | 울타리·담 등의 높이와 울타리·담 등으로부터 충전부분까지의 거리의 합계 |
|---|---|
| 35[kV] 이하 | 5[m] |
| 35[kV] 초과 160[kV] 이하 | 6[m] |
| 160[kV] 초과 | 6[m]에 160[kV]를 초과하는 10[kV] 또는 그 단수마다 0.12[m]를 더한 값 |

### 2. 발전기 등의 보호장치 : 자동차단장치
① 발전기에 과전류나 과전압이 생긴 경우
② 용량이 2,000[kVA] 이상인 수차 발전기의 스러스트 베어링의 온도가 현저히 상승한 경우
③ 용량이 10,000[kVA] 이상인 발전기의 내부에 고장이 생긴 경우
④ 용량이 100[kVA] 이상의 발전기를 구동하는 풍차의 압유장치의 유압, 압축공기장치의 공기압이 현저히 저하한 경우
⑤ 용량이 500 kVA 이상의 발전기를 구동하는 수차의 압유 장치의 유압이 현저히 저하한 경우

### 3. 특고압용 변압기의 보호장치

| 뱅크용량의 구분 | 동작조건 | 장치의 종류 |
|---|---|---|
| 5,000[kVA] 이상 10,000[kVA] 미만 | 변압기 내부 고장 | 자동차단장치 또는 경보장치 |
| 10,000[kVA] 이상 | 변압기 내부 고장 | 자동차단장치 |
| 타냉식 변압기 (변압기의 권선 및 철심을 직접 냉각시키기 위하여 봉입한 냉매를 강제 순환시키는 냉각 방식을 말한다) | 냉각장치에 고장이 생긴 경우 또는 변압기의 온도가 현저히 상승한 경우 | 경보장치 |

### 4. 발전기 등의 기계적 강도(기술기준 제23조)
발전기·변압기·무효전력 보상장치·계기용변성기·모선 및 이를 지지하는 애자는 단락전류에 의하여 생기는 기계적 충격에 견디는 것이어야 한다.

### 5. 조상설비의 보호장치

| 설비종별 | 뱅크용량의 구분 | 자동적으로 전로로부터 차단하는 장치 |
|---|---|---|
| 전력용 커패시터 및 분로리액터 | 500[kVA] 초과 15,000[kVA] 미만 | 내부에 고장이 생긴 경우에 동작하는 장치 또는 과전류가 생긴 경우에 동작하는 장치 |
| | 15,000[kVA] 이상 | 내부에 고장이 생긴 경우에 동작하는 장치 및 과전류가 생긴 경우에 동작하는 장치 또는 과전압이 생긴 경우에 동작하는 장치 |
| 무효전력 보상장치 | 15,000[kVA] 이상 | 내부에 고장이 생긴 경우에 동작하는 장치 |

## 6. 계측장치

① 발전소 계측장치
- 발전기의 전압 및 전류 또는 전력
- 발전기의 베어링 및 고정자의 온도
- 주요 변압기의 전압 및 전류 또는 전력
- 특고압용 변압기의 온도

② 변전소 계측장치
- 주요 변압기의 전압 및 전류 또는 전력
- 특고압용 변압기의 온도

## 7. 수소냉각식 발전기 등

① 수소의 순도가 85[%] 이하 : 경보장치 시설
② 수소의 온도 및 압력 계측
③ 수소가 대기압에서 폭발하는 경우에 생기는 압력에 견디는 강도
④ 발전기 축의 밀봉부로부터 누설된 수소 가스를 안전하게 외부에 방출할 수 있는 장치

## 8. 개폐기 또는 차단기에 사용하는 압축공기장치

공기압축기 : 최고 사용압력의 1.5배의 수압(수압을 연속하여 10분간 가하여 시험을 하기 어려울 때에는 최고 사용압력의 1.25배의 기압)

## 주요 문제

**01** 발전기·변압기·무효전력 보상장치·계기용변성기·모선 또는 이를 지지하는 애자는 어떤 전류에 의하여 생기는 기계적 충격에 견디는 것인가?

① 지상전류　　② 유도전류　　③ 충전전류　　④ 단락전류

**Explanation**

(기술기준 제23조) 발전기 등의 기계적 강도
발전기, 변압기, 무효전력 보상장치, 모선 또는 이를 지지하는 애자는 단락전류에 의하여 생기는 기계적 충격에 견디는 강도를 가져야 한다.
【답】④

**02** 345[kV] 옥외 변전소에 울타리 높이와 울타리에서 충전 부분까지의 거리[m]의 합계는?

① 6.48　　② 8.16　　③ 8.40　　④ 8.28

**Explanation**

(KEC 351.1조) 발전소 등의 울타리·담 등의 시설

| 사용전압의 구분 | 울타리·담 등의 높이와 울타리·담 등으로부터 충전 부분까지의 거리의 합계 |
|---|---|
| 35[kV] 이하 | 5[m] |
| 35[kV] 초과 160[kV] 이하 | 6[m] |
| 160[kV] 초과 | 6[m]에 160[kV]를 초과하는 10[kV] 또는 그 단수마다 0.12[m]를 더한 값 |

- 단수 : $34.5 - 16 = 18.5 \rightarrow 19$단
- 이격거리 : $6 + 19 \times 0.12 = 8.28[m]$

【답】④

**03** 고압 또는 특고압의 기계기구 모선 등을 옥외에 시설하는 발전소·변전소·개폐소 또는 이에 준하는 곳에는 구내에 취급자 이외의 사람이 들어가지 아니하도록 시설해야 하는데, 이에 해당하지 않는 것은?

① 출입구에는 출입금지의 표시를 할 것
② 감시카메라를 설치할 것
③ 울타리, 담 등을 시설할 것
④ 출입구에는 자물쇠장치 등의 장치를 할 것

**Explanation**

(KEC 351.1조) 발전소 등의 울타리·담 등의 시설
고압 또는 특고압의 기계기구·모선 등을 옥외에 시설하는 발전소·변전소·개폐소 또는 이에 준하는 곳에는 다음에 따라 구내에 취급자 이외의 사람이 들어가지 아니하도록 시설하여야 한다.
① 울타리·담 등을 시설할 것
② 출입구에는 출입금지의 표시를 할 것
③ 출입구에는 자물쇠장치 등의 장치를 할 것
【답】②

**04** 발전기의 용량에 관계없이 자동으로 전로로부터 차단하는 장치를 시설해야 하는 경우는?

① 발전기에 과전류나 과전압이 생긴 경우
② 수차 발전기의 스러스트 베어링의 온도가 현저히 상승한 경우
③ 전동식 브레이드 제어장치의 전원전압이 현저히 저하한 경우
④ 발전기를 구동하는 수차의 압유 장치의 유압이 현저히 저하한 경우

**Explanation**

(KEC 351.3조) 발전기 등의 보호 장치
발전기에는 다음과 같은 경우에 자동적으로 전로로부터 차단하는 장치를 시설하여야 하는데, **용량에 관계없는 것은 ①번 뿐**이다.

### 주요 문제

① 발전기에 과전류나 과전압이 생긴 경우
② 용량이 500[kVA] 이상인 발전기를 구동하는 수차 압유 장치의 유압이 현저히 저하한 경우
③ 용량 100[kVA] 이상의 발전기를 구동하는 풍차(風車)의 압유장치의 유압, 압축 공기장치의 공기압 또는 전동식 브레이드 제어 장치의 전원 전압이 현저히 저하한 경우
④ 용량이 2,000[kVA] 이상인 수차 발전기의 스러스트 베어링의 온도가 현저히 상승한 경우
⑤ 정격 출력이 10,000[kW]를 넘는 증기 터빈에 있어서 그의 스러스트 베어링이 현저하게 마모되거나 그의 온도가 현저히 상승한 경우
⑥ 용량이 10,000[kVA] 이상인 발전기의 내부에 고장이 생긴 경우

【답】①

**05** 특고압용 변압기의 뱅크용량이 몇 [kVA] 이상일 때, 내부에 고장이 생긴 경우 전로로부터 자동 차단장치 만을 반드시 시설하여야 하는가?

① 15,000　　② 50,000　　③ 7,500　　④ 10,000

**Explanation**

(KEC 351.4조) 특고압용 변압기의 보호 장치
특고압용의 변압기에는 그 내부에 고장이 생겼을 경우에 보호하는 장치를 표 48-1과 같이 시설하여야 한다. 다만, 변압기의 내부에 고장이 생겼을 경우에 그 변압기의 전원인 발전기를 자동적으로 정지하도록 시설한 경우에는 그 발전기의 전로로부터 차단하는 장치를 하지 아니하여도 된다.

| 뱅크용량의 구분 | 동작조건 | 장치의 종류 |
|---|---|---|
| 5,000[kVA] 이상 10,000[kVA] 미만 | 변압기 내부고장 | 자동차단장치 또는 경보장치 |
| 10,000[kVA] 이상 | 변압기 내부고장 | 자동차단장치 |

【답】④

**06** 정격용량이 몇 [kVA] 이상인 무효 전력 보상 장치에는 그 내부에 고장이 있는 경우에 자동적으로 이를 전로로부터 차단하는 보호장치를 하여야 하는가?

① 10,000　　② 15,000
③ 20,000　　④ 25,000

**Explanation**

(KEC 351.5조) 조상설비의 보호장치

| 설비종별 | 뱅크용량의 구분 | 자동적으로 전로로부터 차단하는 장치 |
|---|---|---|
| 무효전력 보상장치 | 15,000[kVA] 이상 | 내부에 고장이 생긴 경우에 동작하는 장치 |

【답】②

**07** 발전소에 시설하여야 하는 계측 장치가 계측할 대상이 아닌 것은?

① 발전기·연료전지의 전압 및 전류
② 발전기의 베어링 및 고정자 온도
③ 고압용 변압기의 온도
④ 주요 변압기의 전압 및 전류

**Explanation**

(KEC 351.6조) 계측 장치
발전소 또는 이에 준하는 장소에는 다음 각 호에 해당하는 계측 장치를 시설하여야 한다.
① 발전기의 전압 및 전류 또는 전력
② 발전기의 베어링 및 고정자의 온도
③ 주요 변압기의 전압 및 전류 또는 전력
④ 특고압용 변압기의 온도

【답】③

## 주요 문제

**08** 발전소에서 사용하는 차단기의 압축 공기 장치의 공기압축기는 최고 사용 압력 몇 배의 수압을 연속하여 10분간 가하였을 때 견디고 새지 않아야 하는가?

① 1.2배　　② 1.25배　　③ 1.5배　　④ 1.55배

**Explanation**

(KEC 341.15조) 압축공기계통
발·변전소, 개폐소 또는 이에 준하는 곳에서 개폐기 또는 차단기에 사용하는 압축 공기 장치는 최고 사용 압력의 1.5배의 수압을 계속하여 10분간 가하여 시험을 한 경우에 이에 견디고 또한 새지 아니할 것　　【답】③

**09** 수소냉각식 발전기 및 이에 부속하는 수소냉각방식의 시설에 대한 설명으로 틀린 것은?

① 발전기 안의 수소의 밀도를 계측하는 장치를 시설할 것
② 발전기 안의 수소의 순도가 85[%]로 이하로 저하한 경우에 이를 경보하는 장치를 시설할 것
③ 발전기 안의 수소의 압력을 계측하는 장치 및 그 압력이 현저히 변동한 경우에 이를 경보하는 장치를 시설할 것
④ 발전기는 기밀구조의 것이고 또한 수소가 대기압에서 폭발하는 경우에 생기는 압력에 견디는 강도를 가지는 것일 것

**Explanation**

(KEC 351.10조) 수소냉각식 발전기 등의 시설
수소냉각식의 발전기·무효전력 보상장치 또는 이에 부속하는 수소 냉각 장치는 다음 각 호에 따라 시설하여야 한다.
① 발전기 또는 무효전력 보상장치는 기밀구조(氣密構造)의 것이고 또한 수소가 대기압에서 폭발하는 경우에 생기는 압력에 견디는 강도를 가지는 것일 것
② 발전기축의 밀봉부에는 질소 가스를 봉입할 수 있는 장치 또는 발전기 축의 밀봉부로부터 누설된 수소 가스를 안전하게 외부에 방출할 수 있는 장치를 시설할 것
③ 발전기 내부 또는 무효전력 보상장치 내부의 수소의 순도가 85[%] 이하로 저하한 경우에 이를 경보하는 장치를 시설할 것
④ 발전기 내부 또는 무효전력 보상장치 내부의 수소의 압력을 계측하는 장치 및 그 압력이 현저히 변동한 경우에 이를 경보하는 장치를 시설할 것
⑤ 발전기 내부 또는 무효전력 보상장치 내부의 수소의 온도를 계측하는 장치를 시설할 것　　【답】①

**10** 수소냉각식 발전기의 내부 또는 무효전력 보상장치의 내부의 수소의 순도가 몇 [%] 이하로 저하한 경우에 경보하는 장치를 시설해야 하는가?

① 85　　② 75　　③ 98　　④ 95

**Explanation**

(KEC 351.10조) 수소냉각식 발전기 등의 시설
발전기안 또는 무효 전력 보상 장치 안의 수소의 순도가 85[%] 이하로 저하한 경우에 이를 경보하는 장치를 시설할 것　　【답】①

# 3 전선로

## 1. 전선로 총칙

① 지지물의 철탑오름 및 전주오름 방지 : 발판 볼트 - 지표상 1.8[m] 이상에 시설

② 풍압하중
- 갑종 풍압하중

| 풍압을 받는 구분 | | 구성재의 수직 투영면적 (1[m²]에 대한 풍압) |
|---|---|---|
| 지지물 | 목주, 원형 | 588[Pa] |
| | 강관구성철탑 | 1,255[Pa] |
| 전선 | 다도체 | 666[Pa] |
| 애자장치 | | 1,039[Pa] |

- 빙설이 많은 지역(고온 : 갑종, 저온 : 을종)
- 빙설이 많은 지역 이외(고온 : 갑종, 저온 : 병종)

③ 가공전선로 지지물의 기초의 안전율 : 2

④ 지지선의 시설
- 철탑 : 지지선을 사용하여 그 강도를 분담시켜서는 아니 된다.
- 지지선의 안전율은 2.5 이상, 허용 인장하중의 최저는 4.31[kN]
- 연선 사용
  - 소선 수 3가닥 이상의 연선
  - 소선의 지름이 2.6[mm] 이상의 금속선을 사용
- 지중부분 및 지표상 0.3[m]까지의 부분에는 내식성이 있는 것(아연도금철봉)
  - 도로를 횡단하여 시설하는 지지선의 높이 : 지표상 5[m] 이상(교통지장 없는 경우 4.5[m])

## 2. 저·고압, 특고압 가공전선로

① 유도장해 방지
- 저·고압과 기설 가공약전류전선로가 병행 : 이격거리는 2[m] 이상
- 특고압 가공전선로와의 상시정전유도장해 방지
  - 60[kV] 이하 : 12[km]마다 2[μA]를 넘지 말 것
  - 60[kV] 초과 : 40[km]마다 3[μA]를 넘지 말 것

② 가공케이블의 시설(조가용선) : 고압, 특고압 적용
- 행거로 시설, 행거 간격 : 0.5[m] 이하
- 고압, 특고압 : 단면적 22[mm²] 이상의 아연도강연선
- 조가용선 금속체 : 접지공사
- 금속 테이프 : 0.2[m] 이하

③ 가공전선의 굵기 및 종류
- 400[V] 이하 저압 : 나전선 3.2[mm] 이상, 절연전선 2.6[mm] 이상)
- 400[V] 초과 저압 : 시가지 5[mm] 이상, 시가지 외 4[mm] 이상)
- 고압 : 5[mm] 이상

- 특고압 : 단면적 22[mm²] 이상

④ 가공전선의 안전율
- 경동선, 내열 동합금선 : 2.2 이상
- 기타 전선(ACSR) : 2.5 이상

⑤ 가공전선의 높이

| 전압의 종별 | | 도로 횡단 | 철도· 궤도 | 횡단보도교 위 | 기타 |
|---|---|---|---|---|---|
| 저·고압 | | 6 | 6.5 | 3.5<br>(저압 : 절연전선, 다심형전선, 케이블 : 3) | 5<br>(교통에 지장이 없는 경우 : 4) |
| 특고압 | 35[kV] 이하 | 6 | 6.5 | 5<br>(특고압 절연전선, 케이블 : 4) | 5 |
| | 35[kV] 초과<br>160[kV] 이하 | 6 | 6.5 | 6<br>(특고압 케이블 : 5) | 6(산지 : 5) |
| | 160[kV] 초과 | 35[kV] 초과 160[kV] 이하의 규정 높이 + 단수×0.12[m]<br>예시) 도로횡단 6+단수×0.12로 한다. | | | |

⑥ 가공지선
- 고압 가공전선로 : 지름 4[mm] 이상의 나경동선

⑦ 가공전선 등의 병행설치 : 전력선과 전력선을 동일 지지물에 시설(별도 완금에 각각 시설)

| 전압 | 표준 |
|---|---|
| 저고압 | 0.5[m] 이상 |
| 35[kV] 이하 | 1.2[m] 이상 |
| 35[kV] 초과 60[kV] 이하 | 2[m] 이상 |

- 35[kV] 초과 100[kV] 미만과 저·고압 병행설치 시
  - 특고압 가공전선로는 제2종 특고압 보안공사
  - 특고압 가공전선은 케이블인 경우를 제외하고는 인장강도 21.67[kN] 이상의 연선 또는 단면적이 50[mm²] 이상인 경동연선

⑧ 가공 전선과 건조물의 접근
- 저·고압 가공전선로

| 건조물 조영재의 구분 | 접근형태 | 전선 종류 | 이격거리 | |
|---|---|---|---|---|
| | | | 저압 | 고압 |
| 상부 조영재 | 위쪽(옆쪽) | 나전선 | 2 (1.2) | 2(1.2) |
| | | 고압, 특고압 절연전선 | 1(0.4) | |
| | | 케이블 | 1(0.4) | 1(0.4) |

- 35[kV] 이하인 특고압 가공 전선과 건조물의 조영재 이격거리

| 건조물 조영재의구분 | 접근형태 | 전선 종류 | 이격거리 |
|---|---|---|---|
| 상부 조영재 | 위쪽(옆쪽) | 나전선 | 3 |
| | | 특고압 절연전선 | 2.5(1.5) |
| | | 케이블 | 1.2(0.5) |

⑨ 가공 전선과 안테나와의 이격거리

| 종류 | 저압 | 고압 | 특고압<br>(25[kV] 이하 다중접지) |
|------|------|------|------|
| 안테나 | 0.6[m]<br>(고압 절연전선, 특고압 절연전선, 케이블 0.3[m]) | 0.8[m]<br>(케이블 0.4[m]) | 나전선 : 2[m]<br>절연전선 : 1.5[m]<br>케이블 : 0.5[m] |

⑩ 가공전선과 가공약전류전선 등의 공용설치
- 공가(가공전선 등의 병행) : 전력선과 가공 약전류전선을 동일 지지물에 시설

| 시설 방법 | 저압 | 고압 | 특고압(35[kV] 이하) |
|------|------|------|------|
| 절연전선 | 0.75[m] | 1.5[m] | 2[m] |
| 케이블 | 0.3[m] | 0.5[m] | 0.5[m] |

- 특고압 35[kV] 초과 시 설치 금지
- 인장강도 21.67[kN] 이상의 연선 또는 단면적이 50[mm²] 이상인 경동연선
- 특고압 가공전선로는 제2종 특고압 보안공사

⑪ 가공 전선과 식물과의 이격거리

| 종류 | 이격거리 | | |
|------|------|------|------|
| 식물 | 저·고압 | 상시 바람에 접촉이 되지 않게 시설 | |
| | 특고압 | 25[kV] 이하 다중접지 | 1.5[m] |
| | | 60[kV] 이하 | 2[m] |
| | | 60[kV] 초과 | 2+0.12×단수 [m] |

### 3. 시가지 특고압 가공전선로

① 사용전압 : 170[kV]이하
② 애자장치 : 50[%] 충격섬락전압 값 = 애자장치 값의 110[%](사용전압이 130[kV]를 초과 : 105[%])
③ 지지물 : 철주, 철근콘크리트주, 철탑(목주 사용 금지)
④ 전선의 단면적

| 사용전압의 구분 | 전선의 단면적 |
|------|------|
| 100[kV] 미만 | 55[mm²] 이상의 경동연선 |
| 100[kV] 이상 | 150[mm²] 이상의 경동연선 |

⑤ 전선의 지표상의 높이

| 사용전압의 구분 | 지표상의 높이 |
|------|------|
| 35[kV]이하 | 10[m](특고압 절연전선 : 8[m]) |
| 35[kV]초과 | 10[m]에 35[kV]를 초과하는 10[kV] 또는 그 단수마다 0.12[m]를 더한 값 |

⑥ 100[kV]을 초과 특고압 가공전선에 지락, 단락 : 1초 이내에 자동 차단하는 장치

### 4. 특고압 가공전선로 규정

① 특고압 가공전선과 지지물 등의 이격거리

| 사용전압 | 이격거리[m] |
|------|------|
| 15 [kV] 미만 | 0.15 |

| | |
|---|---|
| 15 [kV] 이상 25 [kV] 미만 | 0.2 |

② 특고압 가공전선로의 지지물(표준형)
- 직선형 : 전선로의 직선 부분(3도 이하인 수평 각도를 이루는 곳을 포함)
- 각도형 : 전선로 중 3도를 넘는 수평 각도를 이루는 곳에 사용
- 잡아당김형 : 전 가섭선을 잡아당기는 곳에 사용
- 내장형 : 전선로의 지지물 양쪽의 경간의 차가 큰 곳에 사용
  직선 철탑 10기마다 내장 애자 장치 철탑 1기 시설

③ 특고압 가공전선 상호 교차 및 저·고압 가공전선 등의 접근 또는 교차

| 사용전압의 구분 | 이격거리 |
|---|---|
| 60[kV] 이하 | 2 [m] |
| 60[kV] 초과 | 2 [m]에 사용전압이 60[kV]를 초과하는 10[kV] 또는 그 단수마다 0.12[m]를 더한 값 |

## 5. 25[kV]이하 특고압 가공전선로(중성선 다중접지 식으로 2초 이내 자동차단장치 시설)

① 접지도체의 굵기 : 6[mm²] 이상의 연동선
② 각 접지도체를 중성선으로부터 분리하였을 경우

| 전압 | 각 접지점의 대지 전기저항 값 | 1[km]마다의 합성 전기저항 값 |
|---|---|---|
| 15[kV] 이하 | 300[Ω] | 30[Ω] |
| 15[kV] 초과 25[kV] 이하 | 300[Ω] | 15[Ω] |

③ 건조물과의 이격거리

| 건조물의 조영재 | 접근 형태 | 전선의 종류 | 이격거리[m] |
|---|---|---|---|
| 상부 조영재 | 위쪽(옆쪽) | 나전선 | 3(1.5) |
| | | 특고압 절연전선 | 2.5(1) |
| | | 케이블 | 1.2(0.5) |

## 6. 경간규정([m])

| 지지물 | 표준경간 | 특고압(시가지) | 저·고압 보안공사 | 1종 특고압 보안공사 | 2, 3종 특고압 보안공사 |
|---|---|---|---|---|---|
| 목주·A종 | 150 | 75 | 100 | | 100 |
| B종 | 250 | 150 | 150 | 150 | 200 |
| 철탑 | 600 | 400 | 400 | 400 | 400 |

## 7. 보안공사

① 저압 보안공사
- 전선 : 지름 5[mm](400[V] 이하 : 지름 4[mm] 이상의 경동선)

② 특고압 보안공사
- 제1종 특고압 보안공사((35[kV] 초과, 제2차 접근 상태))
  - 전선

| 사용전압 | 전선 |
|---|---|
| 100 [kV] 미만 | 55 [mm²] 이상의 경동연선 |
| 100 [kV] 이상 300 [kV] 미만 | **150 [mm²] 이상의 경동연선** |
| 300 [kV] 이상 | 200 [mm²] 이상의 경동연선 |

- 지지물 : 목주, A종 사용금지
- 제2종 특고압 보안공사(35[kV] 이하, 제2차 접근 상태)
- 제3종 특고압 보안공사(제1차 접근 상태)

## 8. 지중 전선로

① 지중전선로 시설
- 케이블
- 직접매설식, 관로식, 암거식
- 직접매설식
  - 차량 기타 중량물의 압력 : 1.0[m] 이상
  - 기타 장소 : 0.6[m] 이상
  ※ 지중전선을 견고한 트라프 기타 방호물에 넣지 않고도 부설 : 콤바인덕트 케이블
② 지중함 시설 : 1[m³] 이상인 것에는 통풍장치 기타 가스를 방산 장치
③ 지중전선과 지중약전류전선 등 또는 관과의 접근 또는 교차
- 누설전류 또는 유도작용에 의한 통신장해 방지
- 저·고압 : 0.3 [m] 이하, 특고압 : 0.6[m] 이하
- 특고압 : 가연성(유독성)의 유체(流體)를 내포하는 관과 접근, 교차
  - 이격거리 : 1[m] 이하
  - 25[kV] 이하인 다중접지방식 : 0.5[m] 이하
④ 지중전선 상호 간의 접근 또는 교차 시 이격거리
- 사용전압 25[kV] 이하 다중접지방식 지중전선로 관로식 또는 직접매설식 : 0.1[m] 이상
⑤ 지중 공가설비로 사용하는 광섬유 케이블 및 동축케이블 : 지름 22[mm] 이하

## 9. 가공인입선의 시설

① 저압 가공인입선
- 전선 : 지름 2.6[mm]이상의 인입용 비닐절연전선
  (경간이 15[m] 이하 : 지름 2[mm]이상의 인입용 비닐절연전선)
② 저압 이웃 연결 인입선
- 100[m]를 초과하는 지역에 미치지 아니할 것
- 폭 5[m]를 초과하는 도로를 횡단하지 아니할 것
- 옥내를 통과하지 아니할 것
③ 고압 가공인입선
- 전선 : 지름 5[mm] 이상의 경동선

- 높이 : 위험표시 지표상 3.5[m]
- 고압 이웃 연결 인입선은 시설 금지

### 10. 옥측전선로

저압 옥측전선로 : 애자공사, 금속관공사, 버스덕트공사, 케이블공사, 합성수지관공사(목조 가능)

### 11. 옥상전선로

저압 옥상전선로
- 전선 : 지름 2.6[mm] 이상의 경동선
- 지지점 간 거리 : 15[m] 이하

### 12. 농사용 전선로

① 사용전압 : 저압
② 전선로의 경간 : 30[m] 이하

### 13. 구내에 시설하는 저압 가공전선로

① 1구내에만 시설
② 전선로의 경간 : 30[m] 이하

### 14. 터널전선로(철도, 궤도 또는 자동차도 전용터널)

① 저압 전선 : 지름 2.6[mm] 이상, 노면상 2.5[m] 이상
② 고압 전선 : 4[mm] 이상, 노면상 3[m] 이상

### 15. 수상전선로

① 저압 : 클로로프렌 캡타이어 케이블, 고압 : 캡타이어 케이블
② 접속점(수면상 : 저압 4[m]이상, 고압 5[m]이상)

### 16. 교량에 시설하는 전선로

① 저·고압 : 교량의 노면상 5[m] 이상
② 전선 : 저압은 2.6[mm] 이상, 고압은 케이블

## 주요 문제

**01** 가공전선로의 지지물에 취급자가 오르고 내리는 데 사용하는 발판 볼트 등은 지표상 몇 [m] 미만에 시설하여서는 아니되는가?

① 1.2  ② 1.5  ③ 1.8  ④ 2.0

**Explanation**

(KEC 331.4조) 가공 전선로 지지물의 철탑오름 및 전주오름 방지
지지물에 취급자가 오르고 내리는 데 사용하는 발판 볼트 등의 지표상 1.8[m] 미만에 시설하여서는 아니된다.   【답】③

**02** 가공 전선로에 사용하는 지지물의 강도 계산에 적용하는 갑종 풍압 하중을 계산할 때 구성재의 수직 투영면적 1[m²]에 대한 풍압의 기준이 잘못된 것은?

① 목주 : 588[Pa]
② 원형 철주 : 588[Pa]
③ 원형 철근 콘크리트주 : 882[Pa]
④ 강관으로 구성(단주는 제외)된 철탑 : 1,255[Pa]

**Explanation**

(KEC 331.6조) 풍압 하중의 종별과 적용

| 풍압을 받는 구분 | | | | 구성재의 수직 투영면적 1[m²]에 대한 풍압 |
|---|---|---|---|---|
| 목주 | | | | 588[Pa] |
| 지지물 | 철주 | 원형의 것 | | 588[Pa] |
| | | 삼각형 또는 마름모형의 것 | | 1,412[Pa] |
| | | 강관에 의하여 구성되는 4각형의 것 | | 1,117[Pa] |
| | | 기타의 것 | | 복재(腹材)가 전·후면에 겹치는 경우에는 1,627[Pa], 기타의 경우에는 1,784[Pa] |
| | 철근 콘크리트주 | 원형의 것 | | 588[Pa] |
| | | 기타의 것 | | 882[Pa] |
| | 철탑 | 단주(완철류는 제외함) | 원형의 것 | 588[Pa] |
| | | | 기타의 것 | 1,117[Pa] |
| | | 강관으로 구성되는 것(단주는 제외함) | | 1,255[Pa] |
| | | 기타의 것 | | 2,157[Pa] |

【답】③

**03** 빙설이 많은 지방 이외의 지방에서 저온계절에 어떤 풍압하중을 적용하는가?

① 갑종풍압하중
② 을종풍압하중
③ 병종풍압하중
④ 갑종풍압하중과 을종풍압하중 중 큰 것

**Explanation**

(KEC 331.6조) 풍압 하중의 종별과 적용
빙설이 많은 지방 이외의 지방에서는 고온계절에는 갑종 풍압하중, 저온계절에 병종 풍압하중   【답】③

## 주요 문제

**04** 가공전선로의 지지물 중 지지선을 사용하여 그 강도를 분담시켜서는 안 되는 것은?

① 철탑　　② 목주　　③ 철주　　④ 철근 콘크리트주

**Explanation**

(KEC 331.11조) 지지선의 시설
가공전선로의 지지물로 사용하는 철탑은 지지선을 사용하여 그 강도를 분담시켜서는 아니 된다.　　【답】①

**05** 가공전선로의 지지물에 지지선을 시설하는 기준으로 옳은 것은?

① 소선 지름 : 1.6[mm], 안전율 : 2.0, 허용인장하중 : 4.31[kN]
② 소선 지름 : 2.0[mm], 안전율 : 2.5, 허용인장하중 : 2.11[kN]
③ 소선 지름 : 2.6[mm], 안전율 : 1.5, 허용인장하중 : 3.21[kN]
④ 소선 지름 : 2.6[mm], 안전율 : 2.5, 허용인장하중 : 4.31[kN]

**Explanation**

(KEC 331.11조) 지지선의 시설
- 지지선의 안전율은 2.5 이상일 것
- 허용 인장 하중의 최저는 4.31[kN]으로 한다.
- 지선은 소선 3가닥 이상의 연선일 것
- 소선은 지름 2.6[mm] 이상의 금속선을 사용할 것
- 지중 부분 및 지표상 0.3[m]까지는 내식성이 있는 것 또는 아연도금 철봉을 사용　　【답】④

**06** 가공전선로의 지지물에 시설하는 지지선으로 연선을 사용할 경우에는 소선이 최소 몇 가닥 이상이어야 하는가?

① 3가닥　　② 4가닥　　③ 5가닥　　④ 6가닥

**Explanation**

(KEC 331.11조) 지지선의 시설
① 지지선의 안전율은 2.5 이상, 허용 인장 하중의 최저는 4.31[kN]일 것.
② 2.6[mm] 이상의 금속선을 3가닥 이상 꼬아서 사용
③ 도로를 횡단하여 시설하는 지지선의 높이는 지표상 5[m] 이상으로 하여야 한다.
④ 지중부분 및 지표상 0.3[m]까지의 부분에는 내식성이 있는 것 또는 아연도금을 한 철봉을 사용하고 쉽게 부식되지 아니하는 전주 버팀대에 견고하게 붙일 것　　【답】①

**07** 고압가공전선에 케이블을 사용하고 케이블은 조가용선에 행거로 시설할 경우 행거의 간격을 몇 [m] 이하로 하는가?

① 0.2　　② 0.3　　③ 0.5　　④ 0.7

**Explanation**

(KEC 332.2조) 가공케이블의 시설
케이블은 조가선에 행거로 시설할 것. 고압인 경우 행거의 간격은 0.5[m] 이하　　【답】③

**08** 저압가공전선로 또는 고압가공전선로와 기설 가공약전류 전선로가 병행하는 경우에는 유도작용에 의하여 통신상의 장해가 발생하지 아니하도록 전선과 기설 약전류 전선간의 이격거리는 몇 [m] 이상인가?

① 3　　② 4　　③ 2　　④ 1

**Explanation**

> **주요 문제**

(KEC 332.1조) 가공약전류전선로의 유도장해 방지
가공 전선과 약전류 전선의 이격거리 증대(2[m] 이상)  【답】③

**09** 사용전압이 25,000[V] 이하의 특고압 가공 전선로에는 전화 선로의 길이 12[km]마다 유도전류가 몇 [$\mu$A]를 넘지 아니하도록 하여야 하는가?

① 1.5  ② 2  ③ 2.5  ④ 3

**Explanation**

(KEC 333.2조) 유도장해의 방지
① 사용전압이 60[kV] 이하 : 전화 선로 길이 12[km]마다 유도전류가 2[$\mu$A] 이하
② 사용전압이 60[kV] 초과 : 전화 선로 길이 40[km]마다 유도전류가 3[$\mu$A] 이하  【답】②

**10** 고압 가공전선으로 ACSR(강심알루미늄연선)을 사용할 때의 안전율은 얼마 이상이 되는 처짐정도(이도)로 시설하여야 하는가?

① 1.38  ② 2.1  ③ 2.5  ④ 4.01

**Explanation**

(KEC 332.4조) 고압 가공 전선의 안전율
고압 가공 전선은 케이블인 경우 이외에는 다음 각 호에 규정하는 경우에 그 안전율이 경동선 또는 내열 동합금선은 2.2 이상, 그 밖의 전선은 2.5 이상이 되는 처짐정도(이도)로 시설하여야 한다.  【답】③

**11** 고압 가공전선로의 가공지선에 사용하는 나경동선은 지름 몇 [mm] 이상의 것을 사용하여야 하는가?

① 5.0  ② 2.0  ③ 3.0  ④ 4.0

**Explanation**

(KEC 332.6조) 고압 가공전선로의 가공지선
인장강도 5.26[kN] 이상의 것 또는 지름 4[mm] 이상의 나경동선 사용  【답】④

**12** 사용전압이 400[V] 이하인 저압 가공전선이 절연전선일 경우 지름이 몇 [mm] 이상의 경동선을 사용하는가?

① 2.6  ② 3.2  ③ 4.0  ④ 5.0

**Explanation**

(KEC 222.5조) 저압 가공 전선의 굵기 및 종류
사용전압이 400[V] 이하인 저압 가공전선은 케이블인 경우를 제외하고는 인장강도 3.43[kN] 이상의 것 또는 지름 3.2[mm] (절연전선인 경우는 인장강도 2.3[kN] 이상의 것 또는 지름 2.6[mm] 이상의 경동선) 이상의 것이어야 한다.  【답】①

**13** 저압 가공전선으로 사용할 수 없는 것은?

① 케이블
② 절연전선
③ 다심형 전선
④ 나동복 전선

**Explanation**

(KEC 222.5조) 저압 가공전선의 굵기 및 종류
저압 가공전선은 나전선(중성선 또는 다중접지된 접지측 전선으로 사용하는 전선에 한한다), 절연전선, 다심형 전선 또는 케이블을 사용하여야 한다.  【답】④

**주요 문제**

**14** 저압가공전선의 높이는 도로를 횡단하는 경우와 철도를 횡단하는 경우에 각각 몇 [m] 이상이어야 하는가?

① 도로 : 지표상 5[m], 철도 : 레일면상 6[m]
② 도로 : 지표상 5[m], 철도 : 레일면상 6.5[m]
③ 도로 : 지표상 6[m], 철도 : 레일면상 6[m]
④ 도로 : 지표상 6[m], 철도 : 레일면상 6.5[m]

**Explanation**

(KEC 332.5조) 저·고압 가공전선의 높이
① 도로횡단 : 6[m] 이상
② 철도횡단 : 레일면상 6.5[m] 이상
③ 횡단보도교 위 : 3.5[m] 이상(단, 저압용으로 인입용 절연전선 사용 시 3[m])
④ 기타 : 5[m] 이상

【답】④

**15** 저압 가공전선 상호간의 접근 또는 교차하여 시설할 때 다음 ( )에 알맞은 것은?

> 저압 가공전선이 다른 저압 가공전선과 접근상태로 시설되거나 교차하여 시설되는 경우에는 저압 가공전선 상호 간의 이격거리는 ( ⓐ )[m](어느 한 쪽의 전선이 고압 절연전선, 특고압 절연전선 또는 케이블인 경우에는 0.3[m]) 이상, 하나의 저압 가공전선과 다른 저압 가공전선로의 지지물 사이의 이격거리는 ( ⓑ )[m] 이상이어야 한다.

① ⓐ : 0.6 ⓑ : 0.3
② ⓐ : 0.3 ⓑ : 0.6
③ ⓐ : 0.3 ⓑ : 0.3
④ ⓐ : 0.6 ⓑ : 0.6

**Explanation**

(KEC 222.16조) 저압 가공전선 상호 간의 접근 또는 교차
저압 가공전선이 다른 저압 가공전선과 접근상태로 시설되거나 교차하여 시설되는 경우에는 저압 가공전선 상호 간의 이격거리는 0.6[m](어느 한 쪽의 전선이 고압 절연전선, 특고압 절연전선 또는 케이블인 경우에는 0.3[m]) 이상, 하나의 저압 가공전선과 다른 저압 가공전선로의 지지물 사이의 이격거리는 0.3[m] 이상이어야 한다.

【답】①

**16** 저압가공전선이 상부 조영재의 위쪽에서 접근하는 경우 전선과 상부 조영재 간의 이격거리는 몇 [m] 이상이어야 하는가? (단, 케이블인 경우이다)

① 0.8　　② 1.0　　③ 1.2　　④ 2.0

**Explanation**

(KEC 222.11조) 저압 가공 전선과 건조물의 접근
저압 가공 전선과 건조물의 조영재 사이의 이격거리는 다음 표에서 정한 값 이상일 것

| 건조물 조영재의 구분 | 접근 형태 | 이격거리 |
|---|---|---|
| 상부 조영재 | 위쪽 | 2[m](전선이 고압 절연전선, 특고압 절연전선 또는 케이블인 경우는 1[m]) |
| | 옆쪽 또는 아래쪽 | 1.2[m](전선에 사람이 쉽게 접촉할 우려가 없도록 시설한 경우에는 0.8[m], 고압 절연전선, 특고압 절연전선 또는 케이블인 경우에는 0.4[m]) |

【답】②

**17** 고압 가공전선로의 지지물로 철탑을 사용한 경우 최대경간은 몇 [m] 이하이어야 하는가?

① 300　　② 400　　③ 500　　④ 600

**Explanation**

**주요 문제**

(KEC 332.9조) 고압 가공전선로 경간의 제한

| 지지물의 종류 | 경간 |
|---|---|
| 목주·A종 철주 또는 A종 철근 콘크리트주 | 150[m] |
| B종 철주 또는 B종 철근 콘크리트주 | 250[m] |
| **철탑** | **600[m]** |

【답】 ④

**18** 사용전압이 22.9[kV]인 가공전선로를 시설하는 경우 지표상의 높이는 몇 [m] 이상으로 하여야 하는가?(단, 철도 또는 궤도를 횡단하는 경우이다)

① 5   ② 5.5   ③ 6   ④ 6.5

**Explanation**

(KEC 333.7조) 특고압 가공전선의 높이

| 사용전압의 구분 | 지표상의 높이 |
|---|---|
| 35[kV] 이하 | 5[m]<br>(철도 또는 궤도를 횡단하는 경우에는 6.5[m], 도로를 횡단하는 경우에는 6[m], 횡단보도교의 위에 시설하는 경우로서 전선이 특고압 절연전선 또는 케이블인 경우에는 4[m]) |

【답】 ④

**19** 저압 가공전선과 고압 가공전선을 동일 지지물에 시설하는 경우 이격거리는 몇 [m] 이상이어야 하는가? (단, 각도주(角度主) 분기주(分岐主) 등에서 혼촉(混觸)의 우려가 없도록 시설하는 경우는 제외한다)

① 0.5   ② 0.6   ③ 0.7   ④ 0.8

**Explanation**

(KEC 332.8조) 고압 가공 전선 등의 병행설치
① 저압 가공 전선을 고압 가공 전선의 아래로 하고 별개의 완금류에 시설할 것
② 저압 가공 전선과 고압 가공 전선 사이의 이격거리는 0.5[m] 이상일 것. 다만, 각도주·분기주 등에서 혼촉의 우려가 없도록 시설하는 경우에는 그러하지 아니하다.

【답】 ①

**20** 특고압 가공전선로의 지지물 양쪽의 경간의 차가 큰 곳에 사용되는 철탑은?

① 내장형철탑   ② 잡아당김형철탑   ③ 각도형철탑   ④ 보강형철탑

**Explanation**

(KEC 333.11조) 특고압 가공전선로의 철주·철근 콘크리트주 또는 철탑의 종류
① 직선형 : 전선로의 직선부분(3도 이하인 수평각도를 이루는 곳을 포함한다. 이하 이 조에서 같다)에 사용하는 것
② 각도형 : 전선로중 3도를 초과하는 수평각도를 이루는 곳에 사용하는 것
③ 잡아당김형 : 전가섭선을 잡아당기는 곳에 사용하는 것
④ **내장형 : 전선로의 지지물 양쪽의 경간의 차가 큰 곳에 사용하는 것**
⑤ 보강형 : 전선로의 직선부분에 그 보강을 위하여 사용하는 것

【답】 ①

**21** 특고압 가공전선로에서 전선로 중 3°를 초과하는 수평각도를 이루는 곳에 사용하는 철탑의 종류는?

① 직선형   ② 보강형   ③ 잡아 당김형   ④ 각도형

**Explanation**

(KEC 333.1조) 특고압 가공전선로의 철주ㆍ철근 콘크리트주 또는 철탑의 종류
• 각도형 : 전선로 중 3°를 넘는 수평 각도를 이루는 곳에 사용하는 것

【답】 ④

## 주요 문제

**22** 사용전압이 380[V]인 저압 보안 공사에 사용되는 경동선은 그 지름이 최소 몇 [mm] 이상의 것을 사용하여야 하는가?

① 2.0  ② 2.6  ③ 4.0  ④ 5.0

**Explanation**

(KEC 222.10조) 저압 보안공사
전선의 케이블인 경우 이외에는
① 저압 : 인장강도 8.01[kN] 이상의 것 또는 지름 5[mm] 이상의 경동선
② 400[V] 이하 : 인장강도 5.26[kN] 이상의 것 또는 지름 4[mm] 이상의 경동선이어야 한다.

【답】③

**23** 고압 보안공사 시에 지지물로 A종 철근 콘크리트주를 사용할 경우 경간은 몇 [m] 이하이어야 하는가?

① 50  ② 100  ③ 150  ④ 400

**Explanation**

(KEC 332.10조) 고압 보안공사

| 지지물 종류 | 표준경간 | 저·고압 보안 공사 |
|---|---|---|
| 목주, A종 | 150 | 100 |
| B종 | 250 | 150 |
| 철탑 | 600 | 400 |

【답】②

**24** 제1종 특고압 보안공사로 시설하는 전선로의 지지물로 사용할 수 있는 것은?

① 목주  ② A종 철근 콘크리트주
③ 철탑  ④ A종 철주

**Explanation**

(KEC 333.22조) 특고압 보안공사
전선로의 지지물에는 B종 철주B종 철근 콘크리트주 또는 철탑을 사용할 것(목주·A종 사용금지)

【답】③

**25** 154[kV] 가공전선로를 제1종 특고압 보안공사에 의하여 시설하는 경우 사용전선의 단면적은 몇 [mm²] 이상의 경동연선이어야 하는가?

① 35  ② 50  ③ 95  ④ 150

**Explanation**

(KEC 333.22조) 1종 특고압 보안공사
• 100[kV] 미만 : 55[mm²] 이상
• 300[kV] 미만 : 150[mm²] 이상
• 300[kV] 이상 : 200[mm²] 이상

【답】④

**26** 사용전압이 22,900[V]인 가공전선이 건조물과 제2차 접근상태로 시설되는 경우에 이 특고압 가공전선로의 보안공사는 어떤 종류의 보안공사로 하여야 하는가?

① 고압 보안공사  ② 제1종 특고압 보안공사
③ 제2종 특고압 보안공사  ④ 제3종 특고압 보안공사

**Explanation**

(KEC 333.23조) 특고압 가공전선과 건조물의 접근
• 제1차 접근 상태 : 제3종 특고압 보안공사

> 주요 문제

• 제2차 접근 상태 : (35[kV] 이하) : 제2종 특고압 보안 공사
　　　　　　　　　(35[kV] 초과 370[kV] 미만) : 제1종 특고압 보안 공사  【답】③

**27** 특고압 가공전선이 건조물과 1차 접근상태로 시설되는 경우, 특고압 가공전선로의 보안 공사방법은?
① 제2종 특고압 보안공사　　② 특별 제3종 특고압 보안공사
③ 제1종 특고압 보안공사　　④ 제3종 특고압 보안공사

**Explanation**

(KEC 333.23조) 특고압 가공전선과 건조물의 접근
건조물과 제1차 접근상태로 시설되는 경우 : 제3종 특고압 보안공사  【답】④

**28** 케이블을 사용하지 않은 154[kV] 가공송전선과 식물과의 최소 이격거리는 몇 [m]인가?
① 2.8　　② 3.2　　③ 3.8　　④ 4.2

**Explanation**

(KEC 333.30조) 특고압 가공 전선과 식물의 이격거리

| 사용전압의 구분 | 이격거리 |
|---|---|
| 60[kV] 이하 | 2[m] |
| 60[kV] 초과 | 2[m]에 사용전압이 60[kV]를 초과하는 10[kV] 또는 그 단수마다 0.12[m]를 더한 값 |

단수 $n = \dfrac{154-60}{10} ≒ 9.4\,(절상) \rightarrow 10단$　∴ 이격거리 = 2 + 10 × 0.12 = 3.2[m]  【답】②

**29** 시가지 등에서 특고압 가공전선로를 시설하는 경우 특고압 가공전선로용 지지물로 사용할 수 없는 것은? (단, 사용전압이 170[kV] 이하인 경우이다)
① 철탑　　② 목주　　③ 철주　　④ 철근 콘크리트주

**Explanation**

(KEC 333.1조) 시가지 등에서 특고압 가공 전선로의 시설
시가지에 시설하는 특고압 가공전선로용 지지물의 종류로는 A·B종 철주, A·B종 철근 콘크리트주, 또는 철탑을 사용한다 (목주 사용 금지).  【답】②

**30** 시가지에 시설하는 154[kV] 가공전선로에는 지락 또는 단락이 생겼을 때에는 몇 초 이내에 자동적으로 이를 전로로부터 차단하는 장치를 시설하여야 하는가?
① 1　　② 2　　③ 3　　④ 5

**Explanation**

(KEC 333.1조) 시가지 등에서 특고압 가공전선로의 시설
사용전압이 100[kV]를 초과하는 특고압 가공전선에 지락 또는 단락이 생겼을 때에는 1초 이내에 자동적으로 이를 전로로부터 차단하는 장치를 시설할 것  【답】①

**31** 시가지에서 사용전압이 35[kV] 이하 특고압 가공전선로에 절연전선을 사용할 경우 전선의 지표상 높이는 최소 몇 [m] 이상인가?
① 8　　② 10　　③ 12.04　　④ 13.72

**Explanation**

(KEC 333.1조) 시가지 등에서 특고압 가공 전선로의 시설
사용전압이 170[kV] 이하인 전선로를 다음에 의하여 시설하는 경우 전선의 지표상의 높이는 표에서 정한 값 이상일 것

| 사용전압의 구분 | 지표상의 높이 |
|---|---|
| 35[kV] 이하 | 10[m](전선이 특고압 절연전선인 경우에는 8[m]) |
| 35[kV] 초과 | 10[m]에 35[kV]를 초과하는 10[kV] 또는 그 단수마다 0.12[m]를 더한 값 |

【답】①

**32** 사용전압 154[kV]의 가공전선을 시가지에 시설하는 경우 전선의 지표상의 높이는 최소 몇 [m] 이상인가?(단, 기타 조건은 적용하지 않는다)

① 7.44  ② 9.44  ③ 11.44  ④ 13.44

**Explanation**

(KEC 333.1조) 시가지 등에서 특고압 가공 전선로의 시설
사용전압이 170[kV] 이하인 전선로를 다음에 의하여 시설하는 경우 전선의 지표상의 높이는 표에서 정한 값 이상일 것

| 사용전압의 구분 | 지표상의 높이 |
|---|---|
| 35[kV] 이하 | 10[m](전선이 특고압 절연전선인 경우에는 8[m]) |
| 35[kV] 초과 | 10[m]에 35[kV]를 초과하는 10[kV] 또는 그 단수마다 0.12[m]를 더한 값 |

지표상의 높이 : 10+단수×0.12=10+12×0.12=11.44[m]
여기서, 단수 : 15.4−3.5=11.9 ∴ 12단

【답】③

**33** 사용전압이 22.9[kV]인 특고압 가공전선로를 시가지에 경동연선으로 시설할 경우 단면적은 몇 [mm²] 이상인가?

① 55  ② 150  ③ 100  ④ 200

**Explanation**

(KEC 333.1조) 시가지 등에서 특고압 가공 전선로의 시설

| 사용전압의 구분 | 전선의 단면적 |
|---|---|
| 100[kV] 미만 | 인장강도 21.67[kN] 이상의 연선, 55[mm²] 이상의 경동연선, 알루미늄전선, 절연전선 |
| 100[kV] 이상 | 인장강도 58.84[kN] 이상의 연선, 150[mm²] 이상의 경동연선, 알루미늄전선, 절연전선 |

【답】①

**34** 중성선 다중접지방식의 것으로 전로에 지락이 생긴 경우 2초 이내 자동적으로 이를 전로로부터 차단하는 장치를 가지는 22.9[kV] 특고압 가공전선로에서 각 접지도체를 중성선으로부터 분리하였을 경우 1[km]마다의 중성선과 대지 사이의 합성 전기 저항 값은 몇 [Ω] 이하가 되어야 하는가?

① 10  ② 15  ③ 20  ④ 30

**Explanation**

(KEC 333.32조) 25[kV] 이하인 특고압 가공 전선로의 시설
각 접지도체를 중성선으로부터 분리하였을 경우의 각 접지점의 대지 전기 저항치와 1[km]마다의 중성선과 대지 사이의 합성 전기 저항치

| 사용전압 | 각 접지점의 대지 전기저항치 | 1[km] 마다의 합성 전기저항치 |
|---|---|---|
| 15[kV] 초과 25[kV] 이하 | 300[Ω] | 15[Ω] |

【답】②

**35** 지중전선로의 전선으로 적합한 것은?

① 케이블  ② 동복강선  ③ 절연전선  ④ 나경동선

### 주요 문제

> **Explanation**
>
> (KEC 334.1조) 지중 전선로의 시설
> 지중 전선로는 전선에 케이블을 사용하고 직접 매설식, 관로식, 암거식에 의하여 시설하여야 한다. 【답】①

**36** 고압 지중 케이블로서 직접 매설식에 의하여 견고한 트라프 기타 방호물에 넣지 않고 시설할 수 있는 케이블은? 단, 케이블을 개장(鎧裝)하지 않고 시설한 경우이다.
① 미네럴 인슈레이션 케이블
② 콤바인덕트 케이블
③ 클로로프렌 외장 케이블
④ 고무 외장 케이블

> **Explanation**
>
> (KEC 334.1조) 지중 전선로의 시설
> 지중 전선로를 직접 매설식에 의하여 시설하는 경우에는 매설 깊이를 차량 기타 중량물의 압력을 받을 우려가 있는 장소에는 1[m] 이상 기타 장소에는 0.6[m] 이상으로 하고 또한 지중 전선을 견고한 트라프 기타 방호물에 넣어 시설하여야 한다 (저압 또는 고압의 지중전선에 콤바인덕트 케이블을 사용하여 시설하는 경우 그렇지 않다). 【답】②

**37** 지중 전선로를 직접 매설식에 의하여 시설하는 경우에 차량 및 기타 중량물의 압력을 받을 우려가 있는 장소의 매설 깊이는 몇 [m] 이상인가?
① 1.0  ② 1.2  ③ 1.5  ④ 1.8

> **Explanation**
>
> (KEC 334.1조) 지중 전선로의 시설
> 지중 전선로를 직접 매설식에 의하여 시설하는 경우에는 매설 깊이를 차량 기타 중량물의 압력을 받을 우려가 있는 장소에는 1.0[m] 이상, 기타 장소에는 0.6[m] 이상으로 하고 또한 지중 전선을 견고한 트라프 기타 방호물에 넣어 시설하여야 한다. 【답】①

**38** 폭발성 또는 연소성의 가스가 침입할 우려가 있는 것에 시설하는 지중전선로의 지중함으로서 그 크기가 몇 [m³] 이상일 때 가스를 방산시키기 위한 장치를 시설하여야 하는가?
① 1.5  ② 0.9  ③ 1.0  ④ 2.0

> **Explanation**
>
> (KEC 334.2조) 지중함의 시설
> 폭발성 또는 연소성의 가스가 침입할 우려가 있는 것에 시설하는 지중함으로서 그 크기가 1[m³] 이상인 것에는 통풍장치 기타 가스를 방산시키기 위한 적당한 장치를 시설할 것 【답】③

**39** 사용전압이 25[kV] 이하인 다중접지방식 지중전선로를 관로식 또는 직접매설식으로 시설하는 경우, 지중전선 상호 간의 이격거리는 몇 [m] 이상인가?(단, 예외 사항은 고려하지 않는다)
① 0.6  ② 1.2  ③ 1.0  ④ 0.1

> **Explanation**
>
> (KEC 334.7조) 지중전선 상호 간의 접근 또는 교차
> 사용전압이 25[kV] 이하인 다중접지방식 지중전선로를 관로식 또는 직접매설식으로 시설하는 경우, 그 이격거리가 0.1[m] 이상이 되도록 시설하여야 한다. 【답】④

**40** 저압 이웃연결 인입선은 폭 몇 [m]를 초과하는 도로를 횡단하지 않아야 하는가?
① 5  ② 6  ③ 7  ④ 8

> **Explanation**

(KEC 221.1.2조) 이웃연결 인입선의 시설
한 수용장소 인입구에서 분기하여 지지물을 거치지 아니하고 다른 수용장소 인입구에 이르는 전선이며 시설 기준은 다음과 같다.
① 분기하는 점으로부터 100[m]를 초과하지 않을 것
② 폭 5[m]를 넘는 도로를 횡단하지 않을 것
③ 옥내를 관통하지 않을 것  【답】①

## 41 저압 옥측전선로의 공사에서 목조 조영물에 시설이 가능한 공사는?
① 금속관 공사
② 버스덕트 공사
③ 합성수지관 공사
④ 연피케이블 공사

**Explanation**

(KEC 221.2조) 옥측전선로
① 애자공사(전개된 장소에 한한다)
② 합성수지관 공사(목조 조영물에 사용)
③ 금속관 공사(목조 이외의 조영물에 시설하는 경우에 한한다)
④ 버스덕트 공사[목조 이외의 조영물(점검할 수 없는 은폐된 장소를 제외)에 시설하는 경우에 한한다]
⑤ 케이블 공사(연피 케이블·알루미늄 피 케이블 또는 미네럴인슈레이션 케이블을 사용하는 경우에는 목조 이외의 조영물에 시설하는 경우에 한한다)  【답】③

## 42 사람이 상시 통행하는 터널 안의 교류 220[V] 배선을 애자사용 공사에 의하여 시설할 경우 전선은 노면상 몇 [m] 이상의 높이로 시설하여야 하는가?
① 1.8
② 2.0
③ 2.5
④ 3.5

**Explanation**

(KEC 335.1조) 터널 안 전선로의 시설
• 저압전선 – 지름 2.6[㎜] 경동선 이상, 애자사용공사에 의할 때 레일면상 또는 노면상 2.5[m] 이상의 높이에 시설
 합성수지관공사, 금속관공사, 금속제 가요전선관공사, 케이블공사에 의해 시설  【답】③

## 43 수상전선로의 시설기준으로 옳은 것은?
① 사용전압이 고압인 경우에는 클로로프렌 캡타이어 케이블을 사용한다.
② 수상전선로에 사용하는 부대(浮臺)는 쇠사슬 등으로 견고하게 연결한다.
③ 고압 수상전선로에 지락이 생길 때를 대비하여 전로를 수동으로 차단하는 장치를 시설한다.
④ 수상전선로의 전선을 부대의 아래에 지지하여 시설하고 또한 그 절연피복을 손상하지 아니하도록 시설한다.

**Explanation**

(KEC 335.3조) 수상전선로의 시설
① 전선은 전선로의 사용전압이 저압인 경우에는 클로로프렌 캡타이어 케이블이어야 하며, 고압인 경우에는 캡타이어 케이블일 것
② 수상 전선로의 전선을 가공 전선로의 전선과 접속하는 경우에는 그 부분의 전선은 접속점으로부터 전선의 절연 피복 안에 물이 스며들지 아니하도록 시설하고 또한 전선의 접속점은 다음의 높이로 지지물에 견고하게 붙일 것
 가. 접속점이 육상에 있는 경우에는 지표상 5[m] 이상. 다만, 수상 전선로의 사용전압이 저압인 경우에 도로상 이외의 곳에 있을 때에는 지표상 4[m]까지로 감할 수 있다.
 나. 접속점이 수면상에 있는 경우에는 수상 전선로의 사용전압이 저압인 경우에는 수면상 4[m] 이상, 고압인 경우에는 수면상 5[m] 이상
③ 수상 전선로에 사용하는 부대(浮臺)는 쇠사슬 등으로 견고하게 연결한 것일 것
④ 수상 전선로의 전선은 부대의 위에 지지하여 시설하고 또한 그 절연피복을 손상하지 아니하도록 시설할 것
⑤ 고압 수상 전선로에 지락이 생길 때를 대비하여 전로를 자동으로 차단하는 장치를 시설한다.  【답】②

## 주요 문제

**44** 저압전선로를 다리의 윗면에 시설하는 경우 전선의 높이를 다리의 노면 상 몇 [m] 이상으로 하여 시설하는가?

① 6.5　　② 3　　③ 4　　④ 5

**Explanation**

(KEC 335.6조) 교량에 시설하는 전선로
교량의 윗면에 시설하는 것 : 전선의 높이는 교량의 노면상 5[m] 이상　　【답】④

**45** 임시 전선로 시설에서 건조물 상부 조영재의 옆쪽에 시설할 경우 이격거리는 몇 [m]까지 감할 수 있나?

① 0.1　　② 0.4　　③ 1　　④ 4

**Explanation**

(KEC 335.10조) 임시 전선로의 시설

| 조영물 조영재의 구분 | 건조물의 조영재 | 접근형태 | 이격거리[m] |
|---|---|---|---|
| 건조물 | 상부 조영재 | 위쪽 | 1 |
| | | 옆쪽 또는 아래쪽 | 0.4 |
| | 상부 이외의 조영재 | | 0.4 |

【답】②

# 4 전력보안 통신설비

## 1. 전력보안 통신용 전화설비의 시설
① 2개 이상의 급전소 상호 간과 이들을 통합 운용하는 급전소 간
② 동일 수계에 속하고 안전상 긴급 연락의 필요가 있는 수력발전소 상호간
③ 원격감시 제어가 되지 아니하는 발전소·원격 감시제어가 되지 아니하는 변전소·발전제어소·변전제어소·개폐소 및 전선로의 기술원 주재소와 이를 운용하는 급전소간

## 2. 전력보안 가공통신설비의 높이

| 구분 | 가공통신선 | 가공전선로 지지물에 시설하는 통신선 |
|---|---|---|
| 도로(인도)에 시설 시 | 지표상 5.0[m] 이상<br>(교통에 지장 우려 없는 경우 4.5[m] 이상) | |
| 도로횡단 시 | | 지표상 6.0[m] 이상<br>(저압이나 고압의 지지물에 시설+교통에 지장 우려 없는 경우 5[m] 이상) |
| 철도 궤도 횡단 시 | | 레일면상 6.5[m] 이상 |
| 횡단보도교 위 | 노면상 3.0[m] 이상 | 노면상 5.0[m] 이상<br>• 저압 또는 고압 3.5[m](통신선이 절연전선 3[m]) 이상<br>• 특고압+광섬유 케이블 4[m] 이상 |
| 기타 | 지표상 3.5[m] 이상 | 지표상 5[m] 이상<br>• 횡단보도교 하부+절연전선 4[m] 이상<br>• 도로 이외 4[m] 이상<br>• 통신선이 광섬유 케이블 3.5[m] 이상 |

## 3. 조가선 시설
단면적 38[$mm^2$] 이상의 아연도강연선일 것

## 4. 전력유도 방지
가공전선로로부터의 정전유도작용 또는 전자유도작용 방지

## 5. 첨가 통신선
시가지 인입 금지(연선의 경우 단면적 16[$mm^2$](지름 4[mm]) 이상의 절연전선 또는 광섬유 케이블인 경우 사용 가능)

## 6. 전력선 반송통신용 결합 장치
① CC : 결합 커패시터(결합 안테나를 포함한다)
② S : 섬시용 개폐기
③ DR : 전류 용량 2[A] 이상의 배류 선륜

## 7. 무선용 안테나 등 지지
목주, 철주, 철근 콘크리트주 또는 철탑의 기초의 안전율 : 1.5

8. 전력보안통신선 전원공급기의 시설
 ① 지상에서 4[m] 이상 유지할 것
 ② 누전차단기를 내장할 것
 ③ 시설방향은 인도측으로 시설하며 외함은 접지를 시행할 것

## 주요 문제

**01** 전력보안 통신용 전화설비의 시설장소로 적합하지 않은 곳은?

① 수력설비의 안전상 필요한 양수소 및 강수량 관측소와 수력발전소 간
② 동일 수계에 속하고 안전상 긴급 연락의 필요가 있는 수력발전소 상호 간
③ 원격감시 제어가 되는 발전소·변전소, 전선로 및 이를 운용하는 급전소간
④ 2개 이상의 급전소 상호 간과 이들을 통합 운용하는 급전소 간

**Explanation**

(KEC 362조) 전력보안통신설비의 시설
다음 각 호에 열거하는 곳에는 전력 보안통신용 전화 설비를 시설하여야 한다.
① 원격감시 제어가 되지 아니하는 발전소·원격 감시제어가 되지 아니하는 변전소
② 2개 이상의 급전소 상호 간과 이들을 통합 운용하는 급전소 간
③ 수력설비 중 필요한 곳, 수력 설비의 안전상 필요한 양수소(量水所) 및 강수량 관측소와 수력발전소 간
④ 동일 수계에 속하고 안전상 긴급 연락의 필요가 있는 수력발전소 상호 간
⑤ 동일 전력계통에 속하고 또한 안전상 긴급연락의 필요가 있는 발전소·변전소(이에 준하는 곳으로서 특고압의 전기를 변성하기 위한 곳을 포함한다)·발전제어소·변전제어소 및 개폐소 상호 간 【답】③

**02** 다음 그림은 전력선 반송통신용 결합장치의 보안장치로 사용하는 기기의 정격에 대한 설명으로 틀린 것은?

① DR는 전류용량 5[A]이상의 배류선륜이다.
② $L_1$은 교류 300[V]이하에서 동작하는 피뢰기이다.
③ $L_2$는 동작전압이 교류 1.3[kV]를 초과하고 1.6[kV] 이하로 조정된 방전갭이다.
④ F 는 정격전류 10[A] 이하의 포장 퓨즈이다.

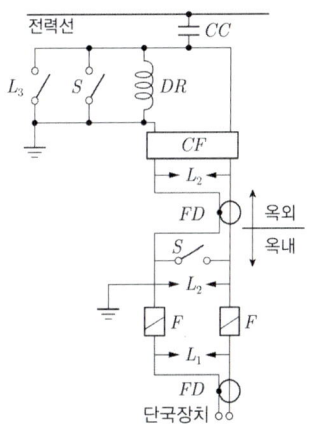

**Explanation**

(KEC 362.10조) 전력선 반송 통신용 결합장치의 보안장치

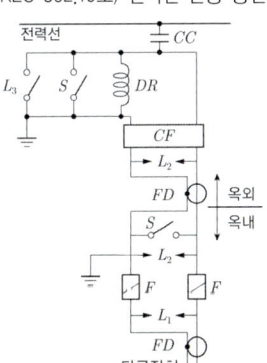

- FD : 동축케이블
- F : 정격전류 10[A] 이하의 포장 퓨즈
- **DR : 전류 용량 2[A] 이상의 배류 선륜**
- $L_1$ : 교류 300[V] 이하에서 동작하는 피뢰기
- $L_2$ : 동작 전압이 교류 1,300[V]를 초과하고 1,600[V] 이하로 조정된 방전갭
- $L_3$ : 동작 전압이 교류 2[kV]를 초과하고 3[kV] 이하로 조정된 구상 방전갭
- S : 접지용 개폐기
- CF : 결합 필터
- **CC : 결합 커패시터(결합 안테나를 포함한다.)**

【답】①

## 주요 문제

**03** 다음 그림의 급전전용통신용 보안장치에서 $L_1$은 어떤 크기로 동작하는 기기의 명칭인가?

① 교류 1,000[V] 이하에서 동작하는 단로기
② 교류 1,000[V] 이하에서 동작하는 피뢰기
③ 교류 1,500[V] 이하에서 동작하는 단로기
④ 교류 1,500[V] 이하에서 동작하는 피뢰기

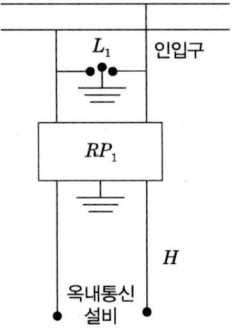

**Explanation**

(KEC 362.5조) 특고압 가공전선로 첨가설치 통신선의 시가지 인입 제한
규정에 의한 보안장치의 표준
① 급전전용통신선용 보안장치일 것.
② $RP_1$ : 릴레이 보안기
③ L1 : 교류 1[kV] 이하에서 동작하는 피뢰기

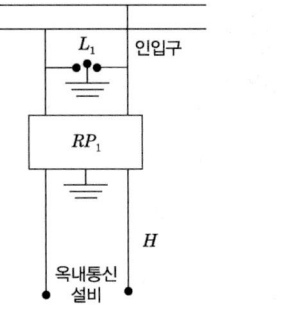

【답】②

**04** 특고압 가공전선로 첨가설치 통신선의 시가지 인입에 시설하는 통신선을 가공전선로의 지지물에 시설하고자 하는 경우 단선의 지름이 몇 [mm] 이상의 절연전선을 사용하여야 하는가?

① 2.6　　　② 4　　　③ 5　　　④ 6

**Explanation**

(KEC 362.5조) 특고압 가공전선로 첨가설치 통신선의 시가지 인입 제한
시가지에 시설하는 통신선은 연선의 경우 단면적 16[mm²](단선의 경우 지름 4[mm]) 이상의 절연전선 또는 광섬유 케이블인 경우에만 특고압 가공전선로의 지지물에 시설할 수 있다.

【답】②

**05** 전력보안통신선 전원공급기의 시설에 대한 설명으로 틀린 것은?

① 시설방향은 인도측으로 시설할 것
② 외함은 접지를 시행할 것
③ 지상에서 3.5[m] 이상 유지할 것
④ 누전차단기를 내장할 것

**Explanation**

(KEC 362.9조) 전력보안통신선 전원공급기의 시설
① 지상에서 4[m] 이상 유지할 것
② 누전차단기를 내장할 것
③ 시설방향은 인도측으로 시설하며 외함은 접지를 시행할 것

【답】③

## 주요 문제

**06** 지중통신선로설비를 시설할 때 지중 공가설비로 사용하는 광섬유 및 동축케이블은 지름이 몇 [mm] 이하이어야 하는가?

① 4  ② 5  ③ 16  ④ 22

**Explanation**

(KEC 363.1조) 지중통신선로설비 시설
지중 공가설비로 사용하는 광섬유 케이블 및 동축케이블은 지름 22[mm] 이하일 것

【답】④

**07** 전력 보안통신 설비인 무선통신용 안테나 또는 반사판을 지지하는 철근 콘크리트주 또는 철탑의 기초의 안전율은 얼마 이상이어야 하는가?

① 1.2  ② 1.3  ③ 1.5  ④ 2.2

**Explanation**

(KEC 364.1조) 무선용 안테나 등을 지지하는 철탑 등의 시설
전력 보안통신 설비인 무선통신용 안테나 또는 반사판을 지지하는 목주·철근·철근 콘크리트주 또는 철탑
① 목주는 풍압 하중에 대한 안전율은 1.5 이상이어야 한다.
② **철주·철근 콘크리트주 또는 철탑의 기초 안전율은 1.5 이상이어야 한다.**

【답】③

# 5 저압 전기설비

## 1. 저압 계통 접지 : TN 계통, TT 계통, IT 계통
① TN 계통 : 전원 측의 한 점을 직접 접지하고 설비의 노출도전부를 보호도체로 접속
- TN-S 계통 : 계통 전체에 대해 별도의 중성선 또는 PE 도체를 사용
- TN-C 계통 : 계통 전체에 대해 중성선과 보호도체의 기능을 동일도체로 겸용(PEN 도체사용)
- TN-C-S계통 : 계통의 일부분에서 PEN 도체를 사용, 중성선과 별도의 PE 도체를 사용

② TT 계통 : 전원의 한 점을 직접 접지하고 설비의 노출도전부는 전원의 접지전극과 전기적으로 독립적인 접지극에 접속

③ IT 계통 : 충전부 전체를 대지로부터 절연시키거나, 한 점을 고임피던스를 통해 대지에 접속

## 2. 안전을 위한 보호
- 과부하 보호장치의 설치 위치 : 분기점에 설치

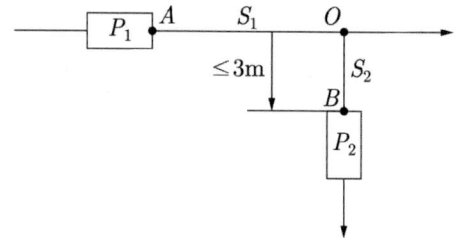

- 과부하보호장치의 생략
  - 분기회로의 전원 측에 설치된 보호장치에 의하여 분 유효하게 보호되고 있는 분기회로
  - 단락보호가 되고 있으며, 분기점 이후의 분기회로에 다른 분기회로 및 콘센트가 접속되지 않는 분기회로 중, 부하에 설치된 과부하 보호장치가 유효하게 동작하여 과부하전류가 분기회로에 전달되지 않도록 조치를 하는 경우
  - 통신회로용, 제어회로용, 신호회로용 및 이와 유사한 설비
  - 회전기의 여자회로
  - 전자석 크레인의 전원회로
  - 전류변성기의 2차회로
  - 소방설비의 전원회로
  - 안전설비(주거침입경보, 가스누출경보 등)의 전원회로

## 3. 저압전로 중의 과전류차단기의 시설
① 저압 퓨즈

| 정격전류의 구분 | 시간 | 정격전류의 배수 | |
| --- | --- | --- | --- |
| | | 불용단 전류 | 용단 전류 |
| 4[A] 이하 | 60분 | 1.5배 | 2.1배 |
| 4[A] 초과 16[A] 미만 | 60분 | 1.5배 | 1.9배 |
| **16[A] 이상 63[A] 이하** | 60분 | 1.25배 | **1.6배** |
| 63[A] 초과 160[A] 이하 | 120분 | 1.25배 | 1.6배 |
| 160[A] 초과 400[A] 이하 | 180분 | 1.25배 | 1.6배 |
| 400[A] 초과 | 240분 | 1.25배 | 1.6배 |

② 산업용 배선차단기(다만, 일반인이 접촉할 우려가 있는 장소(세대내 분전반 및 이와 유사한 장소)에는 주택용 배선차단기)

| 정격전류의 구분 | 시간 | 정격전류의 배수(모든 극에 통전) | |
|---|---|---|---|
| | | 부동작 전류 | 동작 전류 |
| 63[A] 이하 | 60분 | 1.05배 | 1.3배 |
| 63[A] 초과 | 120분 | 1.05배 | 1.3배 |

③ 과전류트립 동작시간 및 특성(주택용 배선차단기)

| 정격전류의 구분 | 시간 | 정격전류의 배수(모든 극에 통전) | |
|---|---|---|---|
| | | 부동작 전류 | 동작 전류 |
| 63[A] 이하 | 60분 | 1.13배 | 1.45배 |
| 63[A] 초과 | 120분 | 1.13배 | 1.45배 |

| 형 | 순시트립범위($I_n$: 차단기 정격전류) |
|---|---|
| B | $3I_n$ 초과 $5I_n$ 이하 |
| C | $5I_n$ 초과 $10I_n$ 이하 |
| D | $10I_n$ 초과 $20I_n$ 이하 |

### 4. 옥내에 시설하는 전동기의 과부하 보호 장치의 시설 제외

① 정격 출력이 0.2[kW] 이하인 전동기
② 상시 취급자가 감시
③ 과전류가 생길 우려가 없는 경우
④ 단상전동기 : 과전류 차단기 정격전류 16[A](배선차단기는 20[A]) 이하

### 5. 저압 옥내배선의 사용전선

2.5[㎟] 이상의 연동선 또는 이와 동등 이상의 강도 및 굵기의 것

※ 사용 전압이 400[V] 이하
① 전광표시 장치, 제어 회로 등에 사용하는 배선
  • 1.5[㎟] 이상의 연동선
  • 0.75[㎟] 이상인 다심케이블, 캡타이어 케이블
② 진열장 또는 이와 유사한 것 : 0.75[㎟] 이상의 코드 또는 캡타이어 케이블

### 6. 나전선의 사용(옥내)

① 애자공사에 의하여 전개된 곳에 다음의 전선을 시설하는 경우
  • 전기로용 전선
  • 전선의 피복 절연물이 부식하는 장소의 전선
  • 취급자 이외의 자가 출입할 수 없도록 설비한 장소에 시설하는 전선
② 버스덕트공사
③ 라이팅덕트공사
④ 접촉 전선을 시설

※ 백열전등 또는 방전등에 전기를 공급하는 대지전압 : 300[V] 이하

## 7. 애자공사

전선은 절연전선(OW, DV 제외)

|  | 전선상호간격 | 조영재와 이격거리 | 지지점 간의 거리 |
|---|---|---|---|
| 400[V] 이하 | 0.06[m] 이상 | 25[mm] 이상 | 6[m]이하<br>단, 조영재의 윗면 또는 옆면에 따라 붙일 경우 2[m]이하 |
| 400[V] 초과 |  | 45[mm] 이상<br>단, 건조한 곳 25[mm]이상 |  |

## 8. 저압옥내배선(몰드공사, 관공사, 덕트공사) : 옥내전로 대지전압 300[V] 이하

※ 기본 사항
- 전선 : 절연전선(옥외용 비닐 절연전선 제외)
  연선(단면적 10[mm²]의 동선(16[mm²]의 알루미늄) 이하의 것은 예외)
- 관, 몰드, 덕트 내에는 접속점이 없어야 함(금속몰드공사의 경우 조인트 박스 사용하면 접속 가능)
- 금속제에는 접지공사를 할 것

① 합성수지관공사
- 관 삽입 깊이 : 관 바깥지름의 1.2배(접착제를 사용하는 경우 0.8배)
- 관의 지지점 간 거리 : 1.5[m] 이하

② 금속관공사
- 금속관의 두께 : 콘크리트 매설 1.2[mm], 기타 1.0[mm]

③ 금속몰드공사
- 황동제 또는 동제의 몰드 : 폭 50[mm] 이하, 두께 0.5[mm] 이상

④ 금속제 가요전선관공사
- 2종 금속제 가요전선관일 것

⑤ 금속덕트공사
- 덕트에 넣는 전선의 단면적 : 덕트 내부 단면적의 20[%] 이하
  단, 전광 표시, 출퇴 표시, 제어회로 배선용 50[%] 이하
- 지지점 간 거리 : 조영재에 붙이는 경우 3[m](취급자 이외 출입금지+수직 6[m])

⑥ 버스덕트공사
- 지지점 간 거리 : 조영재에 붙이는 경우 3[m](취급자 이외 출입금지+수직 6[m])

⑦ 라이팅덕트공사(전등을 일렬로 배선하는 공사에 사용)
- 지지점 간 거리 : 2[m]

## 9. 케이블(트레이)시스템

① 케이블공사(케이블, 캡타이어 케이블)
② 케이블트레이공사(난연성, 내식성)
- 케이블 트레이의 종류 : 사다리형, 펀칭형, 그물망형, 바닥밀폐형
- 안전율 : 1.5 이상

## 10. 전기 사용장소의 저압 전기설비

① 조명기구 전구선 및 이동전선 : 0.75[mm²] 이상의 코드 또는 캡타이어케이블

② 콘센트의 시설 : 방적형, 방습형
  욕실 : 인체감전보호용 누전차단기
          (정격감도전류 15[mA] 이하, 동작시간 0.03초 이하의 전류동작형)
③ 타임스위치 시설
- 호텔, 여관 : 1분 이내
- 일반주택 및 아파트 : 3분 이내
④ 옥외등, 전주외등 : 대지전압 300[V] 이하

## 11. 수중조명등
① 절연변압기(1차측 대지전압 400[V] 이하, 2차측 사용전압 150[V] 이하)
② 절연변압기 2차측 전로 : 비접지
- 사용전압 30[V] 이하 : 금속제의 혼촉방지판을 설치
- 사용전압 30[V] 초과 : 자동적으로 전로를 차단하는 장치를 시설(누전차단기)

## 12. 교통신호등의 시설
사용전압 : 300[V] 이하

## 13. 전기울타리의 시설
① 전선 : 지름 2[mm] 이상의 경동선
② 전선과 기둥 사이의 이격거리 : 25[mm] 이상
③ 전선과 수목 사이의 이격거리 : 0.3[m] 이상
④ 사용전압 : 250[V] 이하

## 14. 전기욕기의 시설
전기욕기용 전원장치 : 2차 측 전로의 사용전압 10[V] 이하

## 15. 도로 등의 전열장치의 시설 및 전기온상 등의 시설(식물재배, 양잠·부화·육추 등 용도)
① 대지전압 : 300[V] 이하
② 발열선 : 80[℃]를 넘지 말 것( 공중에 시설 : 1[m] )

## 16. 전격 살충기의 시설
마루 위 3.5[m] 이상의 높이

## 17. 유희용 전차
① 사용전압 : 직류 60[V] 이하, 교류 40[V] 이하
② 접촉전선 : 제3레일 방식

## 18. 아크 용접장치의 시설(이동형의 용접 전극)
절연변압기 : 1차측 대지전압 - 300[V] 이하(개폐기 시설)

## 19. 소세력 회로의 시설(전자 개폐기의 조작회로 또는 초인벨·경보벨)

① 절연변압기 : 1차측 대지전압 300[V] 이하  2차측 최대사용전압 60[V] 이하
② 절연변압기의 2차 단락전류

| 소세력 회로의 최대 사용전압의 구분 | 2차 단락전류 | 과전류 차단기의 정격전류 |
|---|---|---|
| 15[V] 이하 | 8[A] | 5[A] |
| 15[V] 초과 30[V] 이하 | 5[A] | 3[A] |
| 30[V] 초과 60[V] 이하 | 3[A] | 1.5[A] |

## 20. 전기부식방지 시설

사용전압 : 직류 60[V] 이하

## 21. 분진위험장소

① 폭연성 분진, 가연성가스 : 금속관공사, 케이블공사(캡타이어 케이블 제외)
② 가연성 분진, 위험물(석유류) : 금속관공사, 합성수지관공사, 케이블공사

## 22. 화약류 저장소 등의 위험장소

전로의 대지 전압 300[V] 이하, 전폐형

## 23. 전시회, 쇼 및 공연장

무대·무대마루 밑·오케스트라박스·영사실 : 사용전압이 400[V] 이하

## 24. 진열장(쇼윈도, 쇼케이스)

① 사용전압 : 400[V] 이하
② 전선 : 단면적이 0.75[mm²] 이상인 코드 또는 캡타이어 케이블일 것

## 25. 옥내 네온방전등(네온방전관 사용)

① 네온전선
② 전선상호간격 : 0.06[m]
③ 전선 지지점간 거리 : 1[m]

## 26. 스포트라이트의 간격(열영향 고려)

① 정격용량 100[W] 이하: 0.5[m]
② 정격용량 100[W] 초과 300[W] 이하: 0.8[m]

## 27. 전기자동차 충전케이블 인출부

① 옥내용 : 지면으로부터 0.45[m] 이상 1.2[m] 이내
② 옥외용 : 지면으로부터 0.6[m] 이상

## 주요 문제

**01** 그림과 같이 분기회로 $S_2$의 보호장치 $P_2$는 $P_2$의 전원 측에서 분기점 $O$ 사이에 다른 분기회로 또는 콘센트의 접속이 없고, 단락의 위험과 화재 및 인체에 대한 위험성이 최소화 되도록 시설된 경우, 분기회로의 보호장치 $P_2$는 분기회로의 분기점 $O$로부터 몇 [m]까지 이동하여 설치할 수 있는가?

① 3
② 4
③ 5
④ 6

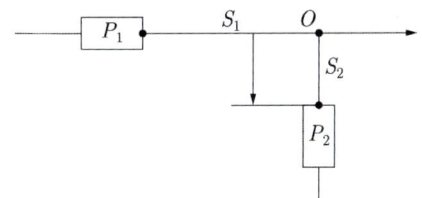

**Explanation**

(KEC 212.4.2조) 과부하 보호장치의 설치 위치
분기회로 $S_2$의 보호장치 $P_2$는 $P_2$의 전원 측에서 분기점 $O$ 사이에 다른 분기회로 또는 콘센트의 접속이 없고, 단락의 위험과 화재 및 인체에 대한 위험성이 최소화 되도록 시설된 경우, 분기회로의 보호장치 $P_2$는 분기회로의 분기점 $O$로부터 3[m]까지 이동하여 설치할 수 있다.

【답】①

**02** 과전류차단기로 저압전로에 사용하는 범용의 퓨즈의 정격전류가 16[A]일 경우 용단전류는 정격전류의 몇 배인가?(단 퓨즈(gG)인 경우이다)

① 1.25　② 1.6　③ 1.5　④ 1.9

**Explanation**

(KEC 212.3.4조) 보호장치의 특성
과전류차단기로 저압전로에 사용하는 범용의 퓨즈는 다음에 의하여야 한다.

| 정격전류의 구분 | 시간 | 정격전류의 배수 | |
|---|---|---|---|
| | | 불용단 전류 | 용단 전류 |
| 4[A] 이하 | 60분 | 1.5배 | 2.1배 |
| 4[A] 초과 16[A] 미만 | 60분 | 1.5배 | 1.9배 |
| 16[A] 이상 63[A] 이하 | 60분 | 1.25배 | 1.6배 |
| ... | ... | ... | ... |

【답】②

**03** 저압전로에 사용하는 주택용 배선차단기의 정격전류가 63[A] 초과인 경우, 과전류트립 동작전류는 정격전류의 몇 배로 하여야 하는가?

① 1.2　② 1.25　③ 1.45　④ 1.6

**Explanation**

(KEC 212.3.4조) 보호장치의 특성
과전류차단기로 저압전로에 사용하는 주택용 배선차단기는 표에 적합한 것이어야 한다. 다만, 일반인이 접촉할 우려가 있는 장소(세대내 분전반 및 이와 유사한 장소)에는 주택용 배선차단기를 시설하여야 한다.

| 정격 전류의 구분 | 시간 | 정격전류의 배수(모든 극에 통전) | |
|---|---|---|---|
| | | 부동작 전류 | 동작 전류 |
| 63[A] 이하 | 60분 | 1.13배 | 1.45배 |
| 63[A] 초과 | 120분 | 1.13배 | 1.45배 |

【답】③

## 주요 문제

**04** 저압전로에 사용하는 산업용 배선차단기의 정격전류가 63[A] 이하인 경우, 과전류 트립 동작전류는 정격전류의 몇 배로 하여야 하는가?

① 1.25  ② 1.3  ③ 1.45  ④ 1.6

**Explanation**

(KEC 212.3.4조) 보호장치의 특성
과전류 과전류차단기로 저압전로에 사용하는 산업용 배선차단기는 표에 적합한 것이어야 한다.

| 정격 전류의 구분 | 시간 | 정격전류의 배수(모든 극에 통전) | |
|---|---|---|---|
| | | 부동작 전류 | 동작 전류 |
| 63[A] 이하 | 60분 | 1.05배 | 1.3배 |
| 63[A] 초과 | 120분 | 1.05배 | 1.3배 |

【답】②

**05** 주택용 배선차단기의 B형은 순시트립전류의 범위가 차단기 정격전류($I_n$)의 몇 배인가?

① $1I_n$ 초과 ~ $3I_n$ 이하
② $3I_n$ 초과 ~ $5I_n$ 이하
③ $5I_n$ 초과 ~ $10I_n$ 이하
④ $10I_n$ 초과 ~ $20I_n$ 이하

**Explanation**

(KEC 212.3.4조) 보호장치의 특성
과전류차단기로 저압전로에 사용하는 주택용 배선차단기는 아래 표에 적합한 것이어야 한다.

| 형 | 순시트립범위($I_n$ : 차단기 정격전류) |
|---|---|
| B | $3I_n$ 초과 $5I_n$ 이하 |
| C | $5I_n$ 초과 $10I_n$ 이하 |
| D | $10I_n$ 초과 $20I_n$ 이하 |

【답】②

**06** 옥내에 시설하는 전동기에 과부하 보호장치의 시설을 생략할 수 없는 경우는?

① 정격출력이 0.75[kW]인 전동기
② 전동기의 구조나 부하의 성질로 보아 전동기가 소손할 수 있는 과전류가 생길 우려가 없는 경우
③ 전동기가 단상의 것으로 전원 측 전로에 시설하는 배선차단기의 정격전류가 20[A] 이하인 경우
④ 전동기가 단상의 것으로 전원 측 전로에 시설하는 과전류 차단기의 정격전류가 16[A] 이하인 경우

**Explanation**

(KEC 212.6.3조) 저압전로 중의 전동기 보호용 과전류보호장치의 시설
옥내에 시설하는 전동기(정격 출력이 0.2[kW] 이하인 것을 제외한다.)에는 전동기가 소손될 우려가 있는 과전류가 생겼을 때에 자동적으로 이를 저지하거나 이를 경보하는 장치를 하여야 한다. 다만, 다음에 해당하는 경우에는 그러하지 아니하다.
① 전동기를 운전 중 상시 취급자가 감시할 수 있는 위치에 시설하는 경우
② 전동기의 구조나 부하의 성질로 보아 전동기가 소손할 수 있는 과전류가 생길 우려가 없는 경우
③ 단상전동기로서 그 전원측 전로에 시설하는 과전류 차단기의 정격전류가 16[A](배선차단기는 20[A]) 이하인 경우

【답】①

**07** 저압 옥내배선에 사용되는 연동선의 굵기는 일반적인 경우 몇 [㎟] 이상이어야 하는가?

① 2  ② 2.5  ③ 4  ④ 6

**Explanation**

(KEC 231.3조) 저압 옥내배선의 사용전선 및 중성선의 굵기
저압 옥내배선의 전선 : 단면적이 2.5[㎟] 이상의 연동선 또는 이와 동등 이상의 강도 및 굵기의 것

【답】②

## 주요 문제

**08** 옥내에 시설하는 저압 전선으로 나전선을 사용할 수 있는 배선공사는?
① 합성수지관 공사  ② 금속관 공사  ③ 버스덕트 공사  ④ 플로어덕트 공사

> **Explanation**

(KEC 231.4조) 나전선의 사용 제한
① 애자공사에 의하여 전개된 곳에 다음의 전선을 시설하는 경우
  • 전기로용 전선
  • 전선의 피복 절연물이 부식하는 장소에 시설하는 전선
  • 취급자 이외의 자가 출입할 수 없도록 설비한 장소에 시설하는 전선
② 버스덕트공사에 의하여 시설하는 경우
③ 라이팅덕트공사에 의하여 시설하는 경우
④ 접촉 전선을 시설하는 경우

【답】③

**09** 백열전등 또는 방전등에 전기를 공급하는 옥내전로의 대지전압은 몇 [V] 이하이어야 하는가?
① 150  ② 300  ③ 400  ④ 600

> **Explanation**

(KEC 231.6조) 옥내전로의 대지 전압의 제한
**백열전등 또는 방전등에 전기를 공급하는 대지전압은 300[V] 이하**이어야 하며 다음 각 호에 의하여 시설하여야 한다. 다만, 대지전압 150[V] 이하의 전로인 경우에는 다음에 따르지 않을 수 있다.
① 백열전등 또는 방전등 및 이에 부속하는 전선은 사람이 접촉할 우려가 없도록 시설할 것
② 백열전등 또는 방전등용 안정기는 저압의 옥내배선과 직접 접속하여 시설할 것
③ 백열전등의 전구소켓은 키나 그 밖의 점멸기구가 없는 것일 것

【답】②

**10** 옥내전로의 대지전압에 대한 내용이다. (    )안에 알맞은 숫자를 바르게 나열한 것은?

> 주택의 전로 인입구에는 감전보호용 누전차단기를 시설하여야 한다. 다만, 전로의 전원측에 정격용량이 ( ㉠ )[kVA] 이하인 절연변압기(1차 전압이 저압이고 2차 전압이 ( ㉡ )[V] 이하인 것에 한한다)를 사람이 쉽게 접촉할 우려가 없도록 시설하고 또한 그 절연변압기의 부하측 전로를 접지하지 않는 경우에는 예외로 한다.

① ㉠ : 1, ㉡ : 500
② ㉠ : 1, ㉡ : 300
③ ㉠ : 3, ㉡ : 300
④ ㉠ : 3, ㉡ : 500

> **Explanation**

(KEC 231.6조) 옥내전로의 대지 전압의 제한
주택의 전로 인입구에는 「전기용품 및 생활용품 안전관리법」에 적용을 받는 감전보호용 누전차단기를 시설하여야 한다. 다만, 전로의 전원측에 **정격용량이 3[kVA]** 이하인 절연변압기(1차 전압이 저압이고 **2차 전압이 300[V]** 이하인 것에 한한다)를 사람이 쉽게 접촉할 우려가 없도록 시설하고 또한 그 절연변압기의 부하측 전로를 접지하지 않는 경우에는 예외로 한다.

【답】③

**11** 애자공사에 의한 저압 옥내 배선 공사에서 전선 상호 간의 간격은 몇 [m] 이상이어야 하는가?
① 0.06  ② 0.02  ③ 0.04  ④ 0.08

> **Explanation**

(KEC 232.56조) 애자공사
애자공사에 의한 저압 옥내 배선시 전선 상호 간의 간격은 0.06[m] 이상일 것

【답】①

## 주요 문제

**12** 건조한 장소에 시설하는 애자공사로서 사용 전압이 440[V]인 경우 전선과 조영재와의 이격거리는 최소 몇 [cm] 이상이어야 하는가?

① 2.5　　② 3.5　　③ 4.5　　④ 5.5

**Explanation**

(KEC 232.56조) 애자공사
① 전선은 절연전선(옥외용 비닐 절연전선 및 인입용 비닐 절연전선을 제외한다)일 것
② 전선 상호 간의 간격은 0.06[m] 이상일 것
③ 전선과 조영재 사이의 이격거리는 사용전압이 400[V] 이하인 경우에는 25[mm] 이상, 400[V] 초과인 경우에는 45[mm] (건조한 장소에 시설하는 경우에는 25[mm]) 이상일 것
④ 전선의 지지점 간 거리는 전선을 조영재 윗면 또는 옆면에 따라 붙일 경우에는 2[m] 이하일 것
⑤ ④의 경우 이외에는 전선의 지지점 간의 거리는 6[m] 이하일 것

【답】①

**13** 합성수지관공사 시 연선이 아닌 경우 사용할 수 있는 전선의 단면적은 몇 [mm²] 이하인가? (단, 알루미늄선은 제외한다)

① 4　　② 6　　③ 10　　④ 16

**Explanation**

(KEC 232.11조) 합성수지관공사
① 전선은 절연전선(옥외용 비닐 절연전선을 제외)일 것
② **전선은 연선일 것.** 다만, 다음의 것은 적용하지 않는다.
 - 짧고 가는 합성수지관에 넣은 것
 - **단면적 10[mm²](알루미늄선은 단면적 16[mm²]) 이하의 것**
③ 전선은 합성수지관 안에서 접속점이 없도록 할 것

【답】③

**14** 금속관공사에 의한 저압 옥내배선의 시설방법으로 틀린 것은?

① 전선은 절연전선일 것
② 관의 두께는 콘크리트에 매입하는 것은 1.2[mm] 이상일 것
③ 전선은 16[mm²] 경동단선일 것
④ 전선은 금속관 안에서 접속점이 없도록 할 것

**Explanation**

(KEC 232.12조) 금속관공사
(1) 전선은 절연전선(옥외용 비닐절연전선을 제외한다)일 것
(2) **전선은 연선일 것.** 다만, 다음의 것은 적용하지 않는다.
 ① 짧고 가는 금속관에 넣은 것
 ② **단면적 10[mm²](알루미늄선은 단면적 16[mm²]) 이하의 것**
(3) 전선은 금속관 안에서 접속점이 없도록 할 것
(4) 관의 두께는 다음에 의할 것
 ① 콘크리트에 매설하는 것은 1.2[mm] 이상
 ② 콘크리트에 매설하는 것 이외의 것은 1[mm] 이상

【답】③

**15** 금속관공사로부터 애자공사로 옮기는 경우 절연부싱을 사용하는 가장 주된 목적은?

① 관의 끝이 터지는 것을 방지
② 관내 해충 및 이물질 출입 방지
③ 관의 끝부분에서 조영재의 접촉 방지
④ 관의 끝부분에서 전선 피복의 손상 방지

**Explanation**

(KEC 232.12조) 금속관공사
관의 끝 부분에는 전선의 피복을 손상하지 아니하도록 적당한 구조의 부싱을 사용할 것. 다만, 금속관공사로부터 애자사용공사로 옮기는 경우에는 그 부분의 관의 끝 부분에는 절연부싱 또는 이와 유사한 것을 사용하여야 한다.

【답】④

## 주요 문제

**16** 금속제 가요전선관 공사방법의 내용으로 틀린 것은?
① 전선은 절연전선(옥외용 비닐 절연전선을 제외한다.)일 것
② 가요전선관공사는 접지공사를 생략할 것
③ 전선은 연선일 것 다만, 단면적 10[㎟](알루미늄선은 단면적 16[㎟]) 이하인 것은 그러하지 아니하다.
④ 가요 전선관 안에는 전선에 접속점이 없도록 할 것

> **Explanation**
>
> (KEC 232.13조) 금속제 가요전선관공사
> ① 전선은 절연전선(옥외용 비닐 절연전선을 제외)일 것
> ② 전선은 연선일 것 다만, 단면적 10[㎟](알루미늄선은 단면적 16[㎟]) 이하인 것은 그러하지 아니하다.
> ③ 가요 전선관 안에는 전선에 접속점이 없도록 할 것
> ④ 접지공사를 할 것
> 【답】②

**17** 금속덕트공사에 대한 내용으로 틀린 것은?
① 덕트의 끝부분은 막지 않을 것
② 금속덕트 안에는 전선에 접속점이 없을 것
③ 전선은 옥외용 비닐절연전선을 제외한 절연전선일 것
④ 덕트는 물이 고이는 낮은 부분을 만들지 않도록 시설할 것

> **Explanation**
>
> (KEC 232.31조) 금속덕트공사
> ① 덕트의 끝부분은 막을 것
> ② 덕트 안에는 전선의 접속점이 없을 것(전선을 분기하는 경우에 그 접속점을 쉽게 점검할 수 있는 경우는 가능)
> ③ 전선은 절연전선(옥외용 비닐절연전선을 제외한다)일 것
> ④ 덕트는 물이 고이는 낮은 부분을 만들지 않도록 시설할 것
> 【답】①

**18** 저압 옥내배선을 금속 덕트 공사로 할 경우 금속 덕트에 넣는 전선의 단면적(절연피복의 단면적 포함)의 합계는 덕트의 내부 단면적의 몇 [%]까지 할 수 있는가?
① 20  ② 30  ③ 40  ④ 50

> **Explanation**
>
> (KEC 232.31조) 금속덕트공사
> 금속덕트공사에 의한 저압 옥내배선은 다음 각 호에 따라 시설하여야 한다.
> ① 전선은 절연전선(옥외용 비닐절연전선을 제외한다)일 것
> ② 금속 덕트에 넣은 전선의 단면적(절연피복의 단면적을 포함한다)의 합계는 덕트의 내부 단면적의 20[%](전광표시 장치 기타 이와 유사한 장치 또는 제어회로 등의 배선만을 넣는 경우에는 50[%]) 이하일 것
> 【답】①

**19** 플로어덕트 공사에 의한 저압 옥내배선에서 연선을 사용하지 않아도 되는 전선의 단면적은 최대 몇 [㎟]인가?
① 2  ② 4  ③ 8  ④ 10

> **Explanation**
>
> (KEC 232.32조) 플로어덕트공사
> ① 전선은 절연전선(옥외용 비닐절연전선을 제외한다)일 것.
> ② 전선은 연선일 것. 다만, 단면적 10[㎟](알루미늄선은 단면적 16[㎟]) 이하인 것은 그러하지 아니하다.
> 【답】④

## 주요 문제

**20** 호텔 또는 여관 각 객실의 입구 등을 설치할 경우 몇 분 이내에 소등되는 타임스위치를 시설해야 하는가?

① 1  ② 2  ③ 3  ④ 10

**Explanation**

(KEC 234.6조) 점멸기의 시설
관광숙박업 또는 숙박업의 호텔이나 여관 각 객실 입구등 1분, 일반 주택 및 아파트 현관등 3분 이내   【답】①

**21** 교통 신호등 제어장치의 2차측 배선의 최대사용전압은[V]이하 이어야 하는가?

① 380  ② 300  ③ 220  ④ 110

**Explanation**

(KEC 234.15조) 교통신호등
교통신호등 제어장치의 2차측 배선의 최대사용전압은 300[V] 이하이어야 한다.   【답】②

**22** 전기 울타리의 시설에 관한 설명으로 틀린 것은?

① 전원장치에 전기를 공급하는 전로의 사용전압은 600[V] 이하이어야 한다.
② 사람이 쉽게 출입하지 아니하는 곳에 시설한다.
③ 전선은 지름 2[mm] 이상의 경동선을 사용한다.
④ 수목 사이의 이격거리는 30[cm] 이상이어야 한다.

**Explanation**

(KEC 241.1.3조) 전기울타리의 시설
① 전기울타리는 사람이 쉽게 출입하지 아니하는 곳에 시설할 것
② 전기울타리를 시설한 곳에는 사람이 보기 쉽도록 적당한 간격으로 위험표시를 할 것.
③ 전선은 인장강도 1.38[kN] 이상의 것 또는 지름 2[mm] 이상의 경동선일 것
④ 전선과 이를 지지하는 기둥 사이의 이격거리는 25[mm] 이상일 것
⑤ 전선과 다른 시설물(가공 전선을 제외한다) 또는 수목 사이의 이격거리는 0.3[m] 이상일 것
⑥ 전기울타리에 전기를 공급하는 전로에는 쉽게 개폐할 수 있는 곳에 전용 개폐기를 시설하여야 한다.
⑦ 전기울타리용 전원 장치에 전기를 공급하는 전로의 사용전압은 250[V] 이하이어야 한다.   【답】①

**23** 전기온상의 발열선은 온도가 몇 [℃]를 넘지 않도록 시설하여야 하는가?

① 70  ② 80  ③ 90  ④ 100

**Explanation**

(KEC 241.5조) 전기온상 등
① 전로의 대지전압 : 300[V] 이하
② 발열선은 그 온도가 80[℃]를 넘지 아니하도록 시설할 것
③ 발열선을 공중에 시설하는 전기온상 등은 발열선의 지지점간의 거리는 1[m] 이하일 것   【답】②

**24** 발열선을 공중에 시설하는 전기온상 등에서 발열선을 애자로 지지하는 경우 지지점간의 거리는 몇 [m] 이하이어야 하는가?(단, 발열선의 상호간의 간격이 0.06[m] 미만인 경우이다)

① 1  ② 0.6  ③ 1.5  ④ 3

**Explanation**

(KEC 241.5조) 전기온상 등
발열선을 공중에 시설하는 전기온상 등은 발열선의 지지점간의 거리는 1[m] 이하일 것(단, 발열선 상호 간의 간격이 0.06[m] 이상인 경우에는 2[m] 이하 가능)   【답】①

## 주요 문제

**25** 아크 용접기의 시설 기준으로 틀린 것은?
  ① 용접변압기의 1차측 전로의 대지전압은 300[V] 이하일 것
  ② 전로는 용접 시 안전을 위해 흐르는 전류를 통과하지 못하게 하여 시설할 것
  ③ 용접변압기는 절연변압기일 것
  ④ 용접변압기 1차측 전로에는 용접변압기에 가까운 곳에 쉽게 개폐할 수 있는 개폐기를 시설할 것

**Explanation**

(KEC 241.10조) 아크 용접기
① 변압기는 1차 대지전압 300[V] 이하의 절연 변압기일 것
② 용접 변압기로부터 용접 전극에 이르는 부분 및 용접 변압기로부터 피용접재에 이르는 부분의 전선은 용접용 케이블이나 1종 이외의 캡타이어 케이블을 사용한다.
③ 전로는 용접 시 흐르는 전류를 안전하게 통할 수 있는 것일 것         【답】②

**26** 파이프라인 등에 전열장치 발열선을 시설하는 기준에 대한 설명으로 틀린 것은?
  ① 발열체 상호 간의 접속은 용접 또는 프렌지 접합에 의할 것
  ② 발열체는 그 온도가 피 가열 액체의 발화 온도의 90[%]를 넘지 않도록 시설할 것
  ③ 발열체에는 슈를 직접 붙이지 아니할 것
  ④ 발열체와 통기관 드레인관 등의 부속물과의 접속부분에는 발열체가 발생하는 열에 견디는 절연물을 삽입할 것

**Explanation**

(KEC 241.11조) 파이프라인 등의 전열장치
① **발열체는 그 온도가 피 가열 액체의 발화 온도의 80[%]를 넘지 아니하도록 시설할 것**
② 발열체 상호 간의 접속은 용접 또는 프렌지 접합에 의할 것
③ 발열체에는 슈를 직접 붙이지 아니할 것
④ 발열체 상호 간의 프렌지 접합부 및 발열체와 통기관·드레인관 등의 부속물과의 접속부분에는 발열체가 발생하는 열에 견디는 절연물을 삽입할 것     【답】②

**27** 수중조명등의 절연변압기는 1차 권선과 2차 권선 사이에 금속제의 혼촉방지판을 설치하는 경우 2차측 전로의 사용전압이 몇 [V] 이하인가?
  ① 30   ② 60   ③ 150   ④ 300

**Explanation**

(KEC 234.14조) 수중조명등
절연 변압기는 그 2차측 전로의 사용전압이 30[V] 이하인 경우에는 1차 권선과 2차권선 사이에 금속제의 혼촉방지판을 설치하여야 하며 또한 이를 접지공사 할 것         【답】①

**28** 전기부식방지 시설을 시설할 때 전기부식방지용 전원 장치로부터 양극 및 피방식체까지의 전로의 사용전압은 직류 몇 [V] 이하이어야 하는가?
  ① 20   ② 40   ③ 60   ④ 80

**Explanation**

(KEC 241.16조) 전기부식방지 시설
지중 또는 수중에 시설되는 금속체의 부식을 방지하기 위하여 지중 또는 수중에 시설하는 양극과 금속체 간에 방식 전류를 통하는 시설로 다음과 같이 한다.
① 사용 전압은 직류 60[V] 이하일 것
② 지중에 매설하는 양극은 0.75[m] 이상의 깊이일 것
③ 전선은 케이블인 경우를 제외하고 2[mm] 경동선 이상이어야 한다.     【답】③

### 주요 문제

**29** 폭연성 분진 또는 화약류의 분말이 전기설비가 발화원이 되어 폭발할 우려가 있는 곳에 시설하는 저압 옥내배선의 공사방법으로 옳은 것은?

① 금속관 공사
② 애자 공사
③ 합성수지관 공사
④ 캡타이어 케이블 공사

**Explanation**

(KEC 242.2.1조) 폭연성 분진 위험장소
폭연성 분진 또는 화약류의 분말이 전기설비가 발화원이 되어 폭발할 우려가 있는 곳에 시설하는 저압 옥내 전기설비는 금속관 공사 또는 케이블 공사에 의할 것

【답】 ①

**30** 진열장 안의 사용전압이 400[V] 이하인 저압 옥내배선으로 외부에서 보기 쉬운 곳에 한하여 시설할 수 있는 전선은? 단, 진열장은 건조한 곳에 시설하고 또한 진열장 내부를 건조한 상태로 사용하는 경우이다.

① 단면적이 0.75[mm²] 이상인 코드 또는 캡타이어 케이블
② 단면적이 0.75[mm²] 이상인 나전선 또는 캡타이어 케이블
③ 단면적이 1.25[mm²] 이상인 코드 또는 절연전선
④ 단면적이 1.25[mm²] 이상인 나전선 또는 다심형전선

**Explanation**

(KEC 234.8조) 진열장 또는 이와 유사한 것의 내부 배선
건조한 곳에 시설하고 내부를 건조한 상태로 사용하는 진열장 또는 진열장 안의 사용 전압이 400[V] 이하인 저압 옥내 배선은 외부에서 보기 쉬운 곳에 한하여 단면적이 0.75[mm²] 이상의 코드 또는 캡타이어 케이블을 1[m] 이하마다 시설할 수 있다.

【답】 ①

**31** 무대·무대마루 밑·오케스트라박스·영사실 기타 사람이나 무대 도구가 접촉할 우려가 있는 곳에 시설하는 저압 옥내배선·전구선 또는 이동전선은 사용전압이 몇 [V] 이하이어야 하는가?

① 100
② 200
③ 300
④ 400

**Explanation**

(KEC 242.6조) 전시회, 쇼 및 공연장의 전기설비
무대·무대마루 밑·오케스트라박스·영사실 기타 사람이나 무대 도구가 접촉할 우려가 있는 곳에 시설하는 저압 옥내배선·전구선 또는 이동전선은 사용전압이 400[V] 이하일 것

【답】 ④

**32** 옥내의 네온방전등 공사에서 전선지지점 간의 거리는 몇 [m] 이하로 하는가?

① 1
② 4
③ 2
④ 3

**Explanation**

(KEC 234.12조) 네온방전등
네온방전등을 옥내, 옥측 또는 옥외에 시설하는 경우 배선은 애자공사에 의할 것
① 전선은 네온관용 전선
② 전선은 조영재의 옆면 또는 아랫면에 붙일 것(전개된 장소+기술상 부득이한 경우 예외)
③ 전선 지지점간의 거리는 1[m] 이하
④ 전선 상호간의 간격은 60[mm] 이상

【답】 ①

# 6 고압·특고압 전기설비

## 1. 혼촉에 의한 위험 방지
① 특고압 전로에 결합되는 고압전로에는 사용전압의 3배 이하인 전압
- 방전장치 : 변압기의 단자에 가까운 1극에 설치하고 접지공사

② 전로의 중성점의 접지
- 목적 : 보호 장치의 확실한 동작 확보, 이상 전압의 억제, 대지전압의 저하

## 2. 기계 및 기구 시설
① 특고압 배전용 변압기 : 1차 전압은 35[kV] 이하, 2차 전압은 저압, 고압
- 특고압측 : 개폐기, 과전류 차단기 시설

② 접지공사 생략
- 사용전압이 직류 300[V] 또는 교류 대지전압이 150[V] 이하인 기계기구를 건조한 곳에 시설(저압용이나 고압용의 기계기구를 사람이 쉽게 접촉할 우려가 없도록 목주 기타 이와 유사한 것의 위에 시설하는 경우)
- 절연대를 설치
- 2중 절연구조로 되어 있는 기계기구
- 인체감전보호용 누전차단기(정격감도전류가 30[mA] 이하, 동작시간이 0.03초 이하의 전류동작형에 한함)를 시설하는 경우

③ 아크를 발생하는 기구의 시설 : 고압용 : 1[m] 이상, 특고압용 : 2[m] 이상

## 3. 개폐기 및 과전류차단기 시설
① 고압전로 과전류차단기의 시설 (고압용 퓨즈)
- 포장 퓨즈 : 정격 전류의 1.3배 견디고 2배의 전류 120분 안에 용단
- 비포장 퓨즈 : 정격 전류의 1.25배 견디고 2배의 전류 2분 안에 용단

② 과전류차단기의 시설 제한
- 접지공사의 접지도체
- 다선식 전로의 중성선
- 전로의 일부에 접지공사를 한 저압 가공전선로의 접지측 전선

③ 피뢰기의 시설
- 발전소·변전소 또는 이에 준하는 장소의 가공전선 인입구 및 인출구
- 가공전선로에 접속하는 배전용 변압기의 고압측 및 특고압측
- 고압 및 특고압 가공전선로로부터 공급을 받는 수용장소의 인입구
- 가공전선로와 지중전선로가 접속되는 곳

④ 피뢰기의 접지공사(10[Ω] 이하)

## 4. 고압, 특고압 옥내배선

① 고압 옥내배선
- 케이블공사, 애자사용공사(건조하고 전개된 장소), 케이블트레이공사
- 전선 : 6[mm²] 이상의 연동선, 특고압 절연전선, 인하용 고압 절연전선

② 특고압 옥내배선
- 사용전압 : 100[kV] 이하(케이블트레이공사 35[kV] 이하)

## 주요 문제

**01** 변압기에 의하여 특고압 전로에 결합되는 고압전로에는 사용 전압의 3배 이하의 전압이 가하여진 경우에 방전하는 피뢰기를 어느 곳에 시설할 때, 방전장치를 생략할 수 있는가?
① 변압기의 단자
② 변압기 단자의 1극
③ 고압전로의 모선의 각상
④ 특고압 전로의 1극

**Explanation**

(KEC 322.3조) 특고압과 고압의 혼촉 등에 의한 위험방지 시설
변압기에 의하여 특고압전로에 결합되는 고압전로에는 사용전압의 3배 이하인 전압이 가하여진 경우에 방전하는 장치를 그 변압기의 단자에 가까운 1극에 설치하여야 한다. 다만, 사용전압의 3배 이하인 전압이 가하여진 경우에 방전하는 피뢰기를 고압전로의 모선의 각상에 시설하는 때에는 그러하지 아니하다. 【답】③

**02** 전로의 중성점 접지의 목적에 해당하지 않는 것은?
① 이상전압의 억제
② 보호장치의 확실한 동작의 확보
③ 대지전압의 저하
④ 손실전력의 감소

**Explanation**

(KEC 322.5조) 전로의 중성점의 접지
전로의 보호 장치의 확실한 동작의 확보, 이상 전압의 억제 및 대지 전압의 저하를 위하여 특히 필요한 경우에 전로의 중성점에 접지한다. 【답】④

**03** 고압 및 특별 고압용 개폐기의 시설기준이 틀린 것은?
① 전로 및 접지측 전선에는 과전류 차단기를 시설하여야 한다.
② 중력 등에 의하여 자연히 작동할 우려가 있는 것은 자물쇠 장치 기타 이를 방지하는 장치를 시설하여야 한다.
③ 부하전류를 차단하기 위한 것이 아닌 개폐기는 부하전류가 통하고 있을 경우에는 회로가 열리지 않도록 시설하여야 한다.
④ 그 작동에 따라 그 개폐 상태를 표시하는 장치가 되어 있는 것이어야 한다.

**Explanation**

(KEC 341.9조) 개폐기의 시설
① 전로 중에 개폐기를 시설하는 경우에는 그곳의 각 극에 설치하여야 한다. 다만, 다음의 경우에는 그러하지 아니하다.
- 특고압 가공전선로로서 다중 접지를 한 중성선을 가지는 것의 그 중성선 이외의 각 극에 개폐기를 시설하는 경우
- 제어회로 등에 조작용 개폐기를 시설하는 경우
② 고압용 또는 특고압용의 개폐기는 그 작동에 따라 그 개폐 상태를 표시하는 장치가 되어 있는 것이어야 한다.
③ 고압용 또는 특고압용의 개폐기로서 중력 등에 의하여 자연히 작동할 우려가 있는 것은 자물쇠 장치 기타 이를 방지하는 장치를 시설하여야 한다.
④ 고압용 또는 특고압용의 개폐기로서 부하전류를 차단하기 위한 것이 아닌 개폐기는 부하전류가 통하고 있을 경우에는 개로(開路)할 수 없도록 시설하여야 한다. 【답】①

**04** 특고압을 직접 저압으로 변성하는 변압기를 시설할 수 없는 것은?
① 교류식 전기철도용 신호회로에 전기를 공급하기 위한 변압기
② 전기로 등 전류가 큰 전기를 소비하기 위한 변압기
③ 발전소 변전소 개폐소 또는 이에 준하는 곳의 소내용 변압기
④ 사용전압 100[kV]를 초과하는 변압기로서 특고압측과 저압측 권선사이에 접지공사를 한 금속제의 혼촉방지판이 없는 것

**Explanation**

### 주요 문제

(KEC 341.3조) 특고압을 직접 저압으로 변성하는 변압기의 시설
특고압을 직접 저압으로 변성하는 변압기는 다음의 것 이외에는 시설하여서는 아니된다.
① 전기로 등 전류가 큰 전기를 소비하기 위한 변압기
② 발전소·변전소·개폐소 또는 이에 준하는 곳의 소내용 변압기
③ 특고압 전선로에 접속하는 변압기
④ 사용전압이 35[kV] 이하인 변압기로서 그 특고압측 권선과 저압측 권선이 혼촉한 경우에 자동적으로 변압기를 전로로부터 차단하기 위한 장치를 설치한 것
⑤ 사용전압이 100[kV] 이하인 변압기로서 그 특고압측 권선과 저압측 권선사이에 접지공사(접지저항 값이 10[Ω] 이하인 것)를 한 금속제의 혼촉방지판이 있는 것
⑥ 교류식 전기철도용 신호회로에 전기를 공급하기 위한 변압기

【답】 ④

**05** 과전류차단기를 설치하지 않아야 할 곳은?
① 수용가의 인입선 부분
② 고압 배전선로의 인출장소
③ 직접 접지계통에 설치한 변압기의 접지도체
④ 역률조정용 고압 병렬콘덴서 뱅크의 분기선

**Explanation**

(KEC 341.11조) 과전류차단기의 시설 제한
① 각종 접지공사의 접지도체
② 다선식 전로의 중성선
③ 전로의 일부에 접지공사를 한 저압가공 전선로의 접지 측 전선

【답】 ③

**06** 아크가 발생하는 고압용 차단기는 목재의 벽 또는 천장 기타의 가연성 물체로부터 몇 [m] 이상 이격하여야 하는가?
① 0.5
② 1
③ 1.5
④ 2

**Explanation**

(KEC 341.7조) 아크를 발생하는 기구의 시설
- 고압용 – 1[m] 이상
- 특고용 – 2[m] 이상

【답】 ②

**07** 피뢰기를 반드시 시설하지 않아도 되는 곳은?
① 발전소·변전소의 가공전선의 인출구
② 가공전선로와 지중전선로가 접속되는 곳
③ 고압 가공전선로로부터 수전하는 차단기 2차측
④ 특고압 가공전선로로부터 공급을 받는 수용장소의 인입구

**Explanation**

(KEC 341.13조) 피뢰기의 시설
고압 및 특고압의 전로 중 다음 각 호에 열거하는 곳 또는 이에 근접한 곳에는 피뢰기를 시설하여야 한다.
① 발전소, 변전소 또는 이에 준하는 장소의 가공전선 인입구 및 인출구
② 가공전선로에 접속하는 배전용 변압기의 고압측 및 특고압측
③ **고압 및 특고압 가공전선로로부터 공급을 받는 수용장소의 인입구**
④ 가공전선로와 지중전선로가 접속되는 곳

【답】 ③

**08** 고압 및 특고압의 전로에 시설하는 피뢰기 접지저항 값은 몇 [Ω] 이하로 해야 하는가?(단, 주어지지 않은 조건은 고려하지 않는다)
① 10
② 20
③ 30
④ 50

**Explanation**

(KEC 142.2조) 피뢰기의 접지
고압 및 특고압의 전로에 시설하는 피뢰기 접지저항 값은 10[Ω] 이하로 하여야 한다.  【답】①

## 09 고압 옥내배선의 공사 방법으로 틀린 것은?
① 케이블트레이공사
② 케이블공사
③ 가요전선관공사
④ 애자사용공사(건조한 장소로서 전개된 장소인 경우)

**Explanation**

(KEC 342.1조) 고압 옥내배선 등의 시설
고압 옥내배선은 다음 중 1에 의하여 시설할 것
① 애자 사용 공사(건조한 장소로서 전개된 장소에 한한다.)
② 케이블 공사
③ 케이블 트레이 공사  【답】③

## 10 건조한 장소로서 전개된 장소에 한하여 시설할 수 있는 고압 옥내배선의 방법은?
① 금속관 공사
② 애자사용공사
③ 가요전선관 공사
④ 합성수지관 공사

**Explanation**

(KEC 342.1조) 고압 옥내배선 등의 시설
고압 옥내배선은 다음 중 1에 의하여 시설할 것.
① 애자사용공사(건조한 장소로서 전개된 장소에 한한다)
② 케이블공사
③ 케이블트레이공사  【답】②

## 11 고압 옥내배선을 애자사용공사로 하는 경우, 전선의 지지점간의 거리는 전선을 조영재의 면을 따라 붙이는 경우 몇 [m] 이하이어야 하는가?
① 1
② 2
③ 3
④ 5

**Explanation**

(KEC 342.1조) 고압 옥내배선 등의 시설
① 전선의 지지점 간의 거리는 6[m] 이하일 것. 다만, 전선을 조영재의 면을 따라 붙이는 경우에는 2[m] 이하이어야 한다.
② 전선 상호 간의 간격은 0.08[m] 이상, 전선과 조영재 사이의 이격거리는 0.05[m] 이상일 것.  【답】②

## 12 특고압 옥내 전기설비를 시설할 때 사용전압은 몇 [kV] 이하인가?(단, 케이블트레이공사로 시설하는 경우가 아니다)
① 100
② 170
③ 250
④ 345

**Explanation**

(KEC 342.4조) 특고압 옥내 전기설비의 시설
사용전압은 100[kV] 이하(케이블트레이공사에 의하여 시설하는 경우 35[kV] 이하)  【답】①

# 7 전기철도

## 1. 용어 정리
① 궤도 : 레일·침목 및 도상
② 전차선 : 전기철도차량의 집전장치와 접촉하여 전력을 공급하기 위한 전선
③ 급전선 : 전기철도차량에 사용할 전기를 변전소로부터 합성전차선에 공급하는 전선

## 2. 전기철도의 전기방식
- 직류방식 : 공칭전압 750[V], 1,500[V]
- 교류방식 : 공칭전압 25,000[V], 50,000[V]

## 3. 전기철도의 변전방식(급전용변압기)
① 직류 전기철도의 경우 3상 정류기용 변압기
② 교류 전기철도의 경우 3상 스코트결선 변압기
③ 전기철도용 변전소
- 제어용 교류전원 : 상용과 예비의 2계통으로 구성
- 제어반 : 디지털계전기방식이 원칙

## 4. 전차선 가선방식 : 가공식, 강체조가식, 제3레일식
① 전차선 및 급전선(자동재폐로장치 시설)의 최소 높이

| 시스템 종류 | 공칭전압[V] | 동적[mm] | 정적[mm] |
|---|---|---|---|
| 직류 | 750 | 4,800 | 4,400 |
|  | 1,500 | 4,800 | 4,400 |
| 단상교류 | 25,000 | 4,800 | 4,570 |

② 전차선로 설비의 안전율(합금전차선 : 2.0 이상, 경동선 : 2.2 이상)
③ 건조물과 전차선, 급전선 및 전기철도차량 집전장치의 공기절연 간격

| 시스템 종류 | 공칭전압[V] | 동적[mm] | | 정적[mm] | |
|---|---|---|---|---|---|
|  |  | 비오염 | 오염 | 비오염 | 오염 |
| 직류 | 750 | 25 | 25 | 25 | 25 |
|  | 1,500 | 100 | 110 | 150 | 160 |
| 단상교류 | 25,000 | 170 | 220 | 270 | 320 |

## 5. 전기부식
주행레일을 귀선으로 이용하는 경우에는 누설전류에 의하여 케이블, 금속제 지중관로 및 선로 구조물 등에 영향을 미치는 것

① 전기 부식 방지법

| 전기철도 측의 전기부식 방지 | 매설금속체 측의 전기부식 방지 |
|---|---|
| • 변전소 간 간격 축소<br>• 레일본드의 양호한 시공<br>• 장대레일 채택<br>• 절연도상 및 레일과 침목사이에 절연층의 설치 | • **배류장치 설치**<br>• 절연코팅<br>• 매설금속체 접속부 절연<br>• 저준위 금속체를 접속<br>• 궤도와의 이격 거리 증대<br>• 금속판 등의 도체로 차폐 |

② 누설전류 간섭에 대한 방지

주행레일과 최소 1[m] 이상의 거리를 유지

## 주요 문제

**01** 전차선의 가선방식 중 표준으로 사용하는 방식이 아닌 것은?
① 가공방식　　② 강체방식　　③ 제3레일방식　　④ 급전방식

**Explanation**

(KEC 402조) 전기철도의 용어 정의
가선방식 : 전기철도차량에 전력을 공급하는 전차선의 가선방식으로 **가공식, 강체식, 제3레일식**으로 분류한다.　【답】④

**02** 전기철도의 변전소 설비에 대한 시설기준으로 틀린 것은?
① 차단기는 계통의 장래계획을 감안하여 용량을 결정하고, 회로의 특성에 따라 기종과 동작 책무 및 차단시간을 선정하여야 한다.
② 개폐기는 선로 중 중요한 분기점, 고장발견이 필요한 장소, 빈번한 개폐를 필요로 하는 곳에 설치하며, 개폐상태의 표시, 쇄정장치 등을 설치하여야 한다.
③ 제어용 교류전원은 상용과 예비의 2계통으로 구성하여야 한다.
④ 제어반의 경우 아날로그계전기방식을 원칙으로 하여야 한다.

**Explanation**

(KEC 421.4조) 변전소의 설비
① 급전용변압기 : 직류 전기철도 3상 정류기용 변압기, 교류 전기철도 3상 스코트결선 변압기 원칙
② 차단기는 계통의 장래계획을 감안하여 용량을 결정, 회로의 특성에 따라 기종과 동작책무 및 차단시간 선정
③ 개폐기 : 선로 중 중요한 분기점, 고장발견이 필요한 장소, 빈번한 개폐 필요(개폐상태 표시, 쇄정장치 등 설치)
④ 제어용 교류전원은 상용과 예비의 2계통으로 구성
⑤ 제어반의 경우 **디지털계전기방식**을 원칙으로 함　【답】④

**03** 전기철도용 변전소 설비에 대한 설명 중 틀린 것은?
① 제어용 교류전원은 상용과 예비의 2계통으로 구성한다.
② 개폐기는 개폐상태를 표시하고, 쇄정장치를 설치한다.
③ 직류 전기철도의 경우 3상 스코트 변압기를 적용한다.
④ 제어반의 경우 디지털 계전기 방식을 원칙으로 한다.

**Explanation**

(KEC 421.4) 변전소의 설비
① 급전용변압기 : **직류 전기철도 3상 정류기용 변압기, 교류 전기철도 3상 스코트결선 변압기** 원칙
② 차단기 : 계통의 장래계획을 감안하여 용량 결정+회로의 특성에 따라 기종과 동작책무 및 차단시간을 선정
③ 개폐기 : 중요한 분기점, 고장발견이 필요한 장소, 빈번한 개폐 필요한 곳(개폐상태의 표시, 쇄정장치 등 설치)
④ 제어용 교류전원 : 상용과 예비의 2계통
⑤ 제어반 : 디지털계전기방식 원칙　【답】③

**04** 전차선과 건조물 간의 최소 절연거리에 대한 표이다. 다음 ( )안에 들어갈 내용으로 옳은 것은? (단, 제시되어 있는 동적 최소 이격거리 이상을 확보하여야 한다)

| 시스템 종류 | 공칭전압[V] | 동적[mm] | |
| --- | --- | --- | --- |
| | | 비오염 | 오염 |
| 단상교류 | 25,000 | ( ) | 220 |

① 150　　② 200　　③ 170　　④ 220

**Explanation**

(KEC 431.2조) 전차선로의 충전부와 건조물 간의 절연이격

건조물과 전차선, 급전선 및 전기철도차량 집전장치의 공기절연 이격거리는 표에 제시되어 있는 정적 및 동적 최소 절연이격거리 이상을 확보하여야 한다. 동적 절연이격의 경우 팬터그래프가 통과하는 동안의 일시적인 전선의 움직임 고려.

| 시스템 종류 | 공칭전압[V] | 동적[mm] | | 정적[mm] | |
|---|---|---|---|---|---|
| | | 비오염 | 오염 | 비오염 | 오염 |
| 단상교류 | 25,000 | 170 | 220 | 270 | 320 |

【답】③

## 05 건조물과 전차선, 급전선 및 전기철도차량 집전장치의 공기절연 간격은 아래와 같이 정적 및 동적 최소 절연간격 이상을 확보하여야 한다. ( )에 들어갈 전압[V]은?

| 시스템 종류 | 공칭전압[V] | 동적[mm] | | 정적[mm] | |
|---|---|---|---|---|---|
| | | 비오염 | 오염 | 비오염 | 오염 |
| 직류 | ( ) | 25 | 25 | 25 | 25 |

① 750　　② 1,000　　③ 2,000　　④ 1,500

**Explanation**

(KEC 431.2조) 전차선로의 충전부와 건조물 간의 절연이격
건조물과 전차선, 급전선 및 전기철도차량 집전장치의 공기절연 이격거리는 표에 제시되어 있는 정적 및 동적 최소 절연이격거리 이상을 확보하여야 한다. 동적 절연이격의 경우 팬터그래프가 통과하는 동안의 일시적인 전선의 움직임 고려.

| 시스템 종류 | 공칭전압[V] | 동적[mm] | | 정적[mm] | |
|---|---|---|---|---|---|
| | | 비오염 | 오염 | 비오염 | 오염 |
| 직류 | 750 | 25 | 25 | 25 | 25 |
| | 1,500 | 100 | 110 | 150 | 160 |

【답】①

## 06 하중을 지탱하는 전차선로 설비의 강도는 작용이 예상되는 하중의 최악 조건 조합에 대하여 경동선의 경우 얼마의 최소 안전율이 곱해진 값을 견디어야 하는가?

① 1.0　　② 2.0　　③ 2.2　　④ 2.5

**Explanation**

(KEC 431.10조) 전차선로 설비의 안전율
① 합금전차선의 경우 2.0 이상
② 경동선의 경우 2.2 이상

【답】③

## 07 열차의 설계속도가 250 < V < 300[km/시간]이고 속도등급이 300킬로급이라면 전차선의 기울기(천분율)은?

① 3　　② 0　　③ 2　　④ 1

**Explanation**

(KEC 431.7) 전차선의 기울기
전차선의 기울기는 해당 구간의 열차 통과 속도에 따라 아래 표에 의한다.

| 설계속도 V[km/시간] | 속도등급 | 기울기(천분율) |
|---|---|---|
| 300 < V ≤ 350 | 350킬로급 | 0 |
| 250 < V ≤ 300 | 300킬로급 | 0 |

【답】②

### 주요 문제

**08** 전기철도차량의 회생제동에 대한 기준으로 틀린 것은?

① 전기철도 전력공급시스템은 회생제동이 비상용제동으로 사용이 가능하고 독립적으로 전력을 운영할 수 있도록 설계되어야 한다.
② 회생전력을 다른 전기장치에서 흡수할 수 없는 경우 전기철도차량은 다른 제동시스템으로 전환되어야 한다.
③ 전차선로에서 전력을 받을 수 있는 경우 회생제동의 사용을 중단해야 한다.
④ 전차선로 지락이 발생한 경우 회생제동의 사용을 중단해야 한다.

**Explanation**

(KEC 441.5조) 회생제동
① 다음과 같은 경우 회생제동 사용 중단
  • 전차선로 지락 발생
  • 전차선로에서 **전력을 받을 수 없는 경우**
② 다른 전기장치에서 흡수할 수 없는 경우 전기철도차량은 다른 제동시스템으로 전환
③ 회생제동이 비상용제동으로 사용이 가능하고 독립적으로 전력을 운영할 수 있도록 설계 **[답]** ③

**09** 전기철도의 설비보호를 위한 보호협조에 대한 설명으로 틀린 것은?

① 전차선로용 애자를 섬락사고로부터 보호하고 접지전위 상승을 억제하기 위하여 적정한 보호설비를 구비하여야 한다.
② 가공 선로측에서 발생한 지락 및 사고전류의 파급을 방지하기 위하여 피뢰기를 설치하여야 한다.
③ 급전선로는 안정도 향상, 자동복구, 정전시간 감소를 위하여 보호계전방식에 수동재폐로 기능을 구비하여야 한다.
④ 보호계전방식은 신뢰성, 선택성, 협조성, 적절한 동작, 양호한 감도, 취급 및 보수점검이 용이하도록 구성하여야 한다.

**Explanation**

(KEC 451.1조) 전기철도설비 보호협조
① 사고 또는 고장의 파급을 방지하기 위하여 계통 내에서 발생한 사고전류를 검출하고 차단장치에 의해서 신속하고 순차적으로 차단할 수 있는 보호시스템을 구성하며 설비계통 전반의 보호협조가 되도록 하여야 한다.
② 보호계전방식은 신뢰성, 선택성, 협조성, 적절한 동작, 양호한 감도, 취급 및 보수 점검이 용이하도록 구성하여야 한다.
③ 급전선로는 안정도 향상, 자동복구, 정전시간 감소를 위하여 **보호계전방식에 자동재폐로 기능을 구비하여야 한다.**
④ 전차선로용 애자를 섬락사고로부터 보호하고 접지전위 상승을 억제하기 위하여 적정한 보호설비를 구비하여야 한다.
⑤ 가공 선로측에서 발생한 지락 및 사고전류의 파급을 방지하기 위하여 피뢰기를 설치하여야 한다. **[답]** ③

**10** 직류 전기철도 시스템이 매설 배관 또는 케이블과 인접할 경우 누설전류를 피하기 위해 최대한 이격시켜야 하는데, 주행레일과의 이격거리는 최소 몇 [m] 이상이어야 하는가?

① 0.5  ② 1  ③ 1.5  ④ 2

**Explanation**

(KEC 461.5조) 누설전류 간섭에 대한 방지
직류 전기철도 시스템이 매설 배관 또는 케이블과 인접할 경우 누설전류를 피하기 위해 최대한 이격시켜야 하며, **주행레일과 최소 1[m] 이상의 거리를 유지** **[답]** ②

## 주요 문제

**11** 다음 ( ) 안에 들어갈 내용으로 옳은 것은?

> 전차선로는 무선설비의 기능에 계속적이고 또한 중대한 장애를 주는 (     )가 생길 우려가 있는 경우에는 이를 방지하도록 시설하여야 한다.

① 고주파 　　　　　　　　　　② 정전기
③ 서지 　　　　　　　　　　　 ④ 전자파

**Explanation**

(KEC 461.6조) 전자파 장해의 방지
전차선로는 무선설비의 기능에 계속적이고 또한 중대한 장해를 주는 전자파가 생길 우려가 있는 경우에는 이를 방지하도록 시설하여야 한다. 　　【답】④

## 8 분산형 전원

### 1. 용어 정리
① 분산형전원 : 중앙급전 전원과 구분되는 것
전력소비지역 부근에 분산하여 배치 가능한 전원. 상용전원의 정전 시에만 사용하는 비상용 예비전원은 제외하며, 신·재생에너지 발전설비, 전기저장장치 등을 포함
② 단독운전 : 전력계통의 일부가 전력계통의 전원과 전기적으로 분리된 상태에서 분산형전원에 의해서만 가압되는 상태
③ MPPT : 태양광발전이나 풍력발전 등이 현재 조건에서 가능한 최대의 전력을 생산할 수 있도록 인버터 제어를 이용하여 해당 발전원의 전압이나 회전속도를 조정하는 최대출력추종(MPPT, Maximum Power Point Tracking) 기능

### 2. 분산형전원 계통 연계설비의 시설
① 분산형전원설비 사업자의 한 사업장의 설비 용량 합계가 250[kVA] 이상일 경우
송·배전계통과 연계지점의 연결 상태를 감시 또는 유효전력, 무효전력 및 전압을 측정할 수 있는 장치 시설
② 이상 또는 고장 발생 시 자동적으로 분산형전원설비를 전력계통으로부터 분리
- 분산형전원설비의 이상 또는 고장
- 연계한 전력계통의 이상 또는 고장
- 단독운전 상태

### 3. 전기저장 장치(이차전지를 이용한 전기저장장치)
① 주택의 옥내전로의 대지전압 : 직류 600[V] 이하
② 전기배선
- 전선 : 공칭단면적 2.5[mm²] 이상의 연동선
- 배선공사(옥내, 옥외) : 합성수지관공사, 금속관공사, 케이블공사
③ 자동으로 전로로부터 차단하는 장치 시설
- 과전압 또는 과전류가 발생한 경우
- 제어장치에 이상이 발생한 경우
- 이차전지 모듈의 내부 온도가 급격히 상승할 경우
④ 계측장치
- 축전지 출력단자의 전압, 전류, 전력 및 충방전 상태
- 주요변압기의 전압, 전류 및 전력
⑤ 전용건물 이외의 장소에 시설하는 경우
이차전지랙과 랙 사이 및 랙과 벽면 사이 : 1[m] 이상 이격

## 4. 태양광발전설비

① 주택의 옥내전로의 대지전압 : 직류 600[V] 이하
② 계측장치 : 전압과 전류 또는 전압과 전력을 계측하는 장치 시설
③ 태양광 설비의 전력변환장치 시설
  - 인버터는 실내·실외용을 구분할 것
  - 각 직렬군의 태양전지 개방전압은 인버터 입력전압 범위 이내일 것
  - 옥외에 시설하는 경우 방수등급은 IPX4 이상일 것
④ 전기배선
  - 전선 : 공칭단면적 2.5[mm²] 이상의 연동선
  - 배선공사(옥내, 옥외) : 금속제 가요전선관 공사, 합성수지관공사, 금속관공사, 케이블공사

## 5. 풍력발전설비

항공장애 표시등 시설, 500[kW] 이상의 풍력터빈 화재방호설비 시설(자동소화)

## 6. 연료전지설비

① 연료전지 발전실의 가스 누설 대책 : 가스 누설 감지 및 경보설비
② 내압시험 : 최고 사용압력의 1.5배의 수압(수압으로 시험을 실시하는 것이 곤란한 경우는 최고 사용압력의 1.25배의 기압)에 최소 10분간 견딜 것
③ 계측장치
  - 전압과 전류 또는 전압과 전력
  - 온도계 및 연료가스 유량 또는 압력

## 주요 문제

**01** 태양광발전이나 풍력발전 등이 현재 조건에서 가능한 최대의 전력을 생산할 수 있도록 인버터 제어를 이용하여 해당 발전원의 전압이나 회전속도를 조정하는 최대출력추종기능을 말하는 것은?

① MPPT   ② BIPM   ③ PV   ④ PCS

**Explanation**

(KEC 502조) 분산형 전원설비 용어의 정의
MPPT : 태양광발전이나 풍력발전 등이 현재 조건에서 가능한 최대의 전력을 생산할 수 있도록 인버터 제어를 이용하여 해당 발전원의 전압이나 회전속도를 조정하는 최대출력추종(MPPT, Maximum Power Point Tracking) 기능  【답】①

**02** 전력계통의 일부가 전력계통의 전원과 전기적으로 분리된 상태에서 분산형전원에 의해서만 가압되는 상태를 무엇이라 하는가?

① 계통연계   ② 접속설비   ③ 단독운전   ④ 접근상태

**Explanation**

- 독립형 전원(단독운전) : 전력계통의 일부가 전력계통의 전원과 전기적으로 분리된 상태
- 계통연계형 전원 : 전력계통의 일부가 전력계통의 전원과 전기적으로 연결된 상태  【답】③

**03** 전기저장장치의 시설에 대한 설명으로 틀린 것은?

① 전기배선을 옥측 또는 옥외에 시설할 경우 수직 케이블의 포설에 준하여 시설할 것
② 외부터미널과 접속하기 위해 필요한 접점의 압력이 사용기간 동안 유지되어야 할 것
③ 전선은 공칭단면적 2.5[㎟] 이상 또는 이와 동등 이상의 세기 및 굵기의 것일 것
④ 단자를 체결 또는 잠글 때 너트나 나사는 풀림방지 기능이 있는 것을 사용할 것

**Explanation**

(KEC 511.2조) 전기저장장치의 시설
① 옥측 또는 옥외에 시설할 경우 배선설비 공사는 합성수지관공사, 금속관공사, 금속제 가요전선관공사 또는 케이블공사(수직 케이블의 포설 제외)의 규정에 준하여 시설할 것
② 외부터미널과 접속하기 위해 필요한 접점의 압력이 사용기간 동안 유지되어야 한다.
③ 전선은 공칭단면적 2.5[㎟] 이상의 연동선 또는 이와 동등 이상의 세기 및 굵기의 것일 것
④ 단자를 체결 또는 잠글 때 너트나 나사는 풀림방지 기능이 있는 것을 사용하여야 한다.  【답】①

**04** 주택의 시설하는 전기저장장치는 이차전지에서 전력변환장치에 이르는 옥내 직류전로에 지락이 생겼을 때 자동적으로 전로를 차단하는 장치를 시설할 경우 옥내전로의 대지전압은 직류 몇 [V]까지 적용할 수 있는가?

① 110   ② 300   ③ 600   ④ 1,000

**Explanation**

(KEC 511.3조) 전기저장장치 옥내전로의 대지전압 제한
주택의 전기저장장치의 축전지에 접속하는 부하 측 옥내배선에서 주택의 옥내전로의 대지전압은 직류 600[V]까지 적용 가능  【답】③

**05** 전기저장장치를 시설하는 곳에는 다음의 사항을 계측하는 장치를 시설하여야 한다. 옳지 않은 것은?

① 이차전지 출력 단자의 주파수   ② 주요변압기의 전압, 전류
③ 이차전지 출력 단자의 전압   ④ 주요변압기의 전력

**Explanation**

(KEC 512.2.3조) 계측장치
전기저장장치를 시설하는 곳에는 다음의 사항을 계측하는 장치를 시설하여야 한다.
① 축전지 출력 단자의 전압, 전류, 전력 및 충방전 상태
② 주요 변압기의 전압, 전류 및 전력

【답】 ①

**06** 전용건물 이외의 장소에 시설하는 경우 이차전지랙과 랙 사이 및 랙과 벽면 사이 전면부는 몇 [m] 이상 이격하여야 하는가? (단, 예외사항은 고려하지 않는다)

① 1   ② 3   ③ 5   ④ 10

**Explanation**

(KEC 515.2.2조) 전용건물 이외의 장소에 시설하는 경우
이차전지랙과 랙 사이 및 랙과 벽면 사이는 각각 1[m] 이상 이격하여야 한다.

【답】 ①

**07** 태양광 설비의 시설 기준 중 인버터, 절연변압기 및 계통 연계 보호장치 등 전력변환장치의 시설 기준으로 틀린 것은?

① 인버터는 실내·실외용을 구분할 것
② 각 직렬군의 태양전지 개방전압은 인버터 입력전압 범위 이내일 것
③ 옥외에 시설하는 경우 방수등급은 IPX4 이상일 것
④ 옥내에 시설하는 경우 방수등급은 IPX5 이상일 것

**Explanation**

(KEC 522.2.2조) 태양광 설비의 전력변환장치 시설
인버터, 절연변압기 및 계통 연계 보호장치 등 전력변환장치의 시설
① 인버터는 실내·실외용을 구분할 것
② 각 직렬군의 태양전지 개방전압은 인버터 입력전압 범위 이내일 것
③ 옥외에 시설하는 경우 방수등급은 IPX4 이상일 것

【답】 ④

**08** 태양전지 발전소의 배선 및 모듈의 시설기준으로 틀린 것은?

① 충전부분은 노출되도록 시설한다.
② 태양전지 모듈 및 기타 기구에 전선을 접속하는 경우 접속점에 장력이 가해지지 않도록 할 것
③ 모듈의 출력배선은 극성별로 확인할 수 있도록 표시할 것
④ 태양전지 모듈의 프레임은 지지물과 전기적으로 완전하게 접속할 것

**Explanation**

(KEC 522.1.1조) 태양광설비의 전기배선
① 모듈 및 기타 기구에 전선을 접속하는 경우는 나사로 조이고, 기타 이와 동등 이상의 효력이 있는 방법으로 기계적·전기적으로 안전하게 접속하고, 접속점에 장력이 가해지지 않도록 할 것
② 배선시스템은 바람, 결빙, 온도, 태양방사와 같이 예상되는 외부 영향을 견디도록 시설할 것
③ 모듈의 출력배선은 극성별로 확인할 수 있도록 표시할 것
④ 직렬 연결된 태양전지모듈의 배선은 과도과전압의 유도에 의한 영향을 줄이기 위하여 스트링 양극간의 배선간격이 최소가 되도록 배치할 것

【답】 ①

### 주요 문제

**09** 태양전지 발전소에 시설하는 태양전지 모듈, 전선 및 개폐기의 시설에 대한 설명으로 틀린 것은?

① 옥측에 시설하는 경우 금속관공사, 합성수지관공사, 애자공사로 배선할 것
② 어레이 출력개폐기는 점검이나 조작이 가능한 곳에 시설할 것
③ 모듈을 병렬로 접속하는 전로에는 그 전로에 단락전류가 발생할 경우에 전로를 자동으로 차단하는 과전류차단기를 시설할 것
④ 전선은 공칭단면적 2.5[mm²] 이상의 연동선을 사용할 것

**Explanation**

(KEC 522조) 태양광설비의 시설
보기 ①에서 옥측 또는 옥외에 가능한 배선방법은 금속관공사, 합성수지관공사, 금속제 가요전선관공사, 케이블공사이다.

【답】①

**10** 연료전지의 내압시험은 연료전지 설비의 내압 부분 중 최고 사용압력이 0.1[MPa] 이상의 부분은 최고 사용압력의 몇 배의 수압을 가압하는가?

① 1.5   ② 1.03   ③ 1.25   ④ 1.1

**Explanation**

(KEC 542조) 연료전지설비의 시설
내압시험 : 연료전지 설비의 내압 부분 중 최고 사용압력이 0.1[MPa] 이상의 부분은 **최고 사용압력의 1.5배의 수압**(수압으로 시험을 실시하는 것이 곤란한 경우는 최고 사용압력의 1.25배의 기압)까지 가압하여 압력이 안정된 후 최소 10분간 유지하는 시험을 실시하였을 때 이것에 견디고 누설이 없어야 한다.

【답】①